# MIKROELEKTRONIK

Herausgegeben von

Walter Engl

Hans Weinerth

Gerhard Conzelmann · Uwe Kiencke

# Mikroelektronik im Kraftfahrzeug

Mit 162 Abbildungen

Springer-Verlag
Berlin Heidelberg New York
London Paris Tokyo
Hong Kong Barcelona
Budapest

Dipl.-Phys. Gerhard Conzelmann
Wilhelmstr. 37
70771 Leinfelden-Echterdingen

Prof. Dr.-Ing. Kiencke
Reichertshalde 35
71642 Ludwigsburg

**Herausgeber der Reihe:**

Prof. Dr. rer. nat. Walter L. Engl
Institut für Theoretische Elektrotechnik
RWTH Aachen
Kopernikusstraße 16
52074 Aachen

Dr.-Ing. Hans Weinerth
Gesellschaft für Silicium-Anwendungen
und CAD/CAT Niedersachsen GmbH (Sican)
Vahrenswalder Straße 7
30419 Hannover 1

ISBN-13: 978-3-642-73962-0 e-ISBN-13: 978-3-642-73961-3
DOI: 10.1007/978-3-642-73961-3

CIP-Eintrag beantragt



Softcover reprint of the hardcover 1st edition 1995



Satz: Macmillan India Ltd, Bangalore
SPIN 10007614 60/3020 – 5 4 3 2 1 0 – Gedruckt auf säurefreiem Papier

# Vorwort

Unabhängig von Größe und Preis gehören heute mikroelektronische Komponenten und Systeme zum Standard eines Kraftfahrzeugs. Das Buch soll den interessierten Leser in die speziellen Belange der Fahrzeugelektronik einführen und den Entwickler mittels der gezeigten Lösungen zu kreativem Denken anregen. Anhand von Beispielen und einem umfangreichen Literaturverzeichnis sind die Möglichkeiten und die Grenzen einer monolithischen Integration auf Silizium-Substraten aufgezeigt. Die moderne Halbleitertechnologie ermöglicht hochkomplexe integrierte Schaltungen mit einer gegen eins gehenden Ausbeute zu fertigen. Der Trend weg von analogen zu den leichter beherrschbaren digitalen Systemen hin ist damit vorgezeichnet: umfangreiche Rechner- und Speicherstrukturen werden in MOS-Technologien ausgeführt, die reine Bipolartechnik weicht mehr und mehr Mischtechnologien (BiCMOS).

Die Arbeiten zu diesem Buch gaben Anlaß, sich mit der Geschichte der Elektronik im Kraftfahrzeug zu beschäftigen. Da die *Röhrentechnik* nicht erlaubte, auch noch so gute Ideen in die Praxix umzusetzen, mußte hier auf die Patentliteratur als Quelle ausgewichen werden. Sieht man von dem anfangs der dreißiger Jahre aufkommenden Autoradio ab, so beginnt die Elektronik im Kraftfahrzeug erst mit dem Aufkommen geeigneter Halbleiter.

Die Verfasser danken Mitarbeiterinnen, Mitarbeitern und Kollegen für ihre Beiträge, insbesondere Herrn Prof. Dr. Engl für seine fachlichen Korrekturen. Dank gebührt auch der Fa. Robert Bosch GmbH und der Planung Technik des Springer-Verlags für ihre tatkräftige Unterstützung, sowie unseren Familien, die mit Verständnis unsere Arbeit verfolgten.

Reutlingen und Karlsruhe im Juni 1994

Gerhard Conzelmann
Uwe Kiencke

# Inhalt

# 1 Historischer Abriß

## 1.1 Elektronik im Kraftfahrzeug

Unser Automobil ist bereits ein Jahrhundert alt, und schon länger als ein halbes Jahrhundert gibt es in Form des Autoradios [1.1] Elektronik dazu. Dabei sollte es allerdings für lange Zeit bleiben, denn die damals unabdingbar erforderlichen Elektronenröhren waren nicht besonders fahrzeugfreundlich, benötigten sie doch neben hohen Betriebsspannungen auch noch beachtliche Heizleistungen. Nach Queisser [1.2] war die Elektronik im Zeitalter der Vakuumröhre eine „Makroelektronik voller Verschwendung".

Trotz dieses Nachteils wurde schon früh versucht, auch elektronische Systeme in das Kraftfahrzeug einzuführen. Das erste diesbezügliche Patent [1.3] „Motorenzündvorrichtung" vom September 1918 hatte eine „ruhende Verteilung" der Zündspannung mit Ventilröhren zu einem Magnetzündsystem für Zwei- und Vierzylindermotoren zum Gegenstand. Dabei sollte es jedoch nicht bleiben. Bereits in den beiden Patenten „Zündsystem für Verbrennungskraftmaschinen" und „Zündungsverteiler für Verbrennungskraftmaschinen" [1.4] vom Januar 1920 sind Zündanlagen für Motorfahrzeuge mit Elektronenröhren beschrieben. Als Zündspannungsgenerator wurde ein einstufiger Oszillator mit einer Hochvakuum-Triode vorgeschlagen. Die Verteilung der Zündfunken auf die einzelnen Zylinder war ebenfalls mit Hochvakuum-Trioden ausgeführt. Es heißt dort unter anderem:

> *Vor dem Magnetapparat und der Zündspule aber zeichnet sich das neue Zündsystem vor allem in zweierlei Hinsicht aus: Erstens fällt der mechanische Unterbrecher weg. Dieser ist bekanntlich derjenige Teil der Magnet- und Spulenzündung, der wegen der hohen an ihn gestellten Anforderungen technisch am schwierigsten zu beherrschen ist. Zweitens kann man ungedämpfte Schwingungen von beliebiger Frequenz erzeugen.*

Ferner ist zu lesen:

> *Unter Umständen kann man den Röhrengenerator nebenher auch noch für drahtlose Telegraphie oder Telephonie verwenden.*

Während der Diodenverteiler auf Motoren mit maximal vier Zylindern beschränkt war, ist der Triodenverteiler für Zwei-, Vier-, Sechs und sogar einen

Achtzehnzylinder-(Flug)motor beschrieben worden, wobei die 18 Triodensysteme in einem Kolben vereint über einer gemeinsamen Glühkathode angeordnet waren. Der Vorschlag zum ersten elektronischen Zündsystem enthielt somit bereits eine „Integrierte Schaltung". Abbildung 1.1 gibt Bild 2 jener Patentschrift wieder. Auch in den USA wird schon im Oktober 1920 ein Zündsystem mit einem Triodenoszillator angemeldet, dessen Anodenspannung nicht mehr einer Batterie entnommen, sondern sinnigerweise mit einem „Bosch-Magneto" erzeugt wird [1.5].

Erst wieder Vorschläge zu Kondensatorzündungen [1.6, 1.7] Anfang der 30er Jahre enthielten Kalt- bzw Glühkathoden-Röhren und zwar Dioden zum Aufladen des Stoßkreiskondensators und Thyratrons zu seiner Entladung. Für den Ersatz des Kontaktunterbrechers gab es zwei Lösungen: Nach [1.8] eine lichtelektrische Zündeinrichtung mittels Fotozelle und Lochscheibe (1936) und bereits 1939 nach [1.9] eine Zündvorrichtung mittels eines induktiven Gebers.

Doch nochmals sollten Zündschaltungen mit Hochvakuumröhren vorgeschlagen werden, und zwar 1941 in einer herkömmlichen Spulenzündung mit einem durch einen Triodenverstärker entlasteten Unterbrecherkontakt [1.10] unter dem Motto „Röhren lassen sich parallelschalten, um höhere Ströme zu erreichen, Unterbrecherkontakte jedoch nicht", und noch 1954 in einem Zündsystem für Mehrfachfunken [1.11].

Auch an die elektrische Verstellung des Zündzeitpunkts als Funktion von Unterdruck und Drehzahl mittels zweier von Fliehkraftsteller und Unterdruckdose betätigter veränderbarer Widerstände wurde schon 1947 gedacht [1.12]. Wie wir wissen, gelangten diese Ideen nicht bis zur Serienreife. Die Röhren-Elektronik war mindestens für Fahrzeugaggregate ungeeignet, so daß das Autoradio als zwar nebensächliches jedoch wünschenswertes Zubehör allein in großen Stückzahlen dem Markte vorbehalten blieb.

Die Anfang der 50er Jahre aufkommenden Halbleiterbauelemente ermöglichten erstmals eine für das Kraftfahrzeug taugliche Elektronik. Man begann nun wieder Ideen zu sammeln und neben der Zündung auch weitere bisher mechanischen bzw. elektromechanischen Lösungen vorbehaltene Gebiete zu erschließen. Diese Aktivitäten sind zunächst wieder in Patentschriften zu finden. Bis zu marktfähigen Produkten sollte nämlich noch ein Jahrzehnt und mehr intensiver Entwicklung vergehen, galt es doch altbewährte und fertigungstechnisch ausgereifte Systeme zu ergänzen, bzw. abzulösen.

### 1.1.1 Zündsysteme

Die ersten Zündsysteme mit Transistoren sind in US-Patentschriften vom Januar [1.13] und Februar [1.14] 1953 zu finden. Wie den in Abb. 1.2 wieder-

**Abb. 1.1.** Elektronisches Zündsystem bestehend aus einem rückgekoppelten Röhrengenerator mit einer Hochvakuum-Triode und einer ruhenden Hochspannungsverteilung mit 18 in einem Kolben integrierten Hochvakuum-Trioden (Bosch, Januar 1920)

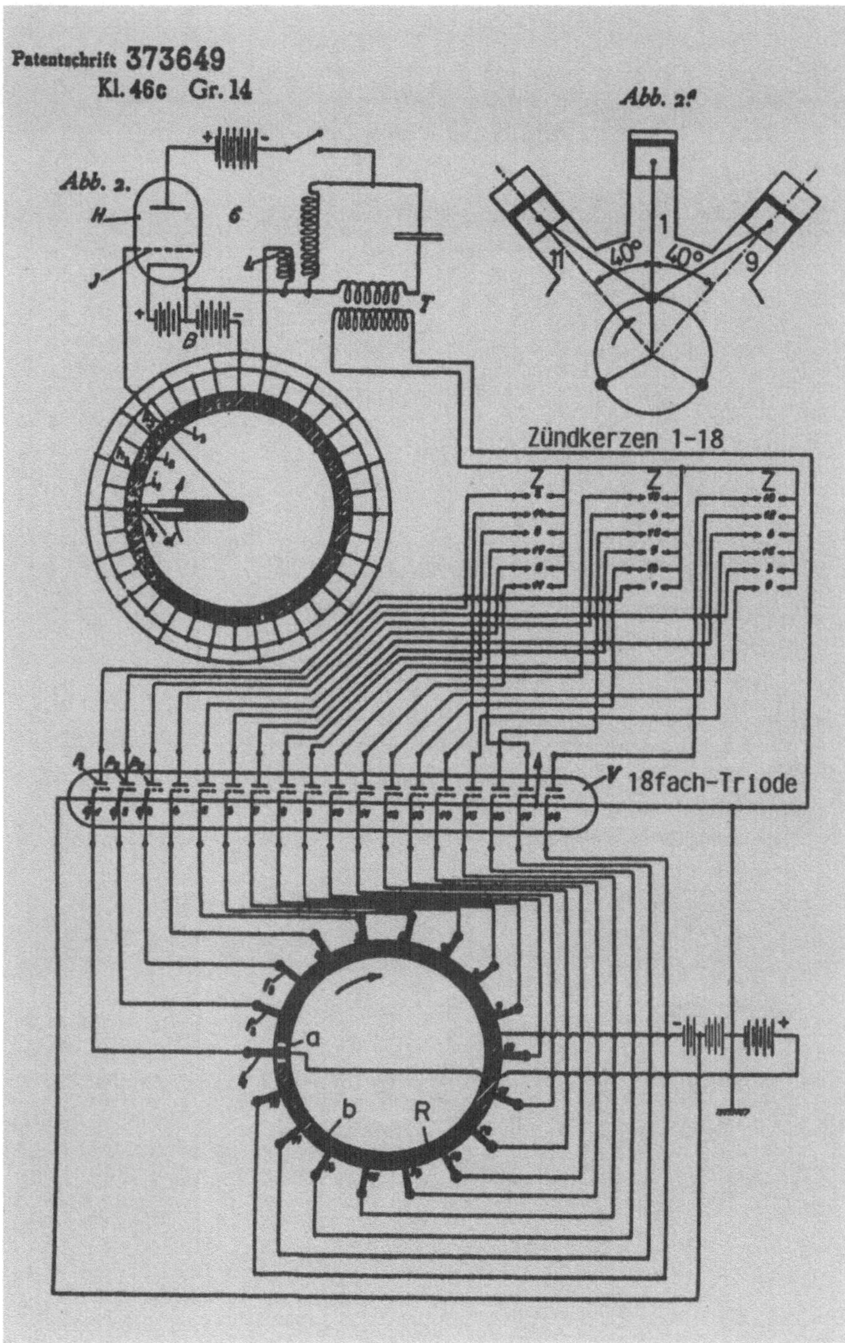
Patentschrift 373649
Kl. 46c Gr. 14
Abb. 2.
Abb. 2a
Zündkerzen 1-18
18fach-Triode
40°
40°
a
b
R

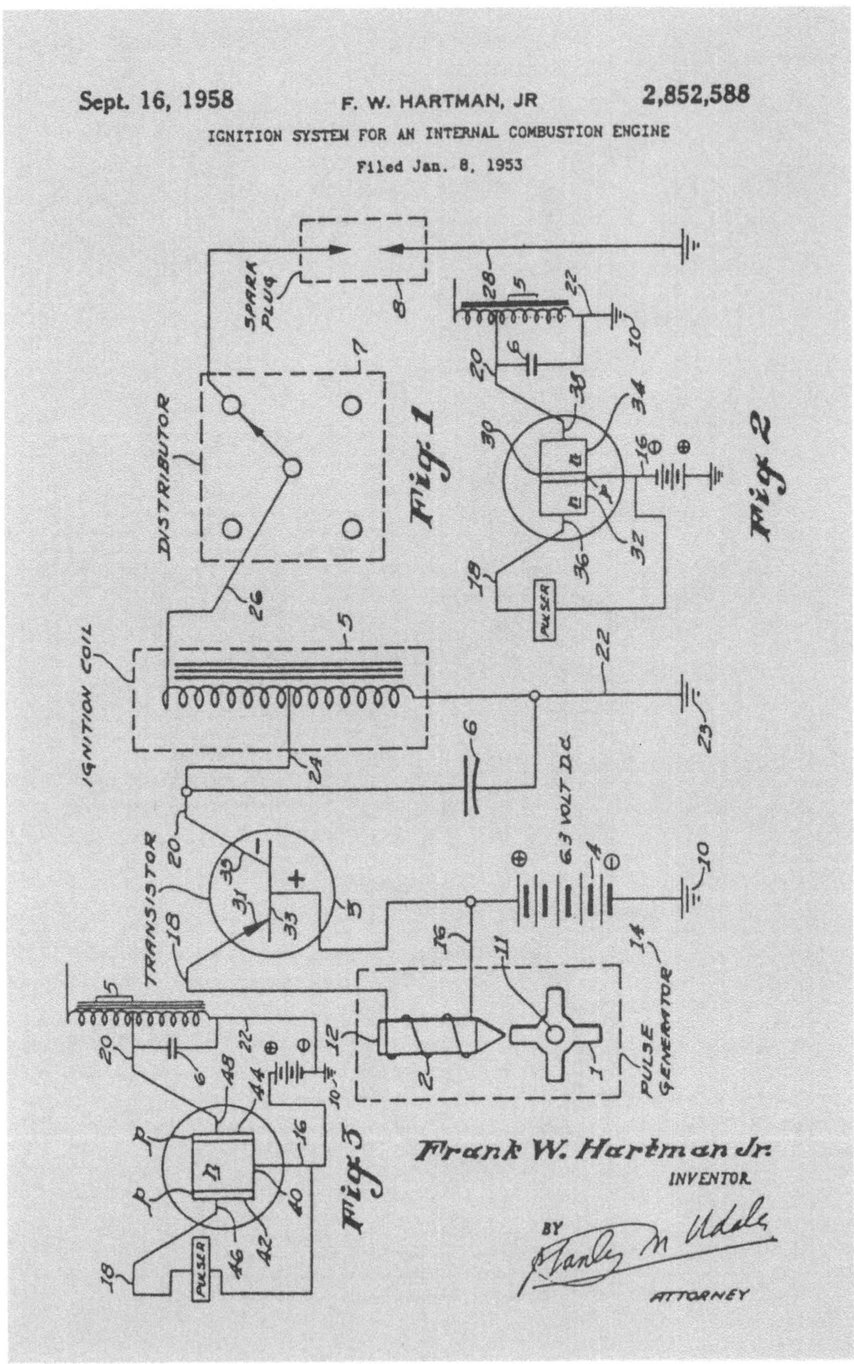


**Abb. 1.2.** Elektronische Spulenzündung mit einem Spitzentransistor nach Figur 1 und nach den Figuren 2 und 3 mit einem NPN-bzw. PNP-Flächentransistor (Holley Carburator Co., Januar 1953)

gegebenen Figuren des ersten Patents zu entnehmen ist, ist als Leistungsschalter ein Spitzentransistor (pnp), aber auch schon ein NPN-oder PNP-Flächentransistor mit einem induktiven Geber als Taktgenerator vorgesehen. Bereits im Dezember 1953 folgt ein weiteres [1.15], in dem neben Bipolar-Transistoren auch ein „Unipolar-Transistor" als Schalter angegeben ist.

In weitgehender Weise wird die Halbleitertechnik mit einem Vorschlag vom Dezember 1957 [1.16] ins Feld geführt: Mittels einer Schaltung von mehr als 40 Komponenten (Abb. 1.3) wird der üblicherweise konstante Stromflußwinkel in eine konstante drehzahlunabhängige Stromflußzeit transformiert, und dazu der Zündzeitpunkt drehzahl- und lastabhängig gesteuert.

Nochmals findet sich Röhrentechnik in Kombination mit einem Transistor im elektronischen Kondensator-Zündsystem EI-IV von Tung-Sol [1.17] mit einem transistorisierten Spannungswandler in Verbindung mit Kaltkathoden-Gleichrichter und -Thyratron.

Erst Ende 1963, also mehr als zehn Jahre nach dem ersten Patent, erschien eine serienmäßig lieferbare kontaktgesteuerte Transistor-Spulenzündung [1.18] auf dem Markt. Wie Abb. 1.4 erkennen läßt, war sie wegen mangelnder Sperrfestigkeit der verfügbaren Germaniumtransistoren noch mit zwei in Reihe geschalteten Transistoren bestückt.

Bis zu monolithisch integrierten Zündsystemen sollte nochmals ein Jahrzehnt vergehen. Der Trend zur Integration ist jedoch schon durch das relativ komplexe System von [1.16] vorgezeichnet, das aber -ebenso wie das mechanische Verstellsystem- bei weitem noch nicht ausreicht, um die motorbedingten Forderungen an den Zündzeitpunkt zu erfüllen. Dies läßt Abb. 1.5 erkennen, in der das reale Kennfeld eines Motors (a) dem mit einfachen Verstellsystemen erreichbaren Kennfeld (b) gegenübergestellt ist; zusätzlich ist noch ein Kennfeld für den Schließwinkel (c) wiedergegeben. Solche komplexen Kennfelder lassen sich besonders vorteilhaft digital in einem PROM abspeichern. Damit ist der Weg zu digitalen Systemen gewiesen, die nur noch mit einem horrenden Aufwand an Einzelkomponenten zu realisieren sind. So benötigt das in Kapitel 7 genannte digitale Zündsystem (Abb. 7.1) bereits ca. 10000 Einzelkomponenten, die hauptsächlich auf zwei digitale IC entfallen; zusätzlich sind noch drei lineare IC, mehr als 60 weitere Komponenten und zwei Dickschichtplatten eingesetzt. Für die heute übliche Klopfregelung, d.h. die momentan optimale Anpassung des Zündwinkels für jeden einzelnen Zylinder entlang der Klopfgrenze, ist neben dem Klopfsensor ein weiterer linearer IC erforderlich.

### 1.1.2 Benzineinspritzung

Auch die Versuche, den Kraftstoff mittels elektromagnetisch betätigbarer Ventile direkt in den Brennraum einzuspritzen, sind alt. Das Kernproblem dabei war, eine drehzahlunabhängige lastproportionale Kraftstoffmenge mittels eines von der Kurbel- bzw. Steuerwelle angetriebenen Kontakts zu erzeugen. Hierzu

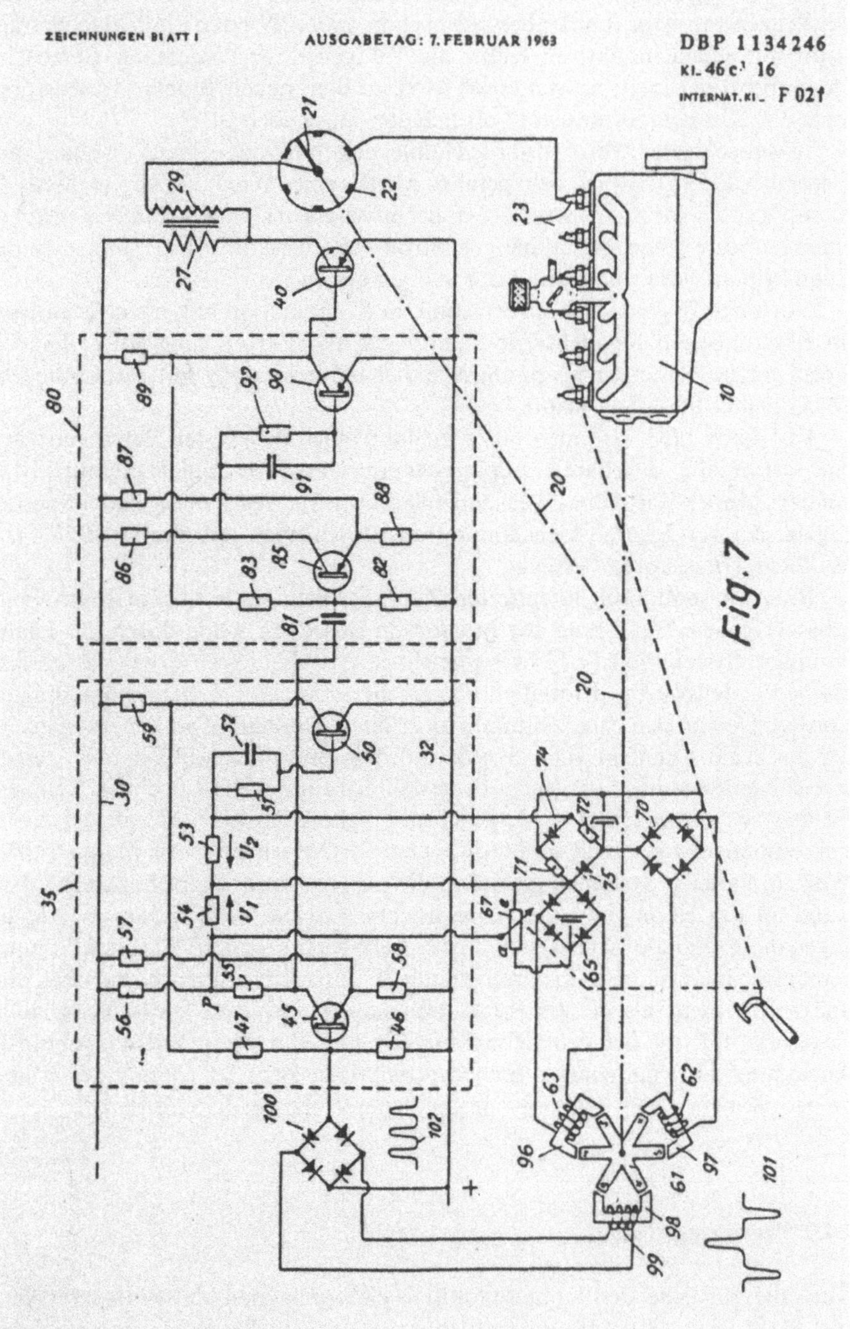


**Abb. 1.3.** Transistorisiertes Zündsystem mit drehzahlunabhängiger Schließzeit und elektronischer Verstellung des Zündzeitpunkts als Funktion von Last und Drehzahl (Bosch, 1957)

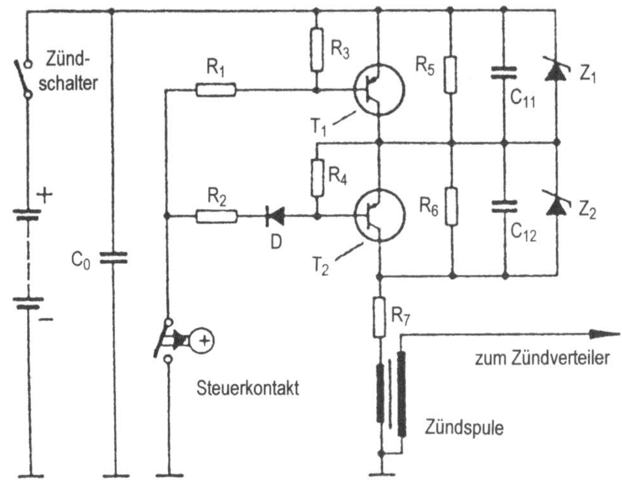


**Abb. 1.4.** Schaltung einer kontaktgesteuerten Transistorspulenzündung mit zwei Germaniumtransistoren in Reihe und jeweils zwei Z-Dioden parallel zum Erreichen und Absichern der erforderlichen Sperrspannung (Bosch, 1963)

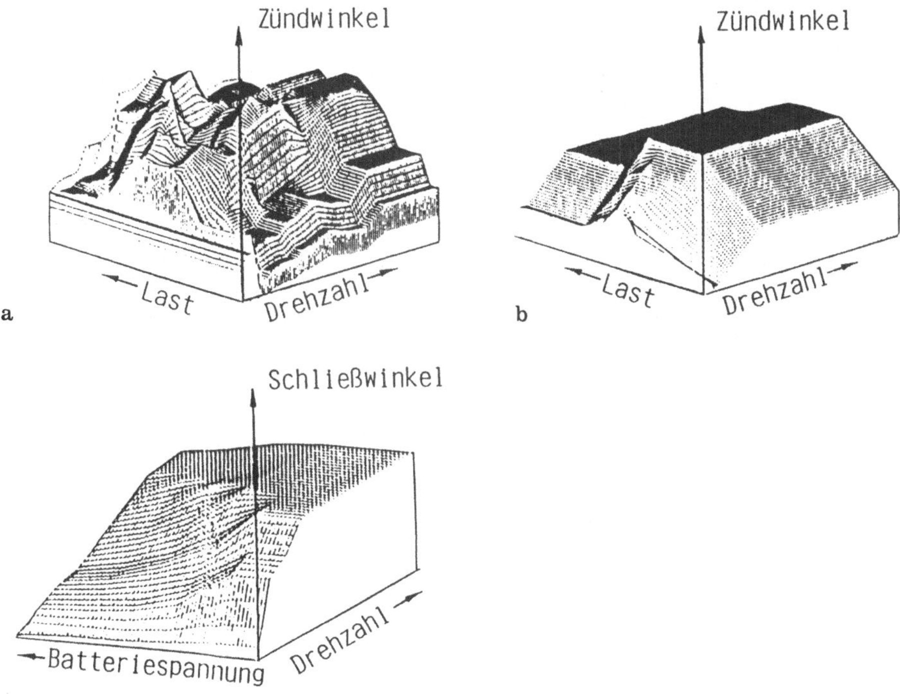


**Abb. 1.5.** Drehzahl- und lastabhängiges Zündkennfeld eines Ottomotors (**a**) im Vergleich zu dem mit einfachen mechanischen, oder elektrisch/elektronischen Mitteln erreichbaren Kennfeld (**b**), sowie ein Kennfeld für den Schließwinkel (**c**)

wurde bereits im Dezember 1926 eine Kontaktwalze als rein mechanische Lösung vorgeschlagen [1.19].

Wie aus den Patentschriften [1.20] vom Februar 1956 (Bendix) und [1.21] vom Oktober 1956 (Bosch) zu ersehen ist, begann man sich dann Anfang der 50er Jahre ernsthaft mit elektronischen Lösungen zu beschäftigen. Erst auf Umwegen kam es ein Jahrzehnt später zu einem marktfähigen Produkt:

Die zunehmende Fahrzeugdichte im smogreichen Kalifornien machte Grenzwerte für den Anteil an Schadstoffen im Abgas erforderlich. Da mit der bereits bekannten, jedoch relativ teueren mechanischen Benzineinspritzung die ersten Auflagen zu erfüllen waren [1.22], galt es kostengünstigere Lösungen zur Aufbereitung des Kraftstoff-Luft-Gemischs zu finden. Im Nachhinein erwies sich der hierzu von Bosch eingeschlagene und bisweilen im eigenen Haus heftig umstrittene Weg zur elektronischen Benzineinspritzung [1.23, 1.24, 1.25] als richtig: War doch dieses System befähigt, den laufend strenger werdenden Abgasbestimmungen durch eine zielgerichtete Weiterentwicklung gerecht zu werden. Als Beispiel sei hier die Einführung der $\lambda$-Sonde und der damit verbundene Übergang von der reinen Steuerung zum geschlossenen Regelkreis genannt [1.26, 1.27].

Die Entwicklungsarbeiten hierzu zeigten schon früh, daß elektronische Systeme dieser Art aufwendig werden würden. So hatte das noch einfache elektronische Steuergerät der ersten im Jahr 1967 [1.23] serienmäßig eingeführten Jetronic mit einem Systemaufbau gemäß Abb. 1.6 allein schon 220 Komponenten. Da die Zuverläßigkeit eines Geräts nach Lusser [1.28] das Produkt der Zuverlässigkeiten seiner einzelnen Komponenten ist, galt es ihre Zahl durch die damals bereits bekannte monolithische Integration drastisch zu reduzieren.

### 1.1.3 Spannungsregler für Generatoren

Die elektrische Beleuchtung von Kraftfahrzeugen wurde mit der Entwicklung stoßfester Wolframfäden für Glühlampen möglich. Neben Akkumulatoren wurden vom Motor des Fahrzeugs angetriebene „Lichtmaschinen" mit geeigneten Regelsystemen benötigt, um deren Ladezustand aufrechtzuerhalten. Wie Cronmüller berichtet, begann diese Entwicklung um 1906. Aber erst 1915 führte Ford die elektrische Beleuchtung serienmäßig ein [1.1].

Während die Elektronik für die Regelung stationärer Großgeneratoren schon früh vorgeschlagen wird, nämlich in einem Patent vom September 1915 [1.29] mit dem modern anmutenden Titel „Schnellregelanordnungen der technischen Elektronik", hat sich im Fahrzeug der Kontaktregler [1.1, 1.30, 1.31] (Tirrillregler) durchgesetzt und bis weit in die Ära der Halbleiter hinein auch behauptet.

Erste Vorschläge für ein- und zweistufige Transistorschaltungen finden sich in den Patentschriften [1.32, 1.33] „Transistor Controlled Voltage Regulator for a Generator" vom November 1954 und mehrstufige bereits mit einer Begrenzung des Laststroms in „Regler für elektrische Energieversorgungsanordnun-

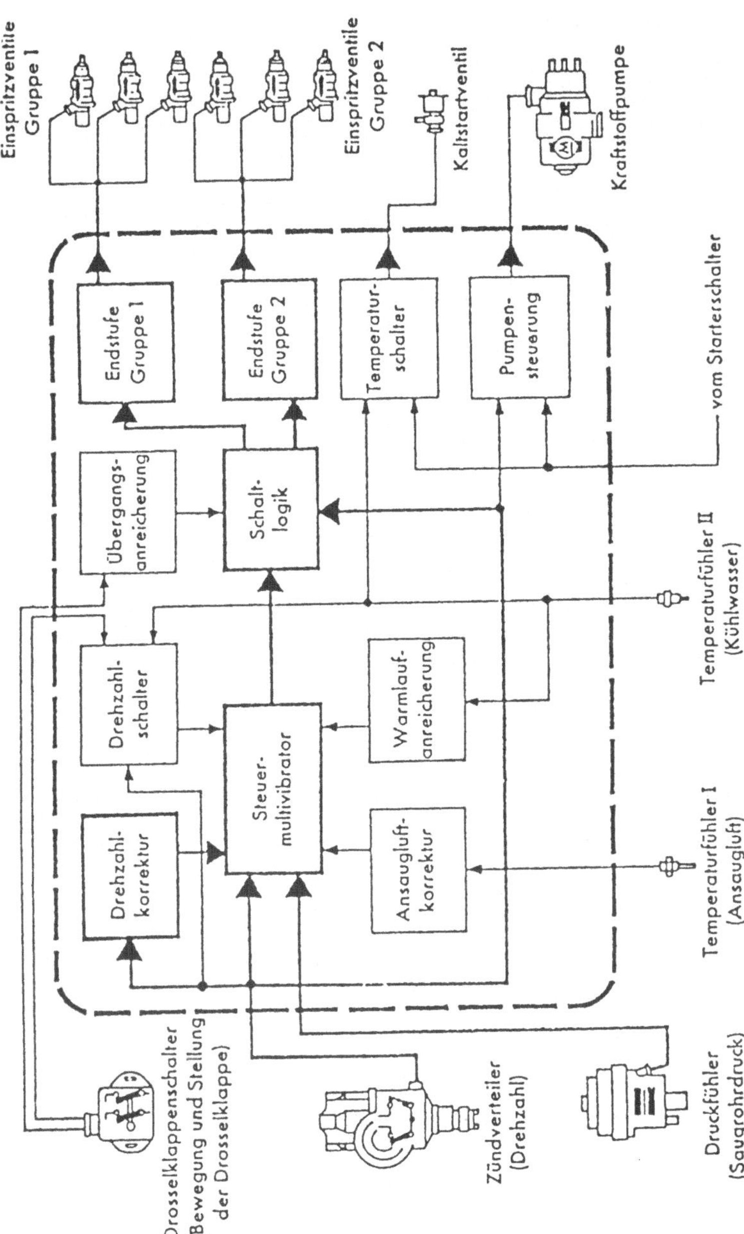


**Abb. 1.6.** Elektronische Benzineinspritzung; Blockschaltbild des Systems mit Steuerung der Kraftstoffmenge durch den Druck im Saugrohr (D-Jetronic, Bosch 1967)

gen“ vom November 1955, beide für Gleichstromgeneratoren, und „Vehicle Electrical System“ vom Januar 1956 [1.34] für einen Drehstromgenerator. Ein Transistor als Verstärker für einen Kontaktregler wird dagegen erst im Mai 1956 genannt [1.35].

Elektronische Regler unterschiedlichster Schaltungskonzepte zunächst mit Germanium-Transistoren werden in Kleinserien von 1959 an für Sonderfahrzeuge, wie etwa Omnibusse hergestellt. Erst mit dem Aufkommen geeigneter Silizium-Transistoren konnten hinreichend temperaturfeste Regler entwickelt werden, die dann von 1969 an auch für PKWs zur Verfügung standen. Ihre Kosten waren damals noch etwa doppelt so hoch wie die eines Tirrillreglers [1.36 (Motorola: He loses money on each hybrid integrated circuit regulator he sells.)].

Die Regler dieser ersten Generation waren verhältnismäßig einfach. Abbildung 1.7 zeigt die Schaltung eines Drehstromgenerators mit angebautem Hybridregler von Bosch. Wie aus der Literatur hervorgeht, kann dessen Schaltung als Beispiel für viele Fabrikate dienen: Ford [1.37], General Motors Corp. [1.38], Lucas [1.39], Siemens [1.40] und viele andere. Dabei wurden in einer Teilintegration die Komponenten Transistor T2, Widerstand R5 und Transistor T3 im „TWT“ 1, einem Darlington, und Transistor T1, Widerstand R4 und Zener-Referenzdiode ZD im „TWZ“ 2 zusammengefaßt. Die restlichen Widerstände R1, R2, R3, R6 und R7 sind in Dickschichttechnik hergestellt. Mit den beiden diskreten Dioden 4 wird der bei Bosch übliche Temperaturkoeffizient von $-7$ mV/K erzeugt.

Alle Komponenten sind zusammen mit dem ebenfalls diskreten Kondensator C auf einer gedruckten Schaltung untergebracht. Der Regler wurde in fertig montiertem Zustand auf seine Nennspannung abgeglichen über den Wi-

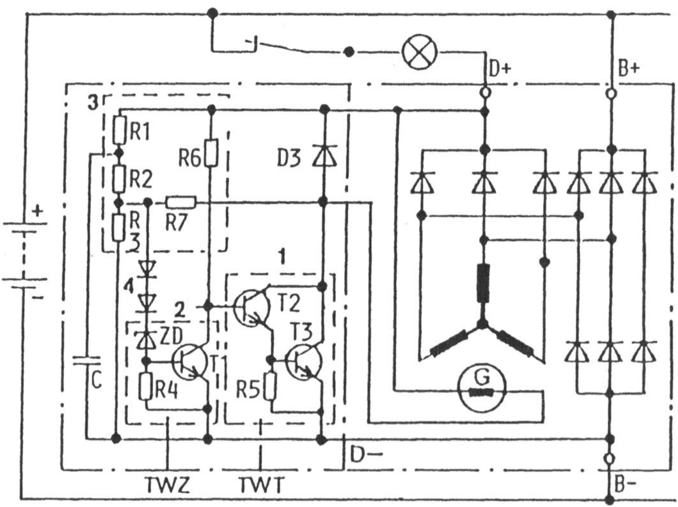


**Abb. 1.7.** Schaltbild eines elektronischen Einbaureglers für Drehstromgeneratoren (Bosch 1966)

derstandsteiler am Eingang zunächst durch Abtragen von Widerstandsmaterial mittels eines Sandstrahlgebläses, später auch mittels eines Lasers.

### 1.1.4 Blinkgeber

Bereits im Januar 1916, also praktisch zusammen mit der Einführung der elektrischen Beleuchtung durch Ford [1.1], werden in einer US-Patentschrift [1.41] Blinkleuchten vorgeschlagen, und zwar als Signale für eine Änderung der Fahrtrichtung „eine der beiden Leuchten blinkt", sowie auch schon zur Warnung „beide Leuchten blinken". Serienmäßig wurden sie zuerst in den USA Anfang der 40er Jahre eingeführt, die Bundesrepublik folgte 1956 [1.1]. Als „Taktgeber" waren altbekannte elektromechanische und -thermische Lösungen üblich.

Mit dem Aufkommen der Halbleiter werden auch hier elektronische Lösungen vorgeschlagen: Als erstes findet sich im Juni 1954 eine „Temperaturstabilisierte Kipp-oder Blinkschaltung" mit einem Unijunction-Transistor [1.42], ferner seien genannt ein kontaktloser „Impulsgeber, insbesondere für Blinkleuchten an Kraftfahrzeugen" mit einem Leistungstransistor in Verbindung mit einer Drosselspule mit drei Wicklungen vom Mai 1955 [1.43] und ein ebenfalls kontaktloser Blinkgeber mit einem komplementären Transistorpaar „Transistorized Light Flasher and Testing Circuit" vom September 1958 [1.44]. Die Grundschaltung heutiger Blinkgeber mit einer elektronischen Überwachung des Lampenstroms während der Hellzeit mittels eines Meßwiderstands im Lampenstromkreis und Verdopplung der Blinkfrequenz beim Ausfall einer Lampe stammt vom September 1962 [1.45].

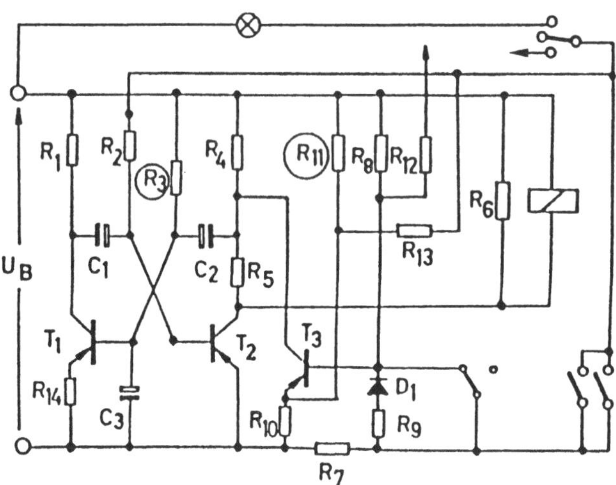


**Abb. 1.8.** Schaltbild eines elektronischen Blinkgebers mit Überwachung des Lampenstroms während der Hellzeit (Bosch 1967)

Gegen Ende der 60er Jahre wurden die Auflagen vom Gesetzgeber her erhöht. Neben höherer Zuverlässigkeit wurden auch Mittel zum Erkennen ausgefallener Blinklampen und das Warnblinken vorgeschrieben. Diese Forderungen ließen sich vorteilhaft mit elektronischen Schaltungen erreichen. Als eine der vielen möglichen Lösungen ist die von Bosch mit einem Meßwiderstand ($R_7$) im Lampenstromkreis und Frequenzverdoppelung nach dem Ausfall einer Lampe in Abb. 1.8 wiedergegeben. Eine zusammenfassende Darstellung von Taktgebern und Kontrollschaltungen zur Überwachung des Lampenstromkreises findet sich in der Arbeit „Kraftfahrzeug-Blinkanlagen mit elektronischem Blinkgeber [1.46].

## 1.2 Von der Elektronik zur Mikroelektronik

Seriengeräte für Kraftfahrzeuge benötigen wegen der geforderten Zuverlässigkeit unter erschwerten Bedingungen längere Entwicklungs- und Erprobungszeiten. Es wurden deshalb zunächst nur einfache Schaltungen, wie etwa, Spannungsregler und Blinkgeber, integriert und versuchsweise in beschränktem Umfang eingeführt.

Bei Bosch wurde 1966 vom Verfasser das Projekt „Integrierte Technik" initiiert, das 1967 zu einer Zusammenarbeit mit dem Institut für Theoretische Elektrotechnik[1] der RWTH Aachen unter seinem Direktor Prof. Dr. W.L. Engl führte. Dieses Institut hatte sich als erstes in der Bundesrepublik für die Entwicklung und Fertigung „Monolithisch Integrierter Schaltungen" etabliert. Im Rahmen dieser Zusammenarbeit wurden viele Integrationsprinzipien erarbeitet, entsprechende Schaltungen entworfen, ausgeführt und erprobt. Auch andere Firmen dürften um diese Zeit mit Planung und Entwicklung monolithisch integrierter Schaltungen für das Kraftfahrzeug begonnen haben. Somit kann 1966 als Zeitpunkt für den Start der Entwicklung mikroelektronischer Komponenten für das Kraftfahrzeug angesehen werden.

Erwähnenswert ist, daß zunächst versucht wurde, herkömmliche Schaltungen für diskrete Komponenten integrationsgerecht zu modifizieren. Als Beispiel sei genannt der Ersatz des Kondensators im Emitter einer einfachen Verstärkerstufe durch den Übergang zur Differenzenstufe mit einem Transistorpaar. Ein Ansatz, der schon in Bild 1.9 des nächsten Abschnitts zu erkennen ist.

Soweit in diesem Abschnitt keine Literaturstellen nachgewiesen sind, stammen die Angaben aus dem Archiv des Verfassers und dort niedergelegten Unterlagen der Hersteller.

[1] künftig kurz mit ITHE bezeichnet

### 1.2.1 Mikroelektronik im Autoradio

Auch Blaupunkt hat 1966 begonnen, sich mit integrierten Schaltungen für das Autoradio zu beschäftigen. Als Versuchsmuster diente der ZF-Verstärker CA 3012 von RCA, der jedoch wegen der gewollten Amplitudenbegrenzung nur für Frequenz-Modulation, also den UKW-Empfang geeignet war. Ein universell einsetzbarer ZF-Verstärker sollte einerseits im FM-Bereich amplitudenbegrenzend wirken, im AM-Bereich jedoch linear arbeiten, wozu ein regelbarer Verstärkungsfaktor erforderlich ist. Blaupunkt regte deshalb bei Siemens die Entwicklung eines für AM und FM geeigneten ZF-Verstärkers an. Ergebnis dieser Entwicklung waren die Typen TAA 981/991 [1.47].

Erste Vorschläge zu integrierbaren NF-Vorverstärkern ließen sich früher realisieren. Valvo bot eine diesbezügliche Lösung mit dem Typ TAA 310 bereits im März 1967 an. Die Schaltung dieses ersten für das Kraftfahrzeug verfügbaren IC ist in Abb. 1.9 wiedergegeben [1.48]. Mit nur 14 Komponenten war der Aufwand noch recht bescheiden.

Wie schon im Abschn. 1.1 ausgeführt wurde, war das Autoradio das erste elektronische Gerät im Kraftfahrzeug. Mit dem TAA 310 übernahm das Autoradio nunmehr auch die Patenschaft für die Mikroelektronik.

### 1.2.2 Spannungsregler für Generatoren

Die erste bei Bosch im Rahmen des Projekts „Integrierte Technik“ entwickelte Schaltung war ein Spannungsregler für Drehstromgeneratoren. Eine Regelschaltung wurde deswegen gewählt, weil zu erwarten war, daß diese nicht nur äußere Störgrößen ausregeln wird, sondern auch – mindestens anfangs zu erwartende – Unzulänglichkeiten der Technologie. Dank dieser Eigenschaft

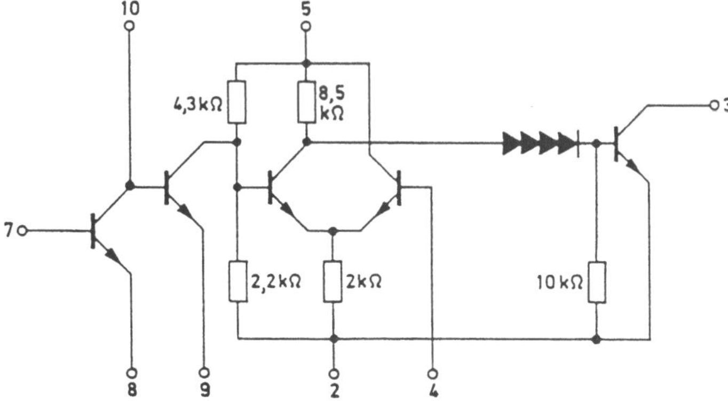


**Abb. 1.9.** Schaltung des ersten für das Autoradio gedachten integrierten NF-Vorverstärkers TAA 310 (Valvo 1967)

waren schon die Muster aus dem ersten Diffusionslauf funktionsfähig, obwohl die Transistoren nicht nur vom Volumen her, sondern in starkem Maße auch von der Oberfläche aus gesteuert wurden.

Schaltung und Layout dieses Reglers sind in Abb. 1.10a, b dargestellt. Der Transistor $T_4$ treibt einen Leistungstransistor in Single-Diffused-Technik ähnlich dem 2 N 3055. Er hatte ohne buried layer einen Kollektorbahnwiderstand $R_{Cb} \leq 10\,\Omega$ bei einer Sperrschichttemperatur von $T_j = 150\,°C$. In seinem Kollektor-Widerstand $R_{11} \approx 50\,\Omega$ wurden immerhin schon ca. 2,5 W umgesetzt.

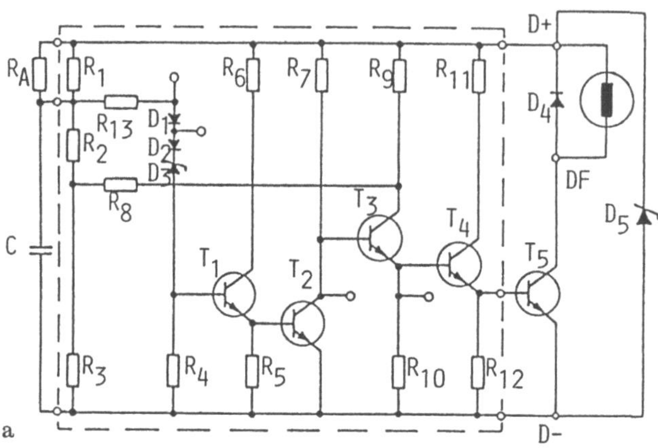


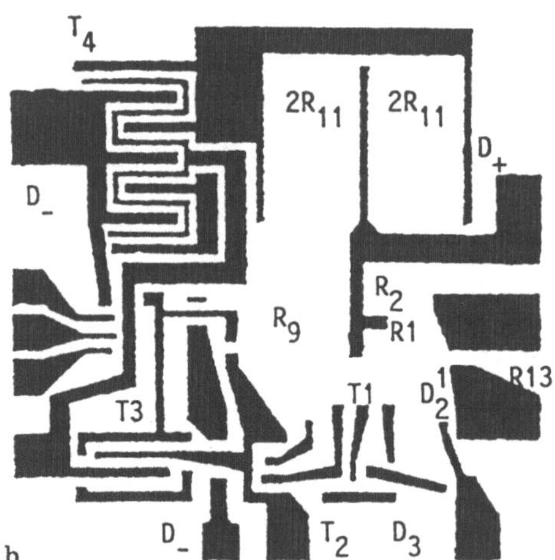


**Abb. 1.10a,b.** Steuerstufe eines Spannungsreglers für Drehstromgeneratoren mit einer Treiberstufe ($I_E \leq 200$ mA) für einen Endtransistor ($I_C = 4$ A) in Single-Diffused-Technik mit 5 NPN-Transistoren, 3 Dioden und 12 Widerständen (Bosch 1967). **a** Schaltbild; **b** Layout der Metallisierungsebene Chipfläche 2,4 × 2,4 mm$^2$

Den Schutz der Steuerstufe gegen leitungsgeführte Störungen übernahm in begrenztem Umfang die Z-Diode $D_5$ mit einer Durchbruchspannung $U_Z \approx 18$ V und einer Chipfläche von 4 $mm^2$. Mittels des diskreten Kondensators $C$ wurde ebenso wie bei dem Hybridregler nach Abb. 1.7 der Signaleingang entstört.

Parallel zu den Arbeiten bei Bosch verfolgte das ITHE die Integration der Steuerstufe in der Originalschaltung nach Bild 1.7. Auch diese Arbeiten waren erfolgreich. Dabei ist es gelungen, die Abbildung der Strukturen auf der Scheibe und die Prozeßparameter in der Diffusion so zu beherrschen, daß der Istwert der Nennspannung des fertigen Reglers auf $\pm 2\%$ genau eingehalten werden konnte. Da damals aber schon Toleranzen von unter $\pm 1\%$ für den Istwert gefordert wurden, war ein Ziel künftiger Arbeiten der Abgleich von Parametern auf der Scheibe zusammen mit der Prüfung der Chips.

Obwohl die Erprobung dieser Muster im Fahrzeug positiv verlaufen ist, verging mehr als ein Jahrzehnt bis zum Serieneinsatz monolithisch integrierter Steuerstufen bei Bosch. Nicht nur bei den Hybrid-Reglern (vgl. Abschn. 1.1.3), sondern auch hier galt's Qualität und Zuverläßigkeit bei marktgerechten Kosten in den Griff zu bekommen. Selbst noch 1973 wurde eine monolithische Steuerstufe aus technischen Gründen für nicht praktikabel gehalten [1.40].

In den Vereinigten Staaten hat Motorola Regler mit monolithisch integrierten Steuerstufen entwickelt. Bekannt geworden ist bei Bosch das für Delco-Remy gedachte und ab 1970/71 angebotene Reglerkonzept mit der Bezeichnung SWR 39. Seine monolithisch integrierte Steuerstufe in Flip-Chip-Technik hatte 13 Widerstände, 3 Dioden und 24 Transistoren. Ein anderes, wieder erheblich einfacheres Konzept unter der Bezeichnung SCC 9497 mit 3 Widerständen, 1 Diode und 5 Transistoren, davon 2 als Z-Referenzdioden geschaltet, wurde 1971 vorgestellt. Aber auch diese Regler konnten sich auf dem Markt nicht durchsetzen. Ebenso wie Bosch haben Motorola und sicher auch noch andere Halbleiterhersteller nach technisch und wirtschaftlich tragfähigen Lösungen gesucht.

### 1.2.3 Blinkgeber

Als nächst einfaches elektronisches Gerät im Kraftfahrzeug wurde bei Bosch die Schaltung eines Blinkgebers integriert. Gewählt wurde das Konzept nach Abb. 1.8 mit einer Überwachung der Blinklampen durch Abfragen des Lampenstroms während der Hellzeit und einer Verdopplung der Blinkfrequenz bei zu niedrigem Strom, also beim Ausfall einer Blinklampe. Erste Muster standen im Frühjahr 1968 in einem Prozeß ohne buried layer zur Verfügung. Im gleichen Jahr wurde jedoch der zulässige Maximalwert für den Meßwiderstand im Lampenstromkreis von 80 auf 30 m$\Omega$ reduziert, so daß ein Überwachungsverstärker mit erheblich geringerer Offsetspannung erforderlich wurde.

Der Widerstand des Wolframfadens einer Glühlampe ist temperatur- und damit auch spannungsabhängig[2]. Um die gestellten Forderungen bei einer hinreichend großen Fertigungstoleranz des Überwachungsverstärkers zu erfüllen, wurde die Spannungsfunktion des Lampenwiderstands $R_L(U_B)$ nachgebildet.

Der Herstellungsprozeß wurde durch Einführen eines buried layer erweitert und bezüglich seiner Oberflächenzustände erheblich verbessert. Verpackt wurden die Blinkgeber-IC in einem Metallgehäuse TO 5/10. Erst nachdem Qualität, Zuverlässigkeit und Stör- bzw. Zerstörfestigkeit hinreichend sichergestellt war, ging man mit einer größeren Stückzahl ins Feld. Insgesamt wurden von April 1971 bis März 1972 80000 Blinkgeber zur Erprobung an Fahrzeughersteller ausgeliefert [1.49].

Die Firma Intermetall bot dagegen unter dem Typ TAA 771 bereits ab 1969 einen integrierten Blinkgeber mit der einfacheren Überwachung des Lampenstromkreises während der Dunkelzeit im 14poligen Plastikgehäuse an. Abbildung 1.11 zeigt das Layout der Metallisierung dieses IC, der als der erste offiziell angebotene integrierte Blinkgeber bezeichnet werden darf. In Serie ging 1971 [1.50] der Nachfolgetyp TAA 775 im 10poligen Plastikgehäuse. Die Außenbeschaltung dieses Blinkgebers ist in Abb. 1.12 wiedergegeben.

Auch SESCOSEM stellte unter der Bezeichnung SFC 606 einen Blinkgeber vor mit einer Außenbeschaltung, die exakt der von Abb. 1.12 entsprach.

Bei Bosch begann die Serienfertigung erst Ende 1972 mit dem Typ CB 43, nachdem es gelungen war, die Außenbeschaltung (Abb. 1.13) zu vereinfachen und den Entwurf gegen leitungsgeführte Störgrößen besser abzusichern. Den

**Abb. 1.11.** Layout der Metallisierungsebene des ersten auf dem Markt angebotenen Blinkgeber-IC TAA 771 (Intermetall 1969). Komponenten: 24 Widerstände, 11 Dioden, 13 NPN-Transistoren, 4 PNP-Transistoren; Chipfläche: ca. 2 $mm^2$

[2] Der Glühfaden erreicht bereits etwa Mitte der Hellphase seine Endtemperatur. Er kühlt sich nach dem Abschalten des Stroms wieder rasch ab. Wird der Lampenstromkreis während der Dunkelphase kontrolliert, so ist sein Widerstand nicht nur von $U_B$, sondern auch noch von der Abkühlzeit $T_A$, also von Periodendauer und relativer Hell-bzw. Dunkelzeit, abhängig, es gilt $R_L(U_B, T_A)$, die Abfrage während der Hellzeit ist exakter.

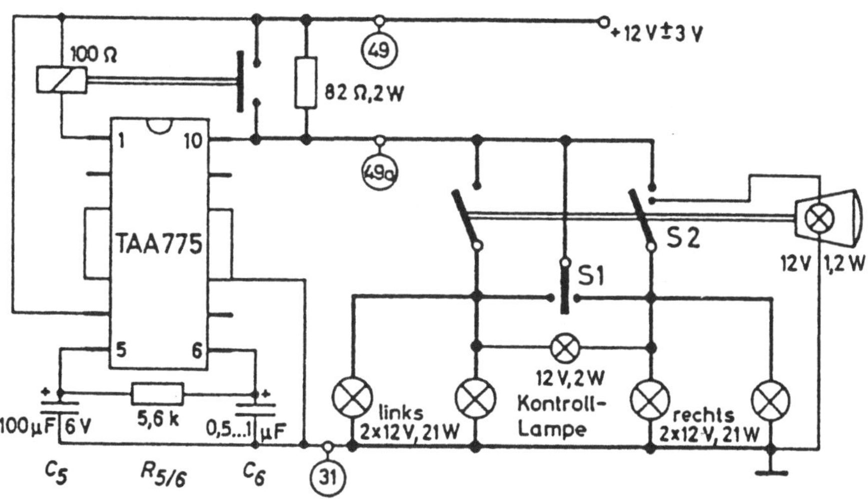


Abb. 1.12. Außenbeschaltung einer Richtungs- und Warnblinkanlage zur Integrierten Schaltung TAA 775; Diskrete Elemente: Zeitkreis $C_5$, $R_{5/6}$; Entstörung $C_6$; Abfrage Lampenstromkreis $R_{49}$ (Intermetall 1970, Serie 1971)

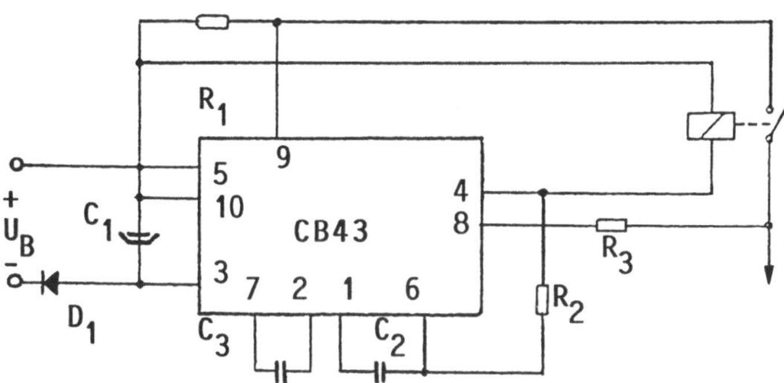


Abb. 1.13. Außenbeschaltung einer Richtungs- und Warnblinkanlage zur Integrierten Schaltung CB 43. Diskrete Elemente: Zeitkreis $C_2$, $R_2$; Entstörung $D_1$, $C_1$, $C_3$, $R_3$; Abfrage Lampenstrom $R_1$ (Bosch 1971, Serie 1972)

Forderungen nach mußten die Blinkgeber das Abschalten der Maximallast bei batterielosem Betrieb mit damals gebräuchlichen Generatoren ($I_{\text{nenn}} = 35$ A) ohne Schädigung überstehen (vgl. Abschn. 2.2.1, Abb. 2.10 „Load Dump-Impuls"). Abbildung 1.14 zeigt die Schaltung des CB 43.

Verpackt wurden die CB 43 zunächst in dem bewährten Metallgehäuse TO 5/10, das dann von 1974 an durch ein Verpackungskonzept Chip auf Leiterplatte abgelöst wurde [1.51]. Von 1976 an wurden die CB 43 durch den Nachfolgetyp CB 61 ersetzt, da es mit diesem Konzept gelang, Stör- und Zerstörfestigkeit mit nur einem äußeren Widerstand zu erreichen. Die diskreten Komponenten $D_1$, $C_1$ und $C_3$ in Abb. 1.13 konnten entfallen.

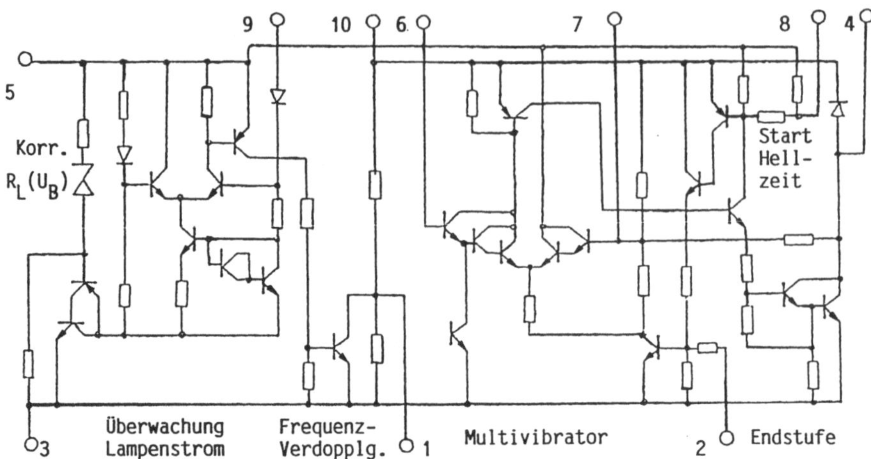


**Abb. 1.14.** Schaltbild des Warnblinkgebers CB 43; mit 25 Widerständen, 4 Dioden, 17 NPN- und 4 PNP-Transistoren auf 2,03 $mm^2$

### 1.2.4 Baugruppen für die D-Jetronic

Das Steuergerät der D-Jetronic [1.23, 1.24] für einen Vierzylinder-Motor nach Abb. 1.6 war mit 220 Komponenten ein geeignetes Feld für eine monolithische Integration. Diese wurde bereits Ende 1968 begonnen und später im Rahmen des Förderungsvorhabens NT 270 vom Bundesministerium für Bildung und Wissenschaft fortgesetzt. Das Ziel dieser Entwicklungen war nicht eine Großserie, sondern mittels eines umfangreichen Erprobungsprogramms Qualität und Zuverlässigkeit sicherzustellen.
Geplant waren zunächst folgende Bausteine:

- Zentralbaustein,
- Übergangsanreicherung,
- Drehzahlschaltung,
- Drehzahlkorrektur und die
- Multiplizierschaltung mit Warmlauf,

von denen jedoch nur der Zentralbaustein und die Übergangsanreicherung ausgeführt wurden [1.49].

Das Blockschaltbild des Zentralbausteins ist in Abb. 1.15 dargestellt. Enthalten sind die Funktionsblöcke „Auslösestufe", „Differenzierstufe", „Monostabile Kippstufe", die als Herzstück des Systems den Analogrechner für die Kraftstoffzumessung bildet, und die „Logik" zum Ansteuern der Endstufen. Die erste Version hatte 53 Komponenten, die der endgültigen, 1971 abgeschlossenen Ausführung 89. Die Erweiterung war einerseits durch den zur Darstellung von präzisen Analogrechnern notwendigen Lerneffekt bedingt, andererseits waren

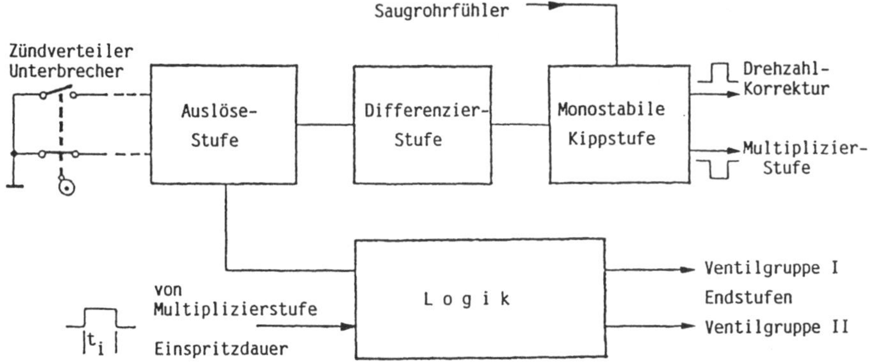


**Abb. 1.15.** Blockschaltbild des Zentralbausteins der D-Jetronic

**Tabelle 1.1.** Vergleich der integrierten Komponenten von Zentralbaustein und Übergangsanreicherung mit den in der D-Jetronic (Abb. 1.6) nach Art und Zahl ersetzten Komponenten, sowie Angaben zur Zahl der Bauelemente, der Zahl der Lötstellen und der Chipflächen

| Komponente | Zentral-baustein | Original-Gerät | Übergangs-anreicherang | Original-Gerät |
|---|---|---|---|---|
| Widerstände | 51 | 16 | 28 | 17 |
| Kondensatoren | 0 | 3 | 0 | 4 |
| Dioden | 1 | 8 | 0 | 7 |
| Transistoren | 37 | 7 | 34 | 5 |
| Komp. gesamt | 89 | 34 | 62 | 33 |
| Bauelemente | 1 | 34 | 1 | 33 |
| Lötstellen | 12 | 75 | 12 | 71 |
| Chipfläche ($mm^2$) | 3,35 | | 2,37 | |

aber auch die ursprünglich gestellten Forderungen im Zuge der Entwicklung über die der diskreten Lösung hinaus angehoben worden.

Auf das Blockschaltbild der Übergangsanreicherung und die Schaltbilder für beide Bausteine im Metallgehäuse TO 5/12 soll hier verzichtet werden. Der Erfolg der Integration soll jedoch anhand der Tabelle 1.1 aufgezeigt werden. Dort sind Art und Zahl der Komponenten beider Bausteine der ursprünglichen Leiterplattenlösung gegenübergestellt. Darüber hinaus ist zum Vergleich die Zahl der Bauelemente, die Zahl der erforderlichen Lötstellen und die Chipfläche angegeben. In Summe konnten durch beide IC 67 der 220 diskreten Komponenten abgelöst und 122 Lötstellen eingespart werden.

Vom Zentralbaustein wurden ca. 10000 Exemplare in Seriengeräte eingesetzt und im Feld erprobt. Während der damals gültigen Garantiezeit von einem halben Jahr sind keine auf den IC zurückzuführenden Ausfälle bekanntgeworden [1.51].

### 1.2.5 Baugruppen für weitere Erzeugnisse im Kraftfahrzeug

In diesem Abschnitt wird auf die Versuche Anfang der 70er Jahre eingegangen, eine ganze Anzahl einfacher und für den Betrieb des Fahrzeugs unkritischer Funktionen zu integrieren.

*Drehzahlmesser und Tachogeneratoren*

Drehzahl und Geschwindigkeit lassen sich mit denselben Bausteinen erfassen. Für die Motordrehzahl wird die Information dem Zündsystem direkt entnommen [1.52], für die Geschwindigkeit mittels eines elektromechanischen Gebers dem Getriebe.

Bereits 1970 fertigte Intermetall die Drehzahlmesser SAK 110 [1.53] in Groß-Serie. Weitere Hersteller folgten: Texas Instruments mit dem SN 76810 P, Valvo mit dem SAK 140, Fairchild mit dem $\mu$A 7350 und Thomson-CSF mit dem ESM 707. Auch hier handelt es sich um Schaltungen mit geringem Integrationsumfang, bei deren Ausfall keine schwerwiegenden Folgen zu erwarten waren.

Erwähnenswert ist, daß bereits 1973 vorgeschlagen wurde, Drehzahlmesser zur Aufbereitung der Rad-Drehzahlsignale für Antiblockiersysteme zu verwenden.

*Wischintervall-Geber*

Für die bereits in Abschn. 1.2.3 genannten Blinkgeber TAA 775 von Intermetall wurde auch eine Außenbeschaltung für die Verwendung als Intervall-Scheibenwischer angegeben [1.50], ebenso für den Typ SFC 606 von SESCOSEM mit exakt derselben Beschaltung wie von Intermetall.

*Tachometer mit km-Zähler*

Die Tachometer-IC mit km-Zähler basieren auf den obengenannten Drehzahlmessern. Der km-Zähler wird von einem als Integrator wirkenden Schrittmotor mit den Drehzahlimpulsen angetrieben, die für diesen Zweck über einen digitalen Frequenzteiler auf die erforderliche Taktfrequenz geteilt werden.

Eine erste Notiz über ein elektronisches Tachometer mit km-Zähler, entwickelt von Texas-Instruments Ltd. für Smiths-Industries Ltd., findet sich im August 1972 [1.54]. Für den Frequenzteiler dieser Schaltung wird ein Teilerverhältnis von 28 angegeben. Nahezu zeitgleich, nämlich im Oktober 1972, kündigt Intermetall seinen IC SAY 115 mit einem Teilerverhältnis von $2^5$ an [1.55], der kurz darauf auch in der Fachliteratur erwähnt wird [1.56]. Eine umfangreiche Beschreibung findet sich in [1.57].

*IC für Quarzuhren*

Die ersten Quarzuhren für Kraftfahrzeuge bestanden aus einem Quarzgenerator mit einer Frequenz von 4,194812 MHz, einem Frequenzteiler mit dem Teilerverhältnis $2^{21}$ und einem im Sekundentakt anzusteuernden Schrittmotor zum Antrieb der Zeiger (RCA CD 4045). Ein anderes Konzept von VDO basierte auf einem IC von Solid State Scientific (SSS 5411) mit einem Teilerverhältnis $2^{16}$, einem mit einer Frequenz von 60 Hz betriebenen Synchronmotor und einem mechanischen Untersetzungsgetriebe [1.58]. Die Ganggenauigkeit wurde durch Ziehen des Oszillators mit einem Kapazitätstrimmer eingestellt. Von 1972 an wurden diese Uhren von VDO gefertigt und angeboten [1.59].

Intermetall brachte 1974 den Typ SAJ 300 S auf den Markt. Als Neuerung wurde die Ganggenauigkeit nicht mehr direkt mittels eines Trimmers, sondern über den Frequenzteiler mit einem variablen Teilerverhältnis von $2^{21}$ bis $(2^{21} + 2^9)$ eingestellt.

*Gurtlogik*

Mit dem Modelljahr 1974, also von Mitte 1973 an, mußten alle Neuzulassungen in den USA mit einer Gurtlogik ausgerüstet sein, die das Starten des Motors ohne angelegten Gurt verhindern sollte. Das System ist in [1.59] beschrieben. Intermetall entwickelte hierzu die Startblockierungsschaltung SAJ 280.

Die Einführung dieses außerordentlich komplexen Systems mit einer Vielzahl von Kontakten war wohl überstürzt angeordnet worden, seine Zuverlässigkeit[3] ließ zu wünschen übrig. Die wichtigste Information für den Kunden war, welches Kabel er durchtrennen muß, um weiterfahren zu können! Das Gesetz wurde deshalb nach kurzer Laufzeit wieder zurückgezogen.

*Spannungsstabilisatoren*

Die Bordinstrumente „Tankanzeige„ (Kraftstoff-Vorrat) und „Motor-temperatur“ benötigen eine konstante Betriebsspannung. Diese wurde mittels eines Bimetall-Reglers erzeugt. Um diese Kontaktregler abzulösen, entwickelte VDO mit Du Pont de Nemours zunächst einen Halbleiterregler in Dickschichttechnik [1.60] zum Bedienen beider Instrumente.

Ein neues Konzept von VDO sah vor, jedem Instrument einen monolithisch integrierten Stabilisator zuzuordnen. Bosch entwickelte und fertigte hierzu den Typ CV 20 mit einem Abgleich des Istwerts auf der Scheibe auf ± 0,5% genau. Diese Schaltung ist in Abschn. 1.4.1 näher beschrieben.

Von 1974 an ging VDO aus Kostengründen wieder zu einem gemeinsamen Stabilisator für beide Instrumente über und setzte dafür den Spannungsstabilisator TCA 700 [1.61] von Intermetall ein, der für den doppelten Strom eines CV 20

[3] Gemeint ist die Unzuverlässigkeit des Systems, nicht die der Elektronik.

ausgelegt war. Dieser benutzt ebenfalls ein Netzwerk für den Spannungsabgleich. Im Gegensatz zu Bosch wird hier nicht jeder einzelne Chip abgeglichen, sondern mittels einer aus einem Vorrat passend ausgewählten Maske die Fertigungstoleranz einer ganzen Scheibe eingeengt. Mit diesem Verfahren konnte eine Toleranz kleiner $\pm$ 2,5% erzielt werden.

Beide IC waren nicht verpolfest, jedoch für kurze Stoßströme in negativer Richtung bis zu 15 A ausgelegt. Zum Abfangen positiver Stöße besitzt der TCA 700 eine aktive Schaltung, die auf ein Spannungsniveau von ca. 25 V klammert. Diese Schaltung ist für einen Stoßgenerator mit einem Innenwiderstand $R_1 = 100\,\Omega$ und einer Amplitude $u_s = 200$ V zugelassen. Der CV 20 war in positiver Richtung konzipiert für eine Stoßspannung $u_s \geq 40$ V ($R_i = 0\,\Omega$), was man zunächst für ausreichend hielt; die Serie war dann für $u_s \geq 60$ V stoßfest. Damit entsprachen beide IC zwar nicht den heutigen Forderungen für leitungsgeführte Störgrößen (siehe Abschn. 2.2.1), doch genügte diese Stoßfestigkeit für intakte Bordnetze mit angeschlossener Batterie.

## 1.3 L-Jetronic als erstes monolithisch integriertes System

Entwicklung und Fertigung der D-Jetronic bei Bosch forderten, sich mit den vielschichtigen Problemen der elektronischen Benzineinspritzung intensiv zu beschäftigen. Man erkannte Anfang 1970, daß die Zumessung des Kraftstoffs von der Luft-menge her – anstelle vom Druck im Saugrohr – zu einfacheren Systemen führen müßte. Bereits zur Jahresmitte wurde der bei dem damaligen Stand der integrierten Technik kühne Entschluß gefaßt, die Integration der Elektronik für die D-Jetronic einzustellen und dafür die motorunabhängigen Komponenten des neuen Systems von vornherein monolithisch zu integrieren. Eine Abfanglösung mit diskreten Komponenten war nicht vorgesehen. Lediglich der Zentralbaustein für die D-Jetronic sollte als Pilotprojekt bis zur Serienreife entwickelt werden.

Das Prinzip der L-Jetronic ist in Abb. 1.16 wiedergegeben. Es ist in der bereits im Abschn. 1.1.2 zitierten Arbeit von Scholl [1.25] ausführlich beschrieben. Der Kraftstoff wird hier aufgrund einer echten Messung direkt der Luftmenge zugemessen und nicht mehr der Hilfsgröße „Saugrohrdruck“. Der Luftmengenmesser gibt die in der Zeiteinheit durchgesetzte Luftmenge in Form einer analogen Spannung an das Steuergerät. Im Steuergerät wird die auf den Arbeitshub entfallende Luftmenge durch Division mit der Drehzahl ermittelt. Da die Variation der Luftmenge im Betriebsbereich des Motors größer 1:40 ist, die Kraftstoffmenge aber auf etwa 1% genau berechnet werden soll, ergeben sich harte Forderungen an die analoge Rechenschaltung.

Abbildung 1.17 zeigt das Blockschaltbild des Steuergeräts. Die von der Zündung abgeleiteten Taktimpulse werden im Impulsformer aufbereitet. Um eine gleichmäßige Verteilung des Kraftstoffs sicherzustellen, werden die Einspritzventile pro Arbeitstakt zweimal geöffnet. Da der Zündverteiler eines

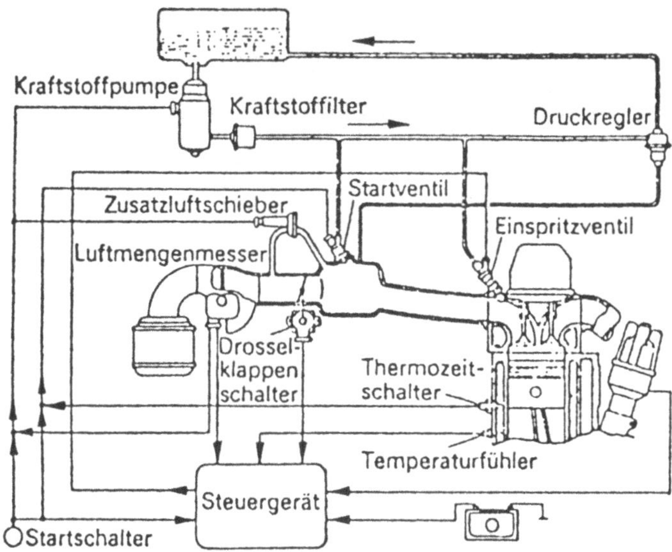


**Abb. 1.16.** Prinzip der L-Jetronic

Vierzylindermotors jedoch pro Motorzyklus vier Zündimpulse liefert, muß die Impulsfrequenz im Steuergerät noch halbiert werden. Beide Funktionen sind im Baustein CJ 02 vereint.

Mittels der zueinander komplementären Ausgänge des Frequenzteilers wird die vom Luftmengenmesser abgegebene Spannung in einen Impuls umgeformt, dessen Dauer $t_p$ der Luftmenge pro Ansaughub proportional ist. Der Luftstrom $Q$ wird durch die Drehzahl dividiert mittels eines Kondensators, der im Takt abwechselnd aufgeladen und entladen wird. Das Prinzip der Division ist in Abb. 1.18, der zugehörende Impulsfahrplan in Abb. 1.19 dargestellt.

Während der Zeit

$$t_a = 1/2\mathrm{n}$$

wird der Kondensator $C_{LM}$ mit dem konstanten Strom $I_1$ aufgeladen. Am Ende der Aufladung besitzt er die Spannung

$$U = I_1 \cdot t_a / C_{LM}.$$

Die Ausgangsspannung des Luftmengenmessers ist umgekehrt proportional der in der Zeiteinheit durchgesetzten Luftmenge. Diese Spannung wird nun in einem OTA (*O*perational *T*ransconductance *A*mplifier) in einen zu $U$ proportionalen Strom

$$I_2 \approx U = \mathrm{k}/Q$$

transformiert. Mit diesem Strom wird der Kondensator wieder entladen. Die

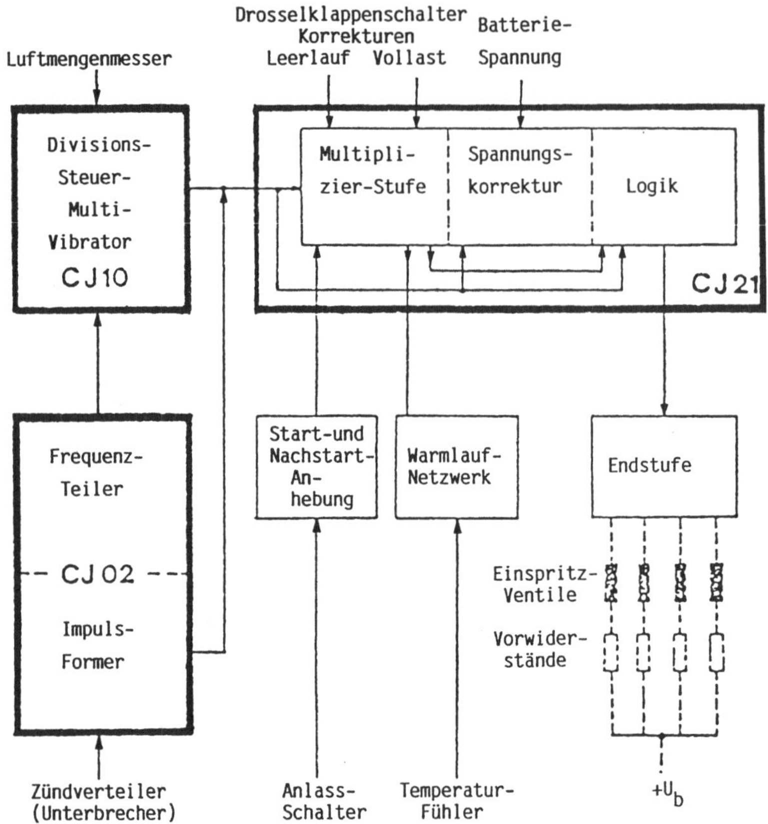


**Abb. 1.17.** Blockschaltbild des Steuergeräts der L-Jetronic

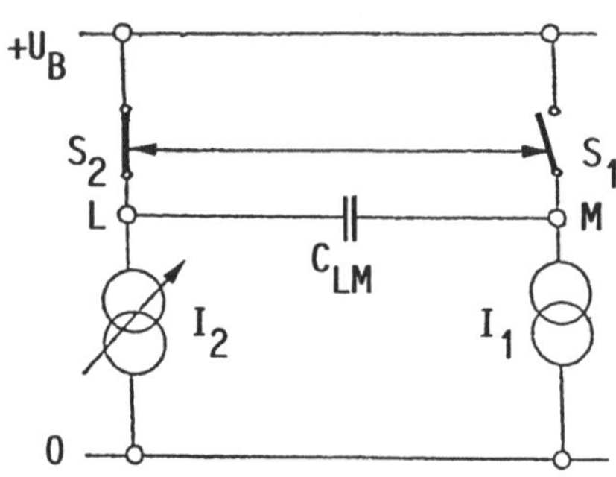


**Abb. 1.18.** Prinzip des Divisions-Steuermultivibrators CJ 10; $S_1$, $S_2$: elektronische Schalter zum Umschalten von $C_{LM}$ von Laden auf Entladen; $I_1$: Aufladestromquelle mit $I_1 = \mathrm{const} \approx 200\,\mu\mathrm{A}$; $I_2$: Entladestromquelle mit $200\,\mu\mathrm{A} < I_2(Q) < 10\,\mathrm{mA}$

Entladung endet nach der Zeit

$$t_p = \frac{I_1}{2k} \cdot \frac{Q}{n}.$$

Die Einspritzdauer hängt somit nur vom Quotienten $Q/n$ ab, der

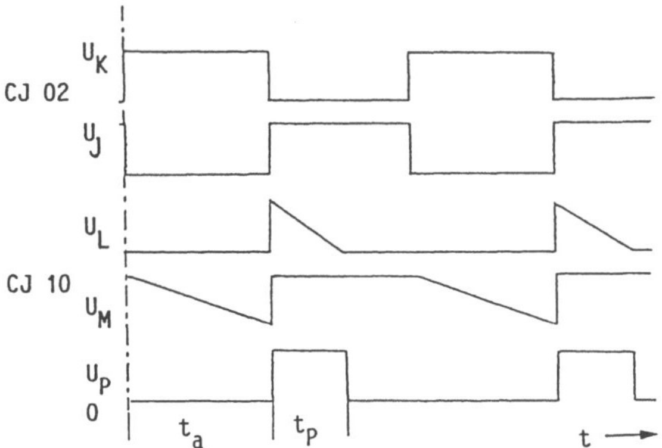


**Abb. 1.19.** Impulsdiagramm zu Abb. 1.18; $U_{J,K}$: komplementärer Ausgang des Impulsformers CJ 02; $U_{L,M}$: Potentialverlauf an den Klemmen L,M des Kondensators $C_{LM}$

Proportionalitätsfaktor k nur von Widerständen, nicht aber von der Kapazität des Kondensators $C_{LM}$.

Der Ausgangsimpuls $t_p$ wird anschließend in der Multiplizierstufe des Bausteins CJ 21 verlängert. Der Multiplikator m ($2 \leq m \leq 5$) berücksichtigt Start und Nachstart, die Stellung der Drosselklappe, ob Leerlauf oder Vollast, sowie die Temperatur des Motors. Die Abhängigkeit von der Temperaratur wird über ein diskret aufgebautes Widerstands-Dioden-Netzwerk erreicht. Darüberhinaus wird die Einspritzdauer um ein additives von der Betriebsspannung abhängiges Glied verlängert, mit dem die spannungsabhängige Anzugszeit der Einspritzventile korrigiert wird.

Die in Abb. 1.17 dick eingerahmten Blöcke sind die drei motorunabhängigen, monolithisch integrierten Bausteine, die anfangs ausschließlich in TO 5/10 bzw. TO 5/14 Metallgehäusen verpackt wurden. Der Aufgabe entsprechend wird das System an motorspezifische Forderungen mittels diskreter Widerstands-Dioden-Netzwerke angepaßt.

Die Bausteine beinhalten folgende Bauelemente:

- CJ 02: 37 Transistoren und 40 Widerstände, Chipfläche 2,43 mm$^2$,
- CJ 10: 69 Transistoren und 47 Widerstände, Chipfläche 5,38 mm$^2$ (7 Transistoren dienen nur der Kompensation von Restströmen bei hohen Kristalltemperaturen),
- CJ 21: 49 Transistoren und 56 Widerstände, Chipfläche 2,3 mm$^2$.

Von den drei Bausteinen soll hier die Schaltung des Divisions-Steuermultivibrators CJ 10, als dem Präzisionsrechner des Systems, in Abb. 1.20 wiedergegeben werden. Für die Entwicklung war damals entscheidend, ob es gelingen würde, die notwendige Rechengenauigkeit im gesamten Bereich der Chiptemperatur von $-40 \leq T_j \leq 150\,°C$ zu erreichen, oder ob nach einem Vorschlag von Prosser [1.62] für Spannungsreferenzen mit einer Hilfsschaltung die Chiptemperatur auf einem höheren Niveau zu stabilisieren wäre.

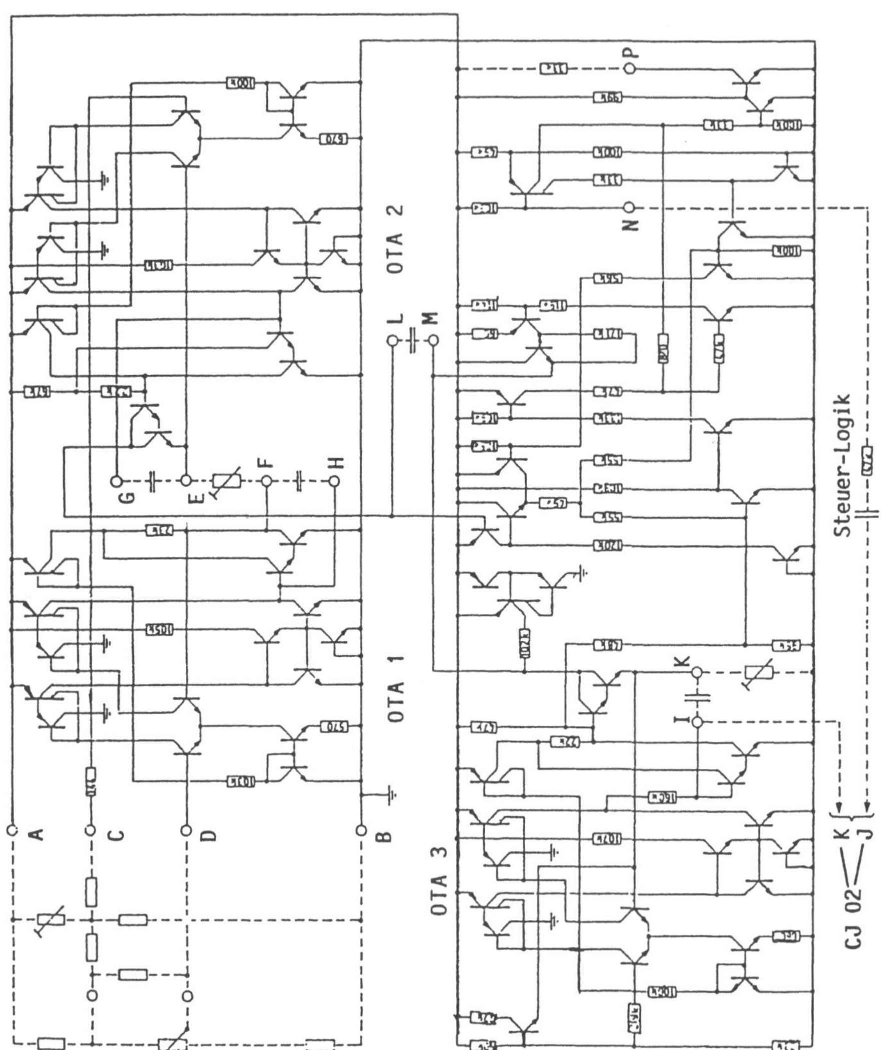


**Abb. 1.20.** Schaltbild des Divisions-Steuermultivibrators CJ 10 bestehend aus: OTA 1-3 und Steuer-Logik zur Ausführung der analogen Rechenoperation

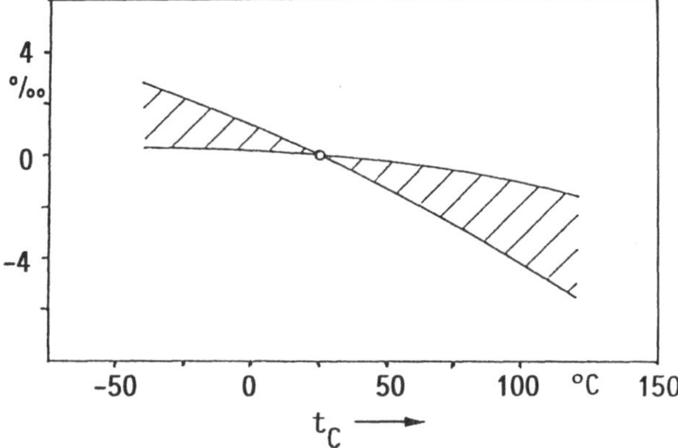


**Abb. 1.21.** Rechenfehler des CJ 10 im Temperaturbereich $-40 \leq T_C \leq +125\,^\circ\mathrm{C}$; entsprechend $T_j \leq 150\,^\circ\mathrm{C}$

Wie das in Abb. 1.21 dargestellte Ergebnis für den Rechenfehler in dem angegebenen Temperaturbereich erkennen läßt, konnte auf eine Stabilisierung der Chiptemperatur verzichtet werden. Der angegebene Fehler ist praktisch unabhängig von der Betriebsspannung im Bereich $10 \leq U_B \leq 16$ V.

Eine vollständige Beschreiburg der drei Bausteine und ihrer Daten findet sich in [1.51].

Das Grundkonzept der L-Jetronic war so flexibel angelegt, daß es durch Erweitern mit zusätzlichen, meist ebenfalls integrierten Komponenten den laufend steigenden Forderungen an die Reinheit der Abgase anzupassen war. Zu erwähnen ist, daß die Schaltung nahezu 20 Jahre lang in Geräten der analogen L-Jetronic verwendet wurde.

## 1.4 Versuche einer geschlossenen Integration von Systemen

Bei Bosch wurde in Zusammenarbeit mit dem ITHE schon früh versucht, kleinere Systeme bzw. Teilzysteme geschlossen monolithisch zu integrieren. Hierzu ist zu bemerken, daß dies nicht unbedingt immer der wirtschaftlichste Weg sein wird. Im Zuge der Prozeßentwicklung gelang es jedoch, die Defektdichte drastisch zu senken und über die damit verbundene Steigerung der Ausbeute auch großflächige Kristalle wirtschaftlich zu fertigen. Darüberhinaus werden die Entwurfsmethoden laufend verbessert, und damit die auf die Anzahl Bauelemente pro mm$^2$ entfallenden Entwicklungskosten gesenkt. Die Grenzen der Wirtschaftlichkeit sind fließend, so daß die Frage, geschlossen zu integrieren oder nicht, zu Beginn einer Entwicklung immer wieder aufs Neue zu stellen ist. Einige Versuche, zu geschlossenen Lösungen zu kommen, sollen im folgenden aufgezeigt werden.

### 1.4.1 Spannungsstabilisatoren

Anfang 1972 galt es einen Spannungsstabilisator für Bordinstrumente zu entwickeln, dessen elektrische Daten auszugsweise in Tabelle 1.2 zusammengefaßt sind. Die Grenzen für die Ausgangsspannung gelten im gesamten Bereich von Betriebsspannung und Ausgangsstrom. Der angegebene Innenwiderstand ist deshalb als Vorgabe der Entwicklung anzusehen, um vom vorgegebenen Toleranzband weniger als die Hälfte der Lastabhängigkeit zuzugestehen.

Folgende Entwicklungsziele waren zu erreichen:

- Toleranz der Ausgangsspannung $\pm$ 1%, was nur mit einem Abgleich auf dem Chip zu erreichen war,
- Eigenstabilität im Bordnetz. Kein Kondensator zuläßig (weder am Ein- noch am Ausgang),
- Abfangdiode mit einer Stoßfestigkeit von $-15$ A für einen Stoß mit $\tau = 10^{-3}$ s,
- Stoßfestigkeit $u_s \geq 40$ V.

Regler für Drehstromgeneratoren forderten schon damals einen genaueren Spannungsabgleich als dieser Spannungsstabilisator bei etwa gleicher Toleranz für den Temperaturkoeffizienten. Als Referenz war die Basis-Emitter-Strecke eines Transistors, als Z-Diode geschaltet, üblich. Da deren Temperaturkoeffizient eine Funktion ihrer Durchbruchspannung ist, wurde eine Schaltung entwickelt, die beim Abgleich auf den Sollwert einen definiert vorgebbaren konstanten Temperaturkoeffizienten lieferte [1.63]. Die Aufgabe war somit kongruent zu den bisherigen Zielen der Reglerentwicklung.

Die Berechnung der dynamischen Eigenstabilität im Bordnetz war eine Herausforderung an die Schaltungsanalyse. Die Abfangdiode konnte entweder als Substrat- oder als Lateral-Diode ausgeführt werden. Im ersten Fall standen

**Tabelle 1.2.** Daten aus dem Pflichtenheft eines Spannungsstabilisators für Bordinstrumente

| | | |
|---|---|---|
| Betriebsspannung | $11{,}3 \leq U_B \leq 16$ | V |
| Ausgangsspannung | $9{,}8 \leq U_A \leq 10{,}2$ | V |
| Ausgangsstrom | $30 \leq I_A \leq 110$ | mA |
| Temperaturkoeffizient | $0 \leq T_K \leq 2$ | mV/K |
| Stoßfestigkeit | | |
| positiv | $40 \leq u_s$ | V |
| negativ | $-15 \leq i_s$ | A |
| Kurzschlußfestigkeit | $50 \leq R_A$ | Ω |
| Innenwiderstand | $R_i \leq 0{,}75$ | Ω |

technologische, im zweiten strukturelle Probleme im Vordergrund. Um die Stoßfestigkeit in positiver Richtung mit einem Prozeß, dessen $U_{CEO} \geq 20$ V spezifiziert war, zu erreichen, wurde der Stelltransistor bei Betriebsspannungen oberhalb 18 V durchgeschaltet. Die Stoßspannung $u_s$ wurde somit mit der Spannung ($u_s - 8$ V) an die Verbraucher weitergegeben. Da die indirekt beheizten Bimetall-Meßwerke in Reihe mit einem Thernewid hierdurch nicht zu gefährden waren, erschien diese Lösung gegenüber einer Abfangschaltung auf hinreichend niedrigem Spannungsniveau als die weniger riskante.

In Abb. 1.22 ist die Metallisierung nach einem Chipfoto des 2,5 mm² (1,48 × 1,68 mm²) großen Chips abgebildet. Bereits die Erstmuster vom November 1972 erfüllten bis auf die Abfangdiode alle Entwicklungsziele. Diese als Substratdiode ausgebildete Diode erforderte noch einen besseren Rückseitenkontakt, der bei späteren Chargen auch gelungen ist.

Probleme bereitete die Stabilität der Referenzdiode. Während die Ausgangsspannung der Entwicklungsmuster in der Erprobung weniger als ± 20 mV driftete, war die Serie mit einer Nitridpassivierung erheblich instabiler.

### 1.4.2 Spannungsregler für Generatoren

Ziel der gemeinsamen Entwicklung von Bosch und dem ITHE waren monolithische Regler mit einem hohen Integrationsgrad. Bereits 1971 wurde ein entsprechendes Pflichtenheft verabschiedet mit einem Leistungs-Darlington in der Endstufe ($I_C = 4{,}6$ A bei $U_{CE} \leq 1{,}6$ V). Vorgesehen war ein vierstufiger binär codierten Spannungsabgleich eines jeden Chips auf der Scheibe. Eine in das Prüfprogramm eingebaute Abgleichstrategie sollte es ermöglichen, den Istwert der geregelten Spannung auf mindestens ± 0,5% exakt einzuhalten. Diskrete Bauelemente waren zwar nicht erwünscht, jedoch zugelassen. Für den Schutz

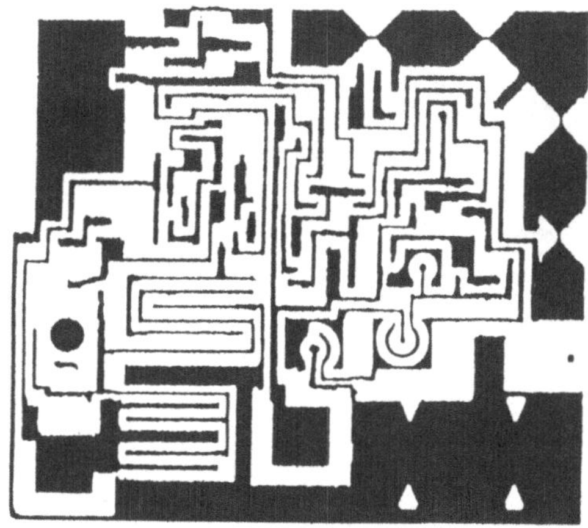

**Abb. 1.22.** Layout der Metallisierungsebene eines im Bordnetz eigenstabilen Spannungsstabilisators für Tank- und Temperaturanzeige mit Abgleich der Nennspannung von 10 V auf der Scheibe auf ± 0,5% genau (Bosch 1972)

gegen leitungsgeführte Störgrößen war eine Leistungs-Z-Diode vorgesehen. Inwieweit sich die Vorstellungen von einem total integrierten Spannungsregler einmal verwirklichen ließen, war nicht abzusehen.

*Spannungsregler des ITHE*

Bereits Mitte 1972 lag der mit EQ bezeichnete Entwurf des Instituts vor. Er war ausgelegt für einen Abgriff des Istwerts der Spannung an der Batterie ($B_+$) oder am Generator ($D_+$). Für die Option „Abgriff an $B_+$“ war vorgeschrieben, daß der Regler bei einer Unterbrechung der Zuleitung zur Batterie automatisch auf $D_+$ umschaltet. Die Freilaufdiode ($D_3$ in Abb. 1.7) war wegen der zu hohen Stromverstärkung des parasitären PNP-Substrattransistors ($0{,}15 \leq B_{substr} \leq 0{,}3$) damaliger Prozesse nicht integriert worden. Als weitere diskrete Bauelemente waren für die Siebung des Eingangssignals ein Kondensator von 0,47 $\mu$F und die Leistungs-Z-Diode erforderlich.

Die Metallisierung nach einem Chipfoto zeigt Abb. 1.23. Den größten Teil der Chipfläche von $3{,}07 \times 3{,}25 = 9{,}98\ \text{mm}^2$ nehmen die 20 Darlington-Zellen der Endstufe ein, links unten sind die vier Brennstrecken für den Spannungsabgleich zu erkennen. Die Komponenten des ITHE-Reglers im Vergleich zu einem Standardregler nach Abb. 1.7 sind in Tabelle 1.3 zusammengestellt. Der Entwurf lieferte notwendige Erkenntnisse für die Weiterentwicklung von Reglern und von integrierten Leistungsstufen für universelle Anwendungen.

*Spannungsregler von Bosch*

Wichtig für die Weiterentwicklung der integrierten Regler war die Einführung der Kollektoranschluß-Diffusion und eines buried layer mit einem Quadratwiderstand von $8 \leq R_s \leq 10\ \Omega$ in den Fertigungsprozeß. Dadurch

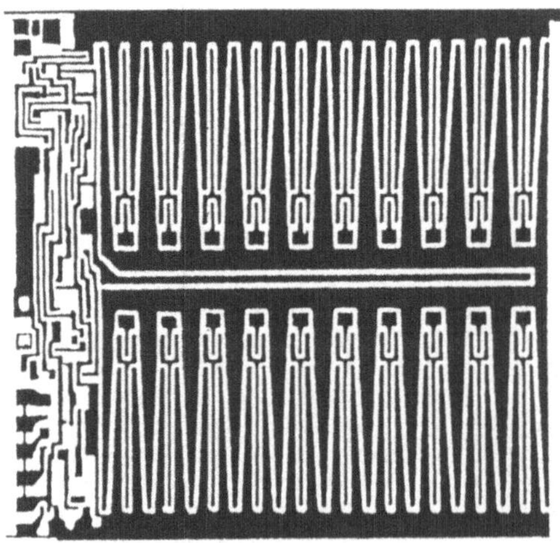

**Abb. 1.23.** Layout der Metallisierungsebene eines Spannungsreglers für Drehstromgeneratoren mit vierstufigem Spannungsabgleich, Darlington-Endstufe für $I_C = 4{,}6$ A, diskreter Freilaufdiode und einem diskreten Kondensator von 0,47 $\mu$F (Entwurf des ITHE 1972)

**Tabelle 1.3.** Zusammenstellung der Komponenten des Reglerentwurfs EQ/FD des ITHE im Vergleich zum Standardregler nach Abb. 1.7 und Summe der Bauelemente

| | ITHE-Regler | Standardregler | | |
|---|---|---|---|---|
| integr. Komponent. | IC | TWZ | TWT | Dickschicht |
| Transistoren | 13 | 1 | 2 | |
| Widerstände | 21 | 1 | 1 | 5 |
| Dioden | 11 | 1 | | |
| Komponenten gesamt | 45 | | 11 | |
| integr. Bauelemente | 1 | | 3 | |
| Diskrete Komp. | | | | |
| Dioden | 2 | | 3 | |
| Kondensatoren | 1 | | 1 | |
| Bauelemente gesamt | 4 | | 7 | |

verringerte sich einerseits die Stromverstärkung der parasitären Substrattransistoren, andererseits konnte die Stromdichte der Leistungstransitoren angehoben und die Sättigungsspannung reduziert werden. Nach einem Vorschlag des ITHE wurde eine inverse NPN-Struktur als schnelle Freilaufdiode eingesetzt, mit der sich eine parasitäre Stromverstärkung $B_s < 0{,}05$ erreichen ließ.

Mit diesem neuen Prozeß war ein Transistor in der Endstufe vorteilhafter als ein Darlington (vgl. hierzu Abschn. 4.3.2). Sein Kollektorstrom wurde durch Ziehen seines Basispotentials auf Emitterpotential ausgeschaltet. Ein geteilter Basiswiderstand erlaubte im ausgeschalteten Zustand einen höheren Strom im Basiskreis als im eingeschalteten, so daß in nullter Nährung die Verlustleistung der Endstufe kompensiert, und eine konstante mittlere Verlustleistung im gesamten Bereich des Kollektorstroms $0 < I_C \leq I_{max}$ erreicht werden konnte [1.64]. Der Spannungsabgleich wurde fünfstufig auf $\pm$ 0,3% genau ausgeführt.

Erste Muster dieses Reglers montiert in einem Metallgehäuse TO 3 mit einem diskreten Kondensator zur Siebung der Eingangsspannung lagen Ende 1973 vor. Der Kondensator, bereits auf eine Kapazität von 10 nF reduziert, paßte jedoch nicht in das Montagekonzept. Es galt, eine Schaltung zu finden, die für dieselbe Funktion mit einer integrationsfähigen Kapazität von 50 bis 100 pF auskam. Die Reduktion der Kapazität gegenüber der von Abb. 1.7 bzw. 1.23 wurde erreicht durch die Kombination von drei Prinzipien:

- Senken des Ladestroms (hochohmiger) ca. eine Größenordnung,
- Schaltung als Miller-Integrator, eine weitere Größenordnung,
- Erhöhen des Spannungshubs am Kondensator, ca. 1,5 Größenordnungen.

Ein Regler nach diesem Konzept ging Ende 1975 im Labor in Fertigung. Sein Layout ist in Abb. 1.24a gezeigt, die Kennlinien des Endtransistors $I_C(U_{CE})$ mit $I_B$ als Parameter sind in Abb. 1.24b wiedergegeben.

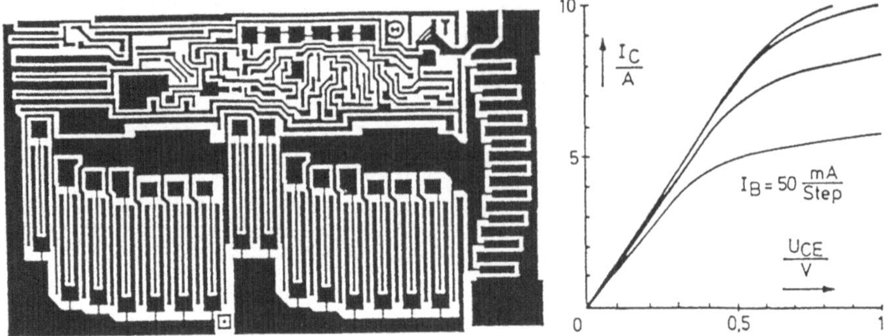


**Abb. 1.24.** Spannungsregler für Drehstromgeneratoren als eigenstabiler Vollmonolith mit fünfstufigem Spannungsabgleich auf $\pm$ 0,3% genau (Laborfertigung Bosch 1975). **a** Layout der Metallisierungsebene, **b** Kennlinien $I_C$ ($U_{CE}$) mit $I_B$ als Parameter

Neben den oben quer liegenden Brennstrecken für den Spannungsabgleich sind auch die Brennstrecken in den Basis- und Emitteranschlüssen der 15 Zellen des Leistungstransistors und in den Anodenzuleitungen der Freilaufdiode zu erkennen. Diese Brennstrecken erlaubten es, während der Scheibenprüfung als defekt erkannte Zellen abzutrennen [1.65]. Bei maximal zwei bis drei abtrennbaren Zellen (abhängig von der Fertigungsstreuung) konnte die Ausbeute der Leistungsstufe damals von ca. 30% ohne diese Maßnahme auf mehr als 80% gesteigert werden, was eine wirtschaftliche Fertigung ermöglicht hätte. Mit dem dazu entwickelten Prüfprogramm konnte alle 1,2s ein guter Reglerchip herausgeprüft und auf seine Nennspannung abgeglichen werden.

Die Zeit für eine Serienfertigung dieses Reglers war jedoch 1975 noch nicht reif. Zu viele fertigungstechnische Probleme wären noch zu lösen gewesen. Seine vollintegrierte Steuerstufe, jetzt versehen mit einem sechsstufigen Abgleich auf besser als $\pm$ 0,2%, sollte aber die des alten Konzepts nach Abb. 1.7 von 1978 an ablösen.

### 1.4.3 Blinkgeber und Taktgeneratoren

Eine weitere Frage war, inwieweit sich Zeitglieder monolithisch integrieren ließen. Naheliegend war, das RC-Glied des Multivibrators eines Blinkgebers mit einer Taktfrequenz der Größenordnung eine Sekunde zu integrieren. Bei für eine Integration passablen Kapazitätswerten der Größenordnung 30 pF, wären völlig indiskutable Lade- bzw. Entladeströme von ca. 1 nA erforderlich gewesen. Eine analoge Lösung war somit nicht möglich.

*Blinkgeber mit integriertem Zeitkreis*

Geht man davon aus, daß bei einer Kapazität $C = 40$ pF ein Spannungshub $U_C = 4$ V und ein Ladestrom $I_L = 1$ $\mu$A einen vernünftigen Kompromiß bilden, so ergibt sich eine Ladedauer von

$$t_L = C \cdot U_C / I_L = 160\ \mu s,$$

und, wenn gleich lang entladen wird, eine Periodendauer von

$$t_p = 320\ \mu s, \text{ bzw. eine Taktfrequenz von}$$

$$f_p = 3\,125\ \text{Hz}.$$

Diese Frequenz kann als untere erreichbare Grenzfrequenz betrachtet werden. Um auf die Blinkfrequenz von 1,5 Hz zu kommen, wird ein Frequenzteiler benötigt mit

$$n = {}^2\log(3\,125/1{,}5) = 11{,}03,$$

also elf Stufen.

Da klassische Frequenzteiler sechs bis acht Transistoren pro Zelle benötigen, wäre der Flächenbedarf für einen elfstufigen Frequenzteiler in Bipolartechnik sehr hoch geworden. Hier hatte Lehning vom ITHE eine Idee, die zur platzsparenden „*c*urrent *h*ogging *l*ogic" (CHL) führte [1.66]. Damit ergaben sich folgende Schaltungsblöcke für das Konzept eines weitgehend monolithisch integrierten Blinkgebers:

- Multivibrator,
- Frequenzteiler mit umschaltbarem Teilerverhältnis,
- Frequenzwechsler zur Überwachung des Lampenstromkreises,
- Hellzeitanlauf,
- Spannungsversorgung,
- Relaistreiber,
- Überspannungsschutz.

Außer dem obligatorischen Meßwiderstand für den Lampenstrom waren noch zwei weitere diskrete Widerstände erforderlich: Ein Vorwiderstand im Stromkreis des Überspannungsschutzes zum Begrenzen des Stoßstroms und ein weiterer Widerstand zum Erzeugen eines Referenzstroms, aus dem mittels Stromteiler Lade- bzw. Entladestrom des Kondensators für den Zeitkreis gewonnen werden. Der Blinkgeber ist ausführlich beschrieben in [1.67], die Lehning-Logik in [1.68, 1.69]; Unterlagen zur Berechnung finden sich in [1.70]. Die Metallisierungsebene des Chips mit einer Fläche $F = 4\ \text{mm}^2$ ist in Abb. 1.25 abgebildet.

*Taktgenerator mit integriertem Zeitkreis*

Der im vorherigen Abschnitt beschriebene Blinkgeber benötigte noch einen diskreten Widerstand, um einen Referenzstrom zu erzeugen. Zunehmende Vervollkommung der Schaltungsanalyse ließ es möglich erscheinen, auch diesen diskreten Widerstand mittels der üblichen Basisdiffusion zu integrieren und den Temperaturgang des Zeitglieds durch Berücksichtigen der Temperaturgänge aller beteiligter Schaltungskomponenten zu kompensieren.

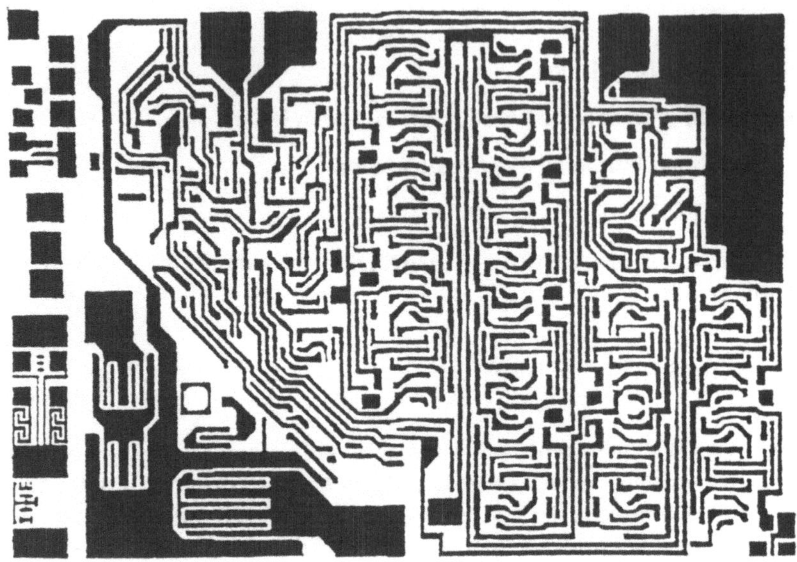

**Abb. 1.25** Blinkgeber mit integriertem Zeitkreis, umschaltbarem Frequenzteiler und einem diskreten Widerstand zum Gewinnen eines Refernzstroms (Entwurf des ITHE 1974/77)

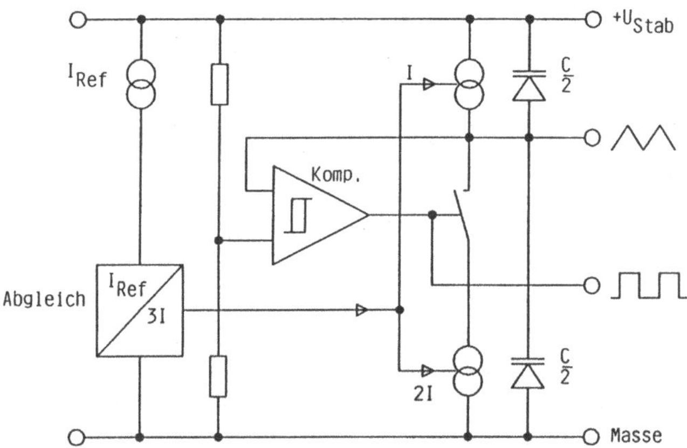


**Abb. 1.26.** Blockschaltbild eines vollmonolithisch integrierten Taktgenerators für 120 KHz mit innerer Temperaturkompensation und Frequenzabgleich auf der Scheibe auf ± 0,5% genau (Studie Bosch 1980)

Die Möglichkeit hierzu bot sich mit der Forderung nach einem integrierten Taktgenerator für eine Frequenz von 120 kHz, die im Temperaturbereich von $-10 \leq T_j \leq 140\,°C$ auf ± 2% exakt eingehalten werden sollte. Um diese Forderung sicher zu erfüllen, war ein Abgleich der Frequenz auf der Scheibe besser als ± 0,5% genau vorgesehen. Abbildung 1.26 zeigt das Blockschaltbild dieses Taktgenerators, Abb. 1.27 den relativen Fehler $\Delta$ in % für die

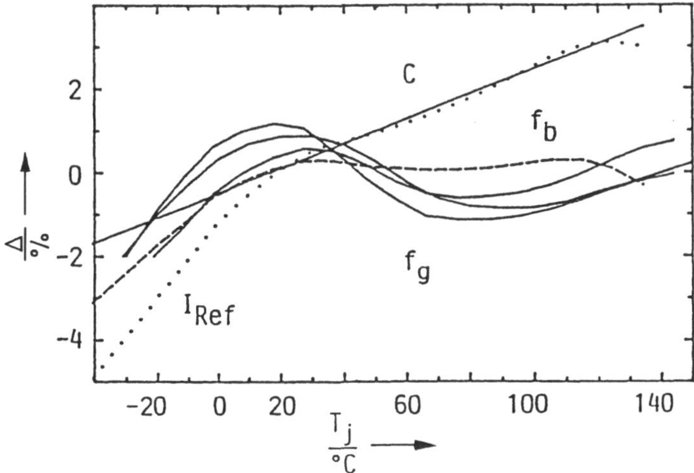


**Abb. 1.27.** Relative Abweichung in % als Funktion der Sperrschichttemperatur für die Kondensatoren C, den Lade- bzw Entladestrom $I_{\mathrm{Ref}}$, die daraus berechnete Taktfrequenz $f_b$ und die an Mustern gemessene $f_g$

frequenzbestimmenden Terme Kondensatoren C/2, Lade- bzw. Entladestrom $I_{\mathrm{ref}}$, der daraus berechneten Taktfrequenz $f_b$ und der an Erstmustern, also ohne eine Korrektur von Schaltung und Layout, gemessenen Taktfrequenz $f_g$. Der Aufwand an Chipfläche war mit ca. 4 mm$^2$ allerdings beträchtlich.

## 1.5 Digitale Systeme

Anfang der 70er Jahre kamen die ersten Mikroprozessoren und Speicher auf den Markt. Ihre damalige Verarbeitungsleistung und -geschwindigkeit war noch viel zu gering für komplexe Motorsteuerungen. Deshalb wurden zugeschnittene digitale Logikschaltkreise z.B. für Einspritzung, Zündung und Getriebesteuerungen entwickelt. Diese sollten zu einer sogenannten Zentralelektronik zusammengefaßt werden, wobei die fahrzeugspezifischen Parameter in einem gemeinsamen Speicher enthalten waren [1.71].

Eine digitale Motorsteuerung für Benzineinspritzung, Lambdaregelung und Zündung lief bereits anfang 1975 in einem Fahrzeug, wobei die noch heute geltenden Abgasgrenzwerte eingehalten wurden. In der Zentralelektronik entsprechend Abb. 1.28 war schon damals ein gegenseitiger Austausch von Informationen zwischen den einzelnen Rechnern vorgesehen, z.B. der dem Motormoment annähernd proportionalen Einspritzmenge pro Verbrennungszyklus, die im Einspritzrechner berechnet wurde und von dort an die Zündungs- und Getrieberechner weitergeleitet wurde.

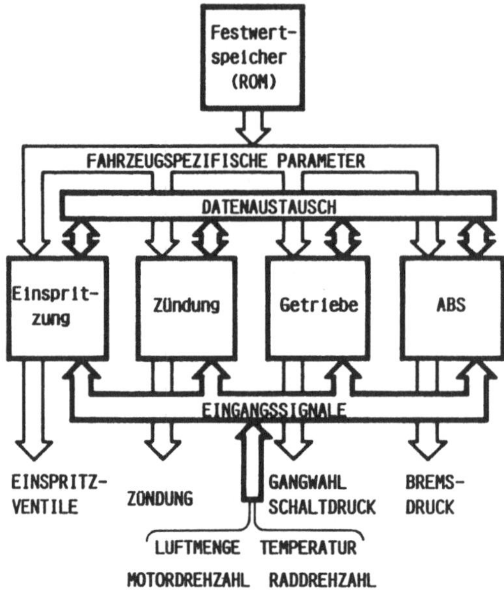


**Abb. 1.28.** Zentralelektronik mit Einzweckrechner

Nach einem ähnlichen Konzept wurden zugeschnittene integrierte Schaltkreise für ein Anti-Blockier-System (ABS) entwickelt, die es erlaubten, die Zahl der Bauelemente in einem Steuergerät von ca. 3000 auf wenige hundert zu reduzieren. Die damit erzielte Reduktion der Ausfallwahrscheinlichkeit der Komponenten ermöglichte überhaupt erst die Einführung von ABS ins Kraftfahrzeug im Jahr 1978 (vgl. hierzu die Frage nach ABS in [1.59]).

Bei den Motorsteuerungen waren die sicherheitsrelevanten Anforderungen nicht so hoch. Hier dominierten vielmehr die Forderungen nach einer schnellen Änderbarkeit der Steuer- und Regelfunktionen, was mit fest zugeschnittenen Logikschaltungen nicht möglich war.

Deshalb wurde bei Bosch von 1974/77 ein 10-bit Echtzeit-Mikrocomputer entwickelt, der, wie aus Abb. 1.29 hervorgeht, aus den Schaltkreisen Zentraleinheit, Prozeßkanalwerk und Speicher bestand. Er enthielt bereits damals moderne Architekturmerkmale wie Pipelining, leistungsfähige Befehle für die Interpolation von Kennfeldern, integrierte AD-Wandler und autonome Zählerschaltungen, wie sie inzwischen allgemein bei Mikrocomputern zu finden sind. Obwohl in NMOS-Technologie integriert, konnte ein Versorgungsspannungsbereich von 4 bis 6 V, ein Betriebstemperaturbereich von $-40$ bis 125 °C und eine maximale Temperaturerhöhung des Halbleiterkristalls gegenüber der Umgebung von nur 10 °C spezifiziert werden.

Die erste integrierte Motorsteuerung Motronic [1.72, 1.73] von Bosch wurde 1979 mit einem handelsüblichen Mikrocomputer auf den Markt gebracht. Sie steuerte damals Benzineinspritzung und Zündung. Anfang der 80er

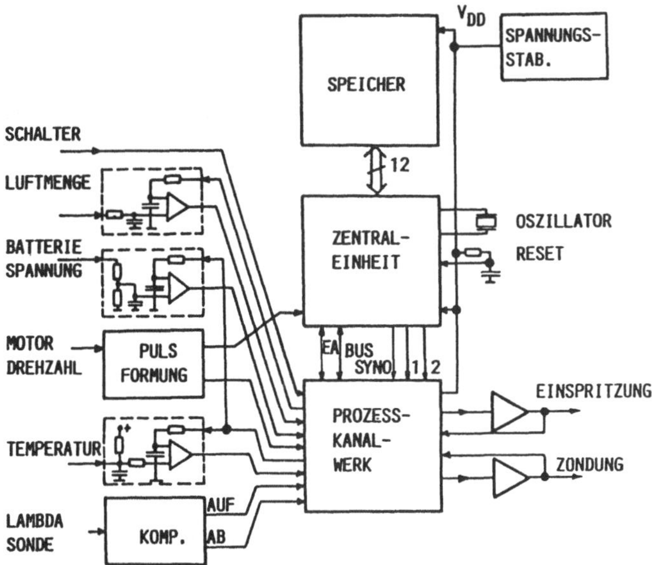


**Abb. 1.29.** Motorsteuerung mit anwendungsspezifischem Mikrocomputer

Jahre führte Ford seinen kfz-spezifischen 16-Bit-Mikrorechner 8061 in die Steuergerätegeneration EEC IV ein [1.73] und war damit für einige Jahre technologisch führend. Die heutige Entwicklung geht bei komplexen Steuerungen zu noch erheblich leistungsfähigeren Rechnerarchitekturen in CMOS-Technologie mit 32 Bit Wortlänge. Zur weiteren Kostensenkung ist man bestrebt, die bislang in Bipolartechnik realisierte Peripherie so weit wie möglich mit anwendungsspezifischen Schaltungen zusammen mit dem Mikrorechner in CMOS-Technologie zu integrieren.

## Literatur zu Kapitel 1


1.1. Fersen, V.O., Cronmüller, H.: Ein Jahrhundert Automobiltechnik, Personenwagen. Düsseldorf, VDI-Verlag 1986

1.2. Queisser, H.: Kristallene Krisen. München, Zürich, Piper 1985, S. 29

1.3. DRP Nr. 318276: Motorenzündvorrichtung. Erfinder J. Bohli: Patentiert im Deutschen Reiche vom 24. September 1918 an für die Scintilla in Solothurn, Schweiz (US-Patent 1335933)

1.4. DRP Nr. 347772: Zündsystem für Verbrennungskraftmaschinen; DRP Nr. 373649: Zündungsverteiler für Verbrennungskraftmaschinen. Erfinder H. Hörig: Patentiert im Deutschen Reiche vom 20. Januar 1920 an für die Robert Bosch AG in Stuttgart (letzteres auch US-Patent 1444836)

1.5. US-Patent 1589489: Electric Ignition System, Application filed October 15, 1920. H.C. Snook: assignor to Western Electric Company, New York, N.Y., USA

1.6. DRP Nr. 625867: Erzeugungsanlage für elektrische Wellen von hoher Spannung und Frequenz. Patentiert im Deutschen Reiche vom 17. April 1934 an für die AC Spark Plug Company in Flint, Michigan, Priorität USA vom 22.4.1933

1.7. DRP Nr. 633963: Anordnung zum Erzeugen hochfrequenten Wechselstroms von hoher Spannung, insbesondere für Zündanlagen von Brennkraftmaschinen. Patentiert im Deutschen Reiche vom 29. April 1934 an für Donald Wolf Randolph in Flint, Michigan, Priorität USA vom 1.5.1933
1.8. DRP Nr. 669346: Zündeinrichtung für Brennkraftmaschinen. Erfinder T.F. Robinson, C.J. Morton und H. de Boyne Knight: Patentiert im Deutschen Reiche vom 26. März 1937 an für die AEG in Berlin Priorität Großbritannien vom 28.3.1936
1.9. DRP Nr. 742186: Elektrische Zündeinrichtung für Brennkraftmaschinen mit einer als Steuerventil wirkenden Gasentladungsröhre. Erfinder F. Dausinger: Patentiert im Deutschen Reiche vom 25. März 1939 an für die Robert Bosch GmbH in Stuttgart
1.10. DBP 893129: Zündanordnung für Verbrennungskraftmaschinen. Erfinder W.E. Sargeant: Patentiert im Gebiet der Bundesrepublik Deutschland vom 30. September 1950 an für General Motors Corporation in Detroit, Michigan, Priorität USA vom 8.8.1941
1.11. DBP 1065221: Zündeinrichtung für Brennkraftmaschinen. Erfinder und Halter: André Legeay, Paris, und Jean Chauvineau, Lozère, Priorität Frankreich vom 3.7.1954
1.12. US Patent 2,474,550: Ignition System; Application filed 19. Sept. 1947. B.H. Short and H.L. Hartzell: assignors to General Motors Corporation, Detroit, Michigan, USA
1.13. US Patent 2,528,588: Ignition System For An Internal Combustion Engine, Application filed 8. Jan. 1953. F.W. Hartman: assignor to Holley Carburetor Company, Detroit, Michigan, USA
1.14. US Patent 2,528,589: Ignition Circuit, Application filed 13. Febr. 1953. K.S. Johnson: assignor to Holley Carburetor Company, Detroit, Michigan, USA
1.15. US Patent 2,878,298: Ignition System; Application filed 30. Dec. 1953. L.J. Giacoletto: assignor to Radio Corporation of America, Delaware, USA
1.16. DBP 1134246: Zündanlage für Brennkraftmaschinen mit einer elektronischen Einrichtung zur Verstellung des Zündzeitpunkts. Erfinder R. Zechnall und H. Knapp: Patentiert vom 6.12.1957 an für Robert Bosch GmbH, Stuttgart
1.17. Quinn, H.P.: Gas Tubes and a Transistor for Electronic Ignition. electronics, 34 (1961), Dec 15
1.18. Söhner, G.: Zündanlagen mit Halbleiterbauelementen. MTZ 24 (1963) Heft 9 und 12
1.19. DRP 505974: Vorrichtung zum Einführen von Brennstoff in den Brennraum von Brennkraftmaschinen. Erfinder K. Bassler: Patentiert vom 21. Dezember 1926 an für für die Allgemeine Elektricitäts-Gesellschaft in Berlin
1.20. DBP 1100377: Elektrisch gesteuerte Brennstoff-Einspritzvorrichtung. Erfinder R.W. Sutton, St. G. Woodward und C. A.Hartman: Patentiert für The Bendix Corporation, New York, N.Y., USA. Priorität USA 24. Febr. 1956 und 4. Febr. 1957
DBP 1116473: Mit elektrischen Mitteln arbeitende Beschleunigungseinrichtung für Verbrennungsmotoren. Erfinder St.G. Woodward und C.A. Hartman: Zusatz zu DBP 1100377. Priorität USA 16. Nov. 1956
1.21. DBP 1109952: Einspritzanlage für Brennkraftmaschinen. Erfinder L. Steinke: Patentiert für Robert Bosch GmbH, Stuttgart vom 26. Okt. 1956 an
1.22. Knapp, H., Joachim, E.U., Baumann, G.: Beeinflussung der Kraftfahrzeugabgase durch Benzineinspritzung. MTZ 26 (1965) 353–361
1.23. Baumann, G.: Eine elektronisch gesteuerte Kraftstoffeinspritzung für Ottomotoren. Bosch Techn. Ber. 2 (1967) 107–116
1.24. Scholl, H.: Elektronisch gesteuerte Benzineinspritzung-Weiterentwicklung der Jetronic. Bosch Techn. Ber. 3 (1969) 3–14
1.25. Scholl, H.: Elektronische Benzineinspritzung mit Steuerung durch Luftmenge und Motordrehzahl. MTZ 34 (1973) 99–105
1.26. Glöckler, O., Kraus, B.: L-Jetronic – Elektronisches Benzineinspritzsystem mit Luftmengenmessung. Bosch Techn. Ber. 5 (1975) 7–18
1.27. Zechnall, R., Baumann, G.: Reines Abgas bei Ottomotoren durch geschlossenen Regelkreis. MTZ 34 (1973) 7–11
1.28. Henley, E.J., Kumamoto, H.: Reliability Engineering and Risk Assessment. New York, Prentice-Hall 1981, 2
1.29. DRP 367964: Schnellregelanordnungen der technischen Elektronik. Patentiert für Weuste & Overbeck GmbH und Dr. Ing. Meyer in Mülheim im Deutschen Reiche vom 21. September 1915 ab
1.30. Heeb, W., Pfyl, J.: Generatoren und Regler in Motorfahrzeugen. Aarau (CH), AT-Verlag 1980, S. 16, 17 und 39–52

1.31. Bosch: Autoelektrik, Autoelektronik am Ottomotor. Düsseldorf, VDI-Verlag 1987, S. 36–45
1.32. US-Patent 2862175: Transistor Controlled Voltage Regulator for a Generator. Erfinder J.H. Guyton, E.G. Roka, assignors to General Motors Corporation, Detroit, Mich., USA. Application filed November 15, 1954
1.33. DBP 1129221: Regler für elektrische Energieversorgungsanordnungen. Erfinder B.H. Short, G.B. Brumfield: Patentiert vom 13. Nov. 1956 an für General Motors Corporation, Detroit, Mich., USA. Priorität USA vom 14. Nov. 1955
1.34. US-Patent 2809301: Vehicle Electrical System. Erfinder B.H. Short, assignor to General Motors Corporation, Detroit, Mich., Application filed January 16, 1956
1.35. DBP 1054539: Batterie-Ladesystem. Erfinder L.A. Rice; Patentiert vom 23. Mai 1957 an für General Motors Corporation, Detroit, Mich., USA. Priorität USA vom 28. Mai 1957
1.36. U.S. Reports: „Automotive electronics" Electronics 1969, September 15
1.37. Thibodeau, A.J.: Development of an Integral Microelectronic Alternater Voltage Regulator (Automotive Engineering Congress Detroit, Mich. January 8–12, 1968). SAE-Paper 680087
1.38. Newill, E.J., Larson, R.L.: The Application of Integrated Circuits to Automotive Charging Systems. SAE-Paper 680088
1.39. Kraftfahrzeug-Elektronik: Spannungsregler in Dickschichttechnik. Funk-Technik (1970) 5, 172
1.40. Reinl, H., Schmid, E., Schott, W.: Elektronischer Drehstrom-Lichtmaschinenregler in Dickschichttechnik. Siemens-Zeitschrift 47 (1973) 690 f
1.41. US-Patent 1228263: Lighting and Signaling System for Vehicles. Erfinder J.A. Topping of Chicago, III., USA. Application filed Jan. 10, 1916
1.42. DBP 1017207: Temperaturstabilisierte Kipp- oder Blinkschaltung. Erfinder Aldrich, R.W., Suran, J.J., Schaffner, J.S.: Patentiert vom 14. Juni 1955 an für General Electric Company, Schenectady, N.Y., USA. Priorität USA vom 16. Juni 1954
1.43. DBP 1002792: Impulsgeber, insbesondere für Blinkleuchten an Kraftfahrzeugen. Erfinder Sichling, Dr.-Ing. G.: Patentiert vom 10. Mai 1955 an für Siemens-Schuckertwerke AG, Berlin und Erlangen
1.44. US-Patent 2977581: Transistorized Light Flasher and Testing Circuit. Erfinder Rodgers, G.H., assignor to Marco Industries Company, Anaheim, Calif., USA. Application filed Sept. 16, 1958
1.45. DBP 1191722: Astabiler Multivibrator als Blinkgeber für Anzeigeleuchten. Erfinder Domann, H., Möller, H.: Patentiert vom 29. September 1962 an für Robert Bosch GmbH, Stuttgart
1.46. Möller, H., Kammerer H.: Kraftfahrzeug-Blinkanlagen mit elektronischem Blinkgeber. Bosch Techn. Ber. 3 (1969) 21–30
1.47. Höffken, H., Schatter, E.: Integrierte Schaltung für AM/FM-ZF-Verstärker TAA 981/991. Funkschau 31 (1969) 849–852
1.48. Valvo-Handbuch: „Integrierte Schaltungen". Hamburg: Valvo, April 1967
1.49. Conzelmann, G.: Zwischenbericht zum Förderungsvorhaben NT 270 „Entwicklung und Erprobung integrationsgerechter Systeme für die Kraftfahrzeug-Elektronik". Bonn: Bundesministerim für Bildung und Wissenschaft 30.10.1972, S. 16/17
1.50. Integrierte Schaltungen für Sonderanwendungen 1970/71. Freiburg: Intermetall, Halbleiterwerk der Deutsche ITT Industries GmbH, Ausgabe 1970/4
1.51. Boeters, K.-E., Conzelmann, G.: Schlußbericht zum Förderungsvorhaben NT 270 „Entwicklung und Erprobung integrationsgerechter Systeme für die Kraftfahrzeug-Elektronik". Bonn: Bundesministerium für Forschung und Technologie, 1.7.1975
1.52. DBP 2025245: Monolithisch integrierbare Drehzahlmeßschaltung für Verbrennungsmotoren. Erfinder Höhn, W., Patentiert vom 23.5.1970 an für Deutsche ITT Industries GmbH, 7800 Freiburg
1.53. Höhn, W.: SAK 110, eine integrierte Schaltung für elektronische Drehzahlmesser. Funkschau 1971, H. 8
1.54. International newsletter: Bipolar speedometer being readied by British company. electronics/August 14 1972
1.55. Tachometer und km-Zähler. Vorläufige Information MAC 6251-48-1D. Freiburg: Intermetall Halbleiterwerk der Deutsche ITT Industries GmbH, Okt. 1772
1.56. Electronics international: Integrated circuit aimed at car speedometer market. electronics (1973), Jan 4
1.57. Höhn, W.: Integrierte Schaltung ersetzt Tachowelle. Funkschau 45 (1973), 9 und 11
1.58. Integrierte Schaltungen für Autouhren. Genschow, Technischer Informationsdienst Dez. 1972, und Autoquarzuhr in „Am Puls Der Zeit". Hamburg, Valvo GmbH 1974, 90
1.59. Klasche, G.: Die Elektronik im Auto-eine Bestandsaufnahme. ELEKTRONIK 23 (1974)

1.60. Kunath, M., Anisfeld, D.P.: Dickschicht Spannungsstabilisatoren für die Automobilindustrie. ELEKTRONIK 22 (1973) 427
1.61. Höhn, W.: Monolithisch integrierte Spannungsregler. Funkschau 48 (1976) 293–296
1.62. Prosser, T.F.: An Integrated Temperature Sensor-Controller. IEEE J. Solid-State-Circuits, SC-1, 8–13 (1966)
1.63. DE 2314423: Verfahren zur Herstellung einer Referenzgleichspannungsquelle. Erfinder Conzelmann, G., Seiler, H.: Patentiert vom 23.3.1973 an für Robert Bosch GmbH, Stuttgart
1.64. DE 2401701: Transistorleistungsschalter. Erfinder Conzelmann, G., Nagel, K., Keller, H., Patentiert vom 15.1.74 an für Robert Bosch GmbH, Stuttgart
1.65. DE 2408540: Halbleiterbauelement aus einer Vielzahl mindestens annähernd gleicher Schaltungselemente und Verfahren zum Erkennen und Abtrennen defekter Schaltungselemente. Erfinder Conzelmann, G., Nagel, K., Gschwendtner, H., Patentiert vom 22.2.74 an für Robert Bosch GmbH, Stuttgart
1.66. DBP 2344244: Laterale Transistorstruktur. Erfinder Lehning, H.: Patentiert vom 1.9.73 an für Robert Bosch GmbH, Stuttgart
1.67. Gorille, I. Schlußbericht zum Förderungsvorhaben NT 582 „Untersuchung des Verhaltens störsicherer Schaltkreise für die Anwendung im Kraftfahrzeug unter besonderer Berücksichtigung von MOS-Schaltkreisen. Bonn: Bundesministerium für Forschung und Technologie, Nov. 1977
1.68. Lehning, H.: Current Hogging Logic – Eine neue für die Großintegration geeignete bipolare Logikfamilie. Diss. RWTH Aachen, Fak. Elektrot., Juli 1974
1.69. Lehning, H.: Current Hogging Logic (CHL) – A New Bipolar Logic for LSI. IEEE Journal of Solid-State Circuits, SC-9, No. 5 (1974) 228–233
1.70 Wieder, A.R., Engl, W.L., Lehning, H.: Computer Aided Design Device Modeling and Design Procedure for Current Hogging Logic (CHL) IEEE Journal of Solid-State Circuits, Sc-10, No. 5 (1975)
1.71. Binder, K., Kiencke, U., Zechnall, M.: Car control by a control electronic system. SAE-Paper 77000
1.72. Gorille, I.: Motronic – Ein elektronisches System zur Steuerung von Ottomotoren. MTZ 41 (1980) 203–215
1.73. Bassak, G.: Microelectronics takes to the road in a big way: a special report. Electronics Nov. 20, 1980

# 2 KFZ-spezifische Anforderungen

Elektronische Geräte für das Kraftfahrzeug müssen dem dort herrschenden elektrischen und klimatischen Umfeld genügen. Darüberhinaus sollen sie über die Lebensdauer des Fahrzeugs hinweg auch betriebsfähig bleiben. Erwartet wird eine Betriebsbereitschaft über zehn Jahre bei einer Betriebsdauer von 3 000 bis 4 000 Stunden, was eine relative Einschaltdauer von ca. 4% und eine Fahrstrecke von ca. 150 000 km ergibt.

Die fahrzeugspezifischen Bordnetze enthalten abhängig von Fahrzeugtyp und Ausstattung verschiedenartige Störquellen, die auf daran angeschlossene Störsenken, wie etwa elektronische Geräte, einwirken. Um zu universell einsetzbaren Geräten und zu wirtschaftlich tragbaren Großserien zu kommen, wurden den Störquellen Störgrößen zugeordnet und für Gerätefunktionen Störfestigkeitsgrade festgelegt.

Die Forderungen an neu zu entwickelnde Erzeugnisse werden vom Hersteller und Kunden gemeinsam in Pflichtenheften niedergelegt. Die hierfür gültigen Rahmenbedingungen für elektrische, klimatische und mechanische Beanspruchungen sind umfassend beschrieben im SAE-Handbuch unter „Reccommended Environmental Practices For Electronic Equipment Design" [2.1], bzw. auch in nationalen Normen, in der Bundesrepublik also in den DIN-Normen. Man ist heute bestrebt international gültige Normen zu schaffen, die von nationalen Gremien der Fahrzeug- und Zulieferindustrie im Rahmen der „*I*nternational *O*rganization for *S*tandardization" bearbeitet werden (ISO-Normen), die teils im Entwurf, teils auch schon in endgültiger Fassung vorliegen.

Mikroelektronische Bauelemente werden je nach ihrem Einbau stark unterschiedlich beansprucht. Sind sie Bestandteile von Geräten, so sind in der Regel schon diese etwa gegen leitungsgeführte und eingestrahlte Störgrößen mittels diskreter Komponenten geschützt, ein besonderer Schutz erübrigt sich dann. Auch lassen sich für Geräte meist günstige Einbauorte festlegen. Betroffen sind deshalb vor allem geschlossen integrierbare Systeme bzw. Teilsysteme, wie etwa Spannungsregler und -stabilisatoren, Sensoren und Aktuatoren. Diese können einerseits direkt an das Bordnetz angeschlossen sein, andererseits ist ihr Einbauort oft nicht frei wählbar, sodaß nicht nur mit extremen elektrischen, sondern auch mit extremen klimatischen Bedingungen zu rechnen ist. Im folgenden soll deshalb auf diesbezügliche Anforderungen näher eingegangen werden. Dabei wird soweit als möglich auf die oben genannten Quellen zurückgegriffen.

Alle elektrischen Verbraucher des Kraftfahrzeugs werden aus einer gemeinsamen Quelle über ein mehr oder weniger vermaschtes Netz von Leitungen gespeist, die sich somit gegenseitig beeinflussen können. Für die Entwicklung funktionstüchtiger elektronischer Geräte und Komponenten ist somit die Kenntnis der Vorgänge im Bordnetz eine conditio sine qua non.

## 2.1 Bordnetz

In diesem Abschnitt wird eingegangen auf

- die Betriebsspannung,
- die Impedanz, und
- eine mögliche Verpolung und Vertauschung von Anschlußleitungen.

### 2.1.1 Betriebsspannung

Das Bordnetz wird aus einer Batterie gespeist, deren Ladezustand heute mittels eines elektronisch geregelten Drehstromgenerators mit nachgeschaltetem Brückengleichrichter in etwa aufrecht erhalten wird. Dreht sich der Motor hinreichend schnell, so ist im stationären Zustand mit einer nur geringfügig lastabhängigen Spannung zu rechnen, letztere ist in der Regel temperaturabhängig. Ihr Temperaturgang entspringt einem Kompromiß zwischen den Erfordernissen von Batterie (Elektrochemie) und Glühlampen (Lebensdauer einerseits und Lichtstrom andererseits) [2.2, 2.3]. Abbildung 2.1 zeigt den Temperaturgang der Spannung des Generators für Regler mit zwei üblichen Temperaturkoeffizienten, also einen jeweils anderen Kompromiß. Der reguläre Spannungsbereich liegt demnach zwischen 13 und 15,5 V. Er wird auch von Reglern mit anderen Temperaturgängen nicht überschritten. Entsprechendes gilt für Bordnetze von Nutzfahrzeugen mit der doppelten Betriebsspannung.

Trotz einer Sechsphasen-Gleichrichtung mit nachgeschalteter Batterie verbleibt eine beachtliche Restwelligkeit, die von der Verkabelung des Bordnetzes und dem gewählten Anschlußpunkt stark abhängt. Abbildung 2.2 zeigt bei-

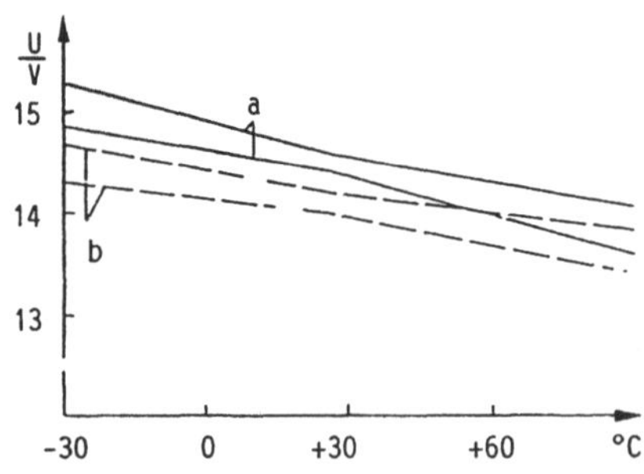


**Abb. 2.1a,b.** Streubereiche der Spannung von Drehstromgeneratoren mit einem Einbau-Regler als Funktion der Temperatur der Ansaugluft für übliche Temperaturkoeffizienten: **a** $T_K = -10\,\text{mV/K}$, **b** $T_K = -7\,\text{mV/K}$

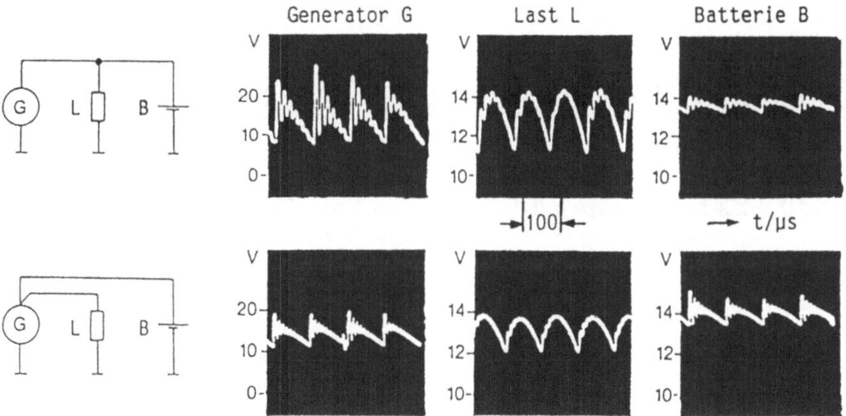


**Abb. 2.2.** Restwelligkeit von Bordnetzen und ihre Abhängigkeit von Verkabelung und Wahl des Anschlußpunkts dargestellt anhand zweier verschiedener Schaltungen und den Oszillogrammen $U(t)$ für je drei Anschlußpunkte. Generator N1-14 V 40/115 A mit Zusatzdioden (Bosch) und einem Entstörkondensator 2,2 $\mu$F parallel zu den Klemmen des Generators sowie einer Batterie 12V/55Ah, Drehzahl $n = 18\,000 \text{ min}^{-1}$, Laststrom $I = 130$ A

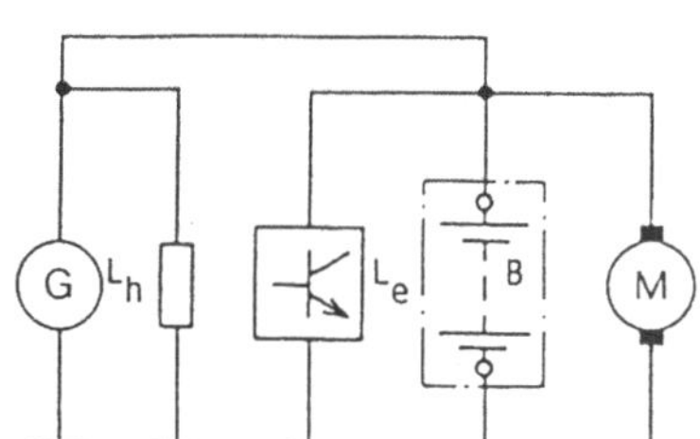


**Abb. 2.3.** Vorschlag für ein Bordnetz mit Anschluß spannungsempfindlicher Verbraucher direkt an der Batterie und leistungsstarker Verbraucher am Generator

spielhaft die Verhältnisse anhand von Oszilogrammen der Betriebsspannung als Funktion der Zeit für zwei Bordnetzvarianten [2.3].

Dem regulären, vom Sechsphasen-Gleichrichter bestimmten Zeitverlauf der Spannung ist die gedämpfte Schwingung eines parasitären Kreises mit einer Frequenz von ca. 50 bis 100 kHz überlagert, der durch einen Stromsprung angestoßen wird. Dieser Stromsprung entsteht bei der Kommutierung durch die Sperrträgheit der verwendeten Dioden. Direkt am Generator finden sich Amplituden von $U_{ss} \approx 20$ V und darüber, an der Batterie immerhin noch Werte bis zu 1 V. Elektronische Geräte sollten deshalb einerseits möglichst nach Abb. 2.3 unmittelbar an der Batterie angeschlossen werden, andererseits jedoch aufgrund ihres Konzepts ohne einen zusätzlichen Aufwand an Siebmitteln hinreichend störfest sein.

Um den stehenden Motor zu starten, wird zunächst die gesamte erforderliche Energie der Batterie entnommen. Da in der Kälte einerseits deren Innenwiderstand ansteigt, andererseits aber auch die Reibung des Motors zunimmt, ergibt sich der größte Spannungseinbruch beim Kaltstart. Der im

ISO-Normentwurf und der DIN-Norm [2.4, 2.5] vorgesehene Zeitverlauf der Spannung des Bordnetzes ist in Abb. 2.4 dargestellt. Die beim Durchdrehen des Starters durch Verdichtungs- und Entspannungshub des Motors entstehende Welligkeit[1] ist darin nicht berücksichtigt. Eine Motorelektronik, also Zündung und Benzineinspritzung, muß somit mindestens bis zu Spannungen von 6 V, evtl. sogar 5 V, betriebsfähig bleiben. Für die anderen Verbraucher gelten in der Regel 10 V als Untergrenze mit voller Spezifikation, bzw. 8 V für die Funktion.

Bei Spannungen unter 5 V, wie sie bei tiefentladener Batterie auftreten können, dürfen darüberhinaus keine kritischen Zustände, wie etwa unkontrolliert geöffnete Einspritzventile bei Fahrzeugen mit Benzineinspritzung vorkommen.

Als Obergrenze mit voller Spezifikation und längerer Betriebsdauer sind 16,5 V anzusehen. Der Start mit einem fremden Bordnetz von 24 V, also Betriebsspannungen von ca. 20 V, soll für eine Zeit von einigen Minuten möglich sein, ohne die Geräte zu schädigen. Für die Motorelektronik gilt wieder die Betriebsbereitschaft, andere Geräte dürfen sich zu ihrem Schutz auch abschalten.

### 2.1.2 Impedanz

In den Normen [2.6] ist die Impedanz des Bordnetzes ahnand einer Nachbildung festgelegt. Sie dient zum Messen und Beurteilen der Störaussendung von verschiedenen Störquellen bei der Prüfung im Labor, also auch von elektronischen Geräten mit mikroelektronischen Bauelementen. Abbildung 2.5 zeigt das Prinzipschaltbild und Abb. 2.6 den dazugehörenden Frequenzverlauf der Impedanz.

Mittels der Nachbildung von Abb. 2.5 läßt sich auch die im Bordnetz zu erwartende dynamische Stabilität der Geräte prüfen. Dies ist besonders für die

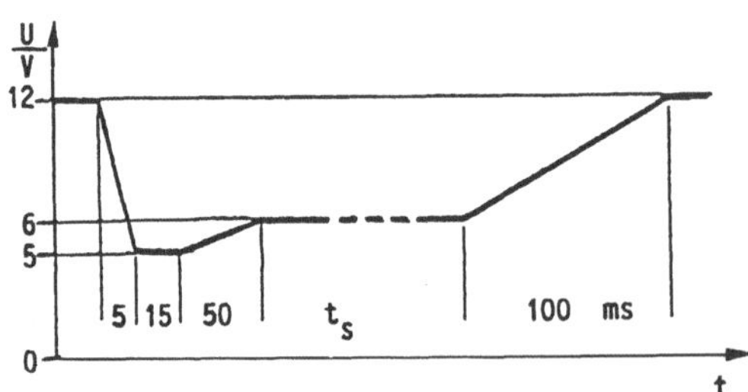


**Abb. 2.4.** Simulation des Zeitverlaufs der Bordnetzspannung während des Startens, Startdauer $0{,}5\ \mathrm{s} \leq t_s \leq 20\ \mathrm{s}$

[1] Ein Oszillogramm des Zeitverlaufs der Bordnetzspannung während des Startens findet sich in [2.11].

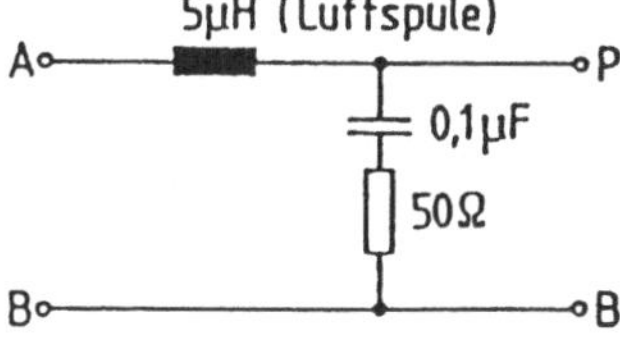


A Anschluß Stromversorgung
B Anschluß Bezugsmasse
P Anschluß Prüfling

**Abb. 2.5.** Prinzipschaltbild der Nachbildung des Bordnetzes

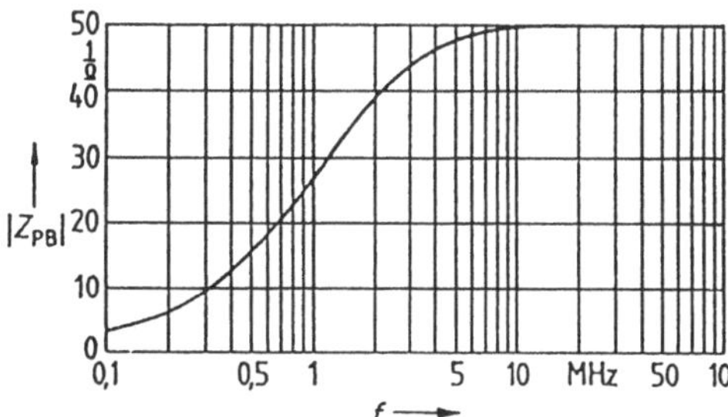


**Abb. 2.6.** Impedanz $|Z_{PB}|$ als Funktion der Frequenz $f$ (Klemmen AB kurzgeschlossen)

Entwicklung monolithisch integrierter Aktuatoren für große Ströme und damit auch großen Steilheiten interessant.

### 2.1.3 Verpolen und Vertauschen von Leitungen

Die Geräte werden mittels Kabel und Steckverbindungen an die vorgesehenen Verbindungspunkte angeschlossen. Aus der Erfahrung weiß man, daß bei der Erstausstattung im Werk, bzw. auch später bei entsprechenden Reparaturen mit Fehlern im Anschlußbild zu rechnen ist. Die Geräte sollen deshalb durch solche Fehler weder zerstört noch geschädigt werden. Ideal wäre, daß Leiter zyklisch vertauschbar sind, was jedoch nicht in allen Fällen zu erreichen ist. Der Betrieb mit vertauschten Leitungen ist zeitlich, etwa auf fünf Minuten, begrenzt, da die gestörte Funktion in der Regel rasch erkannt wird.

Ebenfalls unverzichtbar ist die Forderung, daß alle heraus- und hineinführenden Leitungen eines Geräts nach Masse und der positiven Betriebsspannung kurzschlußfest sein müssen.

Wird die Batterie beim Einbau in das Fahrzeug verpolt angeschlossen, so liegen jeweils in Durchlaßrichtung gepolt zwei Hauptstromdioden des Generators in Reihe, dreifach parallel zur Batterie. Es fließt ein sehr hoher Strom, dem die Dioden maximal zwei Sekunden standhalten müssen. Der Schreck durch das entstehende Feuerwerk dürfte ausreichen, um längere Verpolzeiten zu verhindern. Während der Verpolung liegen etwa $-4$ V am Bordnetz.

## 2.2 Elektromagnetische Verträglichkeit (EMV)

Die „Elektromagnetische Verträglichkeit" ist in der DIN 40 839 [2.7] definiert als die Fähigkeit eines elektrischen Geräts, in seiner elektromagnetischen Umgebung zufriedenstellend zu funktionieren, ohne dabei diese Umgebung selbst unzulässig zu beeinflussen. Zu unterscheiden sind „leitungsgebundene Störgrößen" und durch elektromagnetische Felder „eingestrahlte Störgrößen".

### 2.2.1 Leitungsgeführte Störgrößen

Die an das Bordnetz angeschlossenen Verbraucher können einerseits als „Störquellen" wirken, die ausgelöst durch Schaltvorgänge Störgrößen in das Bordnetz hinein abgeben, andererseits können sie als „Störsenken" durch von anderen Geräten verursachte Störgrößen in ihrer Funktion beeinträchtigt werden. Bezüglich der zu behandelnden elektronischen Geräte sind somit die beiden Fälle zu beachten:

- elektronische Geräte als Störquellen, und
- elektronische Geräte als Störsenken.

*Elektronische Geräte als Störquellen*

Hierunter fallen alle Geräte, in denen mehr oder weniger periodisch Spannungen bzw. Ströme geschaltet werden. Besonders kritisch ist das Schalten hoher Ströme, wie es etwa in getakteten Strom- oder Spannungsreglern vorkommt [2.8], oder das Schalten mit hohen Taktfrequenzen, wie etwa bei der in den Kap. 6–8 beschriebenen digitalen Signalverarbeitung. Um den Empfang von Funkdiensten zu ermöglichen, müssen frequenzabhängig bestimmte Grenzwerte eingehalten werden.

Die Störpegel p sind zu messen an der in Abschn. 2.1.2 beschriebenen Netznachbildung entsprechend DIN 57 879 Teil 3 in dB bezogen auf den Pegel 1 $\mu$V und zu bewerten nach den darin festgelegten Störgraden [2.9]. Zur Orientierung sind in Tabelle 2.1 die für die Entstörgrade 1 bis 5 festgelegten frequenzabhängigen Grenzwerte zusammengestellt. Üblicherweise sind die Entstörgrade 3 bis 5 anzuwenden.

Noch härter können die Forderungen an die Entstörung werden, wenn störungsfreier Empfang im Fahrzeug sicherzustellen ist. Am Fußpunkt der Fahrzeugantenne gilt dann für Taktgeneratoren als Störer im MW- und KW-Bereich $u_{\text{stör}} \leq 1\ \mu$V, bzw im UKW-Bereich $u_{\text{stör}} \leq 2\ \mu$V für Autoradioempfang, bzw, $u_{\text{stör}} \leq 1\ \mu$V für andere mobile Funkdienste [2.10, 2.11].

Als Beispiel für starke Störer seien Stromregler für Gebläsemotoren genannt. Bei Strömen bis zu 30 A und den aus akustischen Gründen erforderlichen Taktfrequenzen von mindestens 20 kHz ist die Entstörung auch bei einer

**Tabelle 2.1.** Zulässige Störpegel $p$ an der Netznachbildung in Abhängigkeit vom Entstörgrad für die Frequenzbereiche 0,15 MHz (LW) bis 108 MHz (UKW).
$p = 20 \lg(U_x/U_o)$, ($U_x$: Meßwert)

| Entstörgrad | LW(MHz) 0,15–0,3 | MW(MHz) 0,5–1,65 | KW(MHz) 5,95–26,1 | UKW(MHz) 87,5–108 |
|---|---|---|---|---|
| 5 | 60 | 50 | 40 | 24 |
| 4 | 70 | 58 | 46 | 30 |
| 3 | 80 | 66 | 52 | 36 |
| 2 | 90 | 74 | 58 | 42 |
| 1 | 100 | 82 | 64 | 48 |
| 0 | keine Grenzwerte festgelegt | | | |

Störpegel p in dB bezogen auf $U_o = 1\ \mu V$

Trapezmodulation extrem aufwendig, sodaß heute linear arbeitende Regler bevorzugt werden (vgl. hierzu die Abschn. 3.3.1 und 4.4.2).

Grundlagen zur Berechnung von Störspektren aus den Impulsformen und -Pegeln finden sich in [2.12, 2.13].

*Elektronische Geräte als Störsenken*

In der bereits erwähnten DIN-Norm [2.7] ist die „Funktionsstörung" der Sammelbegriff für „Funktionsminderung", „Fehlfunktion" und „Funktionsausfall". Ein „Funktionsausfall", also die Zerstörung der Hard- und/oder Software eines elektronischen Geräts beim Betrieb im Fahrzeug, darf auf keinen Fall auftreten. Inwieweit eine „Funktionsminderung", also ein Abweichen von der vereinbarten Spezifikation unter dem Einfluß einer Störgröße zu akzeptieren ist, ist im Pflichtenheft festzulegen, ebenso wie der „Schärfegrad" der Prüfimpulse. Dabei ist aus technisch-wirtschaftlichen Gründen zu beachten, daß Geräte nur mit Impulsen geprüft werden, denen sie in der Praxis auch ausgesetzt sind.

In diesem Abschnitt werden die genormten Prüfimpulse bezüglich Zeitverlauf, Amplitude und Quellwiderstand angegeben [2.5]. Daß hier Impulsamplituden bis zu einigen 100 V auftreten, ist kein Widerspruch zu dem im vorhergehenden Abschnitt Gesagten, da im Labor Wiederholfrequenzen im Bereich von 0, 2 Hz $\leq f_p \leq$ 10 Hz vorgeschrieben sind, und die Störgrößen in der Praxis meist nur sporadisch vorkommen.

Der Prüfimpuls 1 nach Abb. 2.7 bildet Störgrößen nach, die beim Abschalten induktiver Lasten entstehen und dann zu berücksichtigen sind, wenn das Testobjekt der induktiven Last direkt parallelgeschaltet ist. Für die Zeitspanne zwischen dem Abschalten der Betriebsspannung und dem Anstieg des Prüfimpulses sollte ein Wert möglichst $\ll 100\ \mu s$ angestrebt werden.

Positive Impulse entstehen beim Abschalten eines Stroms durch eine Induktivität, sofern diese in Reihe zum Testobjekt liegt. Dies ist der Fall, wenn nach dem Abschalten der Zündung wegen ihres Schwungmomentes weiterlaufende Gleichstrommotoren als induktivitätsbehaftete Generatoren wirken und deren Strom geschaltet wird, wie etwa durch den Zündkreis des auslaufenden

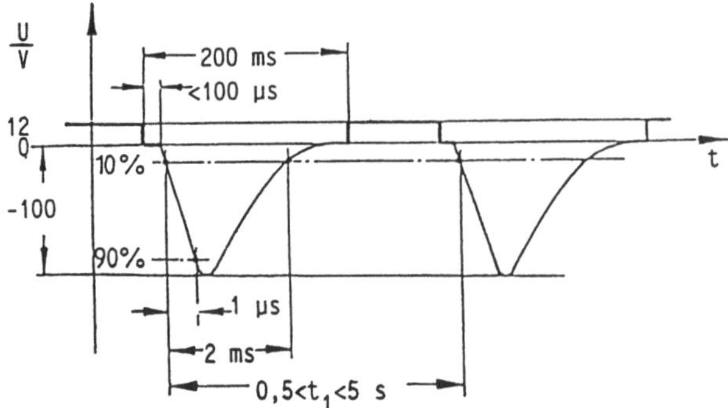


**Abb. 2.7.** Simulation von Vorgängen im Bordnetz: Negative Impulse durch Abschalten einer induktiven Last parallel zum Testobjekt, $R_i = 10\ \Omega$, Prüfimpuls 1

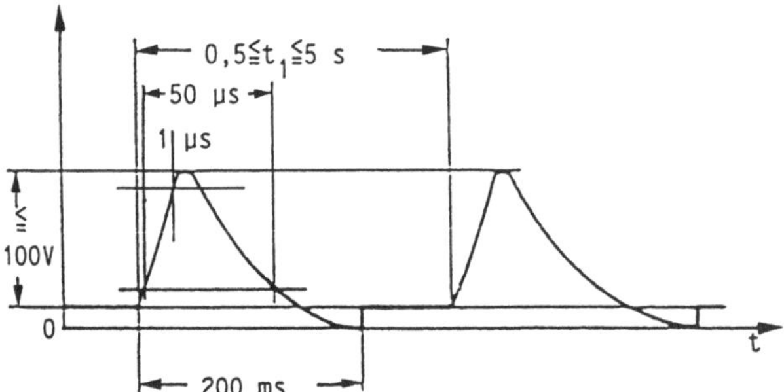


**Abb. 2.8.** Simulation von Vorgängen im Bordnetz: Positive Impulse beim Unterbrechen eines Stroms durch eine Induktivität in Reihe zum Testobjekt, $R_i = 10\ \Omega$, Prüfimpuls 2

Ottomotors. Die Störgröße ist definiert durch den in Abb. 2.8 wiedergegebenen Prüfimpuls 2.

Schaltvorgänge auf Leitungen werden durch die Prüfimpulse 3a, b nach Abb. 2.9 simuliert. Diese Impulse können auch ineinander verschachtelt, also abwechselnd mit positiver und negativer Amplitude auftreten [2.5].

Der energiereichste Impuls entsteht, wenn die Batterie abgetrennt wird, während der Generator Ladestrom liefert („Load Dump"). Je höher Drehzahl und Erregung des Generators und je geringer die verbleibende Restlast sind, desto höher ist die abgegebene Energie. Der Vorgang wird durch den Prüfimpuls 5 entsprechend Abb. 2.10 beschrieben.

Der batterielose Betrieb von Fahrzeugen (mit umfangreicher Elektronik) ist grundsätzlich verboten. Trotzdem muß für die elektronischen Geräte eine begrenzte Festigkeit gegen den „Load Dump" gefordert werden, da mit sulfatierten Batterien, die einen erhöhten Innenwiderstand aufweisen, sowic mit Übergangswiderständen bzw. Wackelkontakten an den Anschlußklemmen zu rechnen ist.

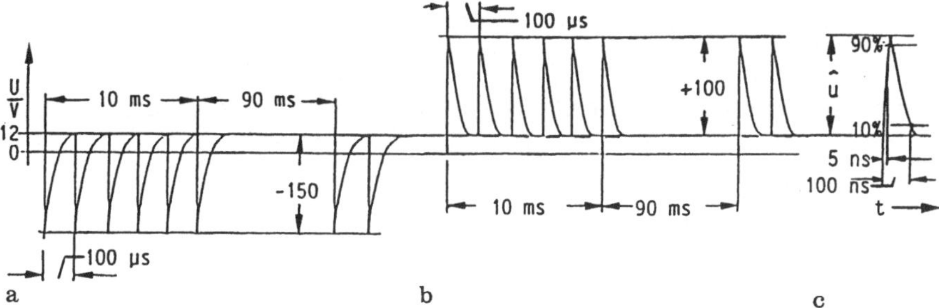


**Abb. 2.9a–c.** Simulation von Schaltvorgängen im intakten Bordnetz; $R_i = 50\,\Omega$, **a** Negative Impulse, Prüfimpuls 3a; **b** Positive Impulse, Prüfimpuls 3b; **c** Einzelimpuls (gilt auch für negative Impulse)

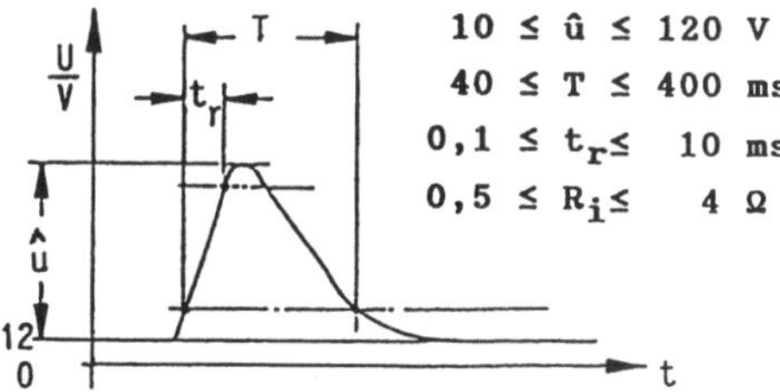


**Abb. 2.10.** Simulation von Schaltvorgängen im gestörten Bordnetz: Energiereicher positiver Impuls durch Abschalten einer Last bei batterielosem Betrieb, bei sulfatierter Batterie, bzw. durch Übergangswiderstände an den Klemmen der Batterie („Load Dump"), Prüfimpuls 5

**Tabelle 2.2.** Schärfegrade der Prüfimpulse, bestimmt durch die Amplitude $U_s$

| Prüfimpuls | $U_s$ Schärfegard I | II | III | IV | Mindest-Prüfumfang |
|---|---|---|---|---|---|
| 1 | − 25 V | − 50 V | − 75 V | − 100 V | 5000 Impulse |
| 2 | − 25 V | + 50 V | + 75 V | + 100 V | 5000 Impulse |
| 3a | − 40 V | − 75 V | − 110 V | − 150 V | 1 h |
| 3b | + 25 V | + 50 V | + 75 V | + 100 V | 1 h |
| 5 | + 35 V | + 50 V | + 80 V | + 120 V | einmalig |

Ein zentraler Bordnetzschutz etwa mit Zenerdioden im Generator [2.2] ist heute noch nicht Stand der Technik. Doch die Geräte sollten einem Prüfimpuls 5 mit einer Amplitude von 35 V entsprechend dem Schärfegrad 1 standhalten. Zu beachten ist, daß Zenerdioden als Hauptstromdioden im Generator Störimpulse vom Bordnetz her mit der doppelten Durchbruchspannung, also etwa auf 35 bis 60 V klammern.

Die Schärfegrade für die Prüfimpulse 1–3 und 5 sind in Tabelle 2.2 aufgelistet. Sie gibt die zugeordneten Amplituden der Prüfimpulse und den Mindestumfang für die Prüfung wieder. Der Schärfegrad für vorgegebene Prüfimpulse, sowie der Prüfumfang sind Gegenstand des Pflichtenhefts.

Der Vorschlag zur ISO-Norm sieht noch die beiden weiteren Prüfimpulse nach Abb. 2.11a, b vor [2.14]. Diese entstehen beim Abstellen des Motors:

- Ist der Zündstromkreis beim Öffnen des Zündschalters gerade geschlossen, so kann die in der Induktivität der Zündspule gespeicherte Energie einen negativen Impuls entsprechend Abb. 2.11a ins Bordnetz liefern.
- Besitzt das Fahrzeug einen Generator, dessen Erregerstrom von der Klemme 15, also nach dem Zündschalter entnommen wird, so ist durch die in der Induktivität des Erregerfelds gespeicherte Energie mit einem weiteren negativen Impuls nach Abb. 2.11b zu rechnen.

### 2.2.2 Eingestrahlte Störgrößen

Hochfrequente elektromagnetische Felder influenzieren auf Leitungen und Kabelbäumen des Fahrzeugs, bzw. direkt in den Verdrahtungen der Geräte entsprechende Spannungen. Von der Fahrzeugelektronik wird erwartet, daß sie auch im Nahfeld starker Sender betriebsfähig bleibt, das Fahrzeug darf nicht stehen bleiben, ABS nicht versagen, und der Airbag nicht auslösen. Diese Forderung entstammt bitterer Erkenntnis und nicht etwa einer Arbeitshypothese. Es wurden deshalb für einzelne elektronische Geräte Grenzfeldstärken festgelegt, bis zu denen sie im Fahrzeug betriebsfähig sein müssen. Die Normung ist hier noch im Fluß [2.15]. Ein Vorschlag sieht die in Tabelle 2.3 angegebenen Grenzfeldstärken für einwandfreie Funktion in Abhängigkeit von Frequenz und Störgrad vor. Entsprechend den leitungsgeführten Störgrößen sind hier die für einzelne Geräte bzw, Gerätefunktionen geltenden Störgrade mit dem Fahrzeughersteller zu vereinbaren und im Pflichtenheft niederzulegen.

Die Störfestigkeit elektronischer Geräte ist im Fahrzeug zu ermitteln. Vorgesehen ist, die Grenzfeldstärken der zu beurteilenden Geräte in einer Absorberhalle nach Abb. 2.12 zu bestimmen. Da diese Prüfung nicht alle Möglichkeiten abdeckt, sollte sie nach dem Vorschlag zur DIN-Norm noch

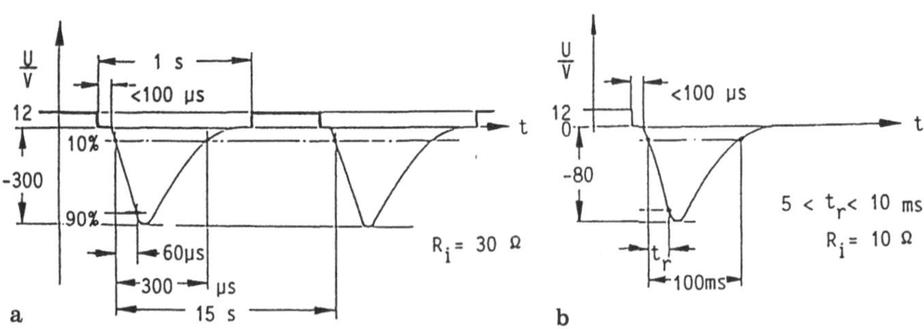


**Abb. 2.11a,b.** Simulation von Vorgängen im Bordnetz: Negative Impulse beim Abstellen des Motors (nur Vorschlag zur ISO-Norm). **a** durch die Energie der Zündspule; **b** durch die Energie der Generatorwicklung

**Tabelle 2.3.** Grenzwerte für die Feldstärke in V/m bei der Messung in der Absorberhalle in Abhängigkeit von Frequenz und Störgrad. Die Geräte müssen bis zu den genannten Grenzwerten einwandfrei funktionieren

| Störgrad | Frequenz (MHz) | | | | |
|---|---|---|---|---|---|
| | 0,01–10 | 10–30 | 30–80 | 80–200 | 200–1000 |
| 1 | 25 | 25 | 25 | 25 | 25 |
| 2 | 50 | 50 | 50 | 50 | 50 |
| 3 | 100 | 100 | 100 | 100 | 100 |
| 4 | 150 | 150 | 150 | 150 | 150 |
| 5 | 200 | 200 | 200 | 200 | 200 |

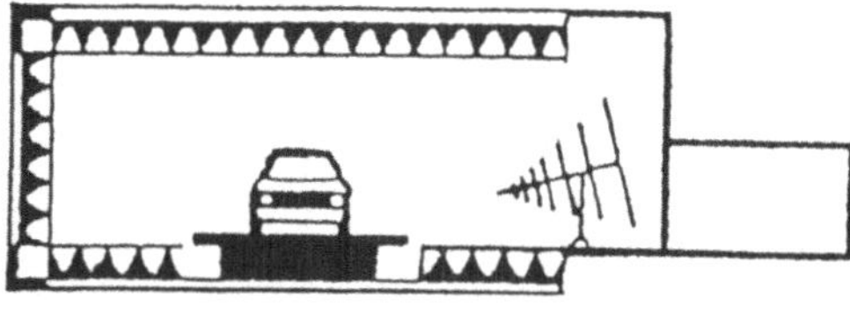

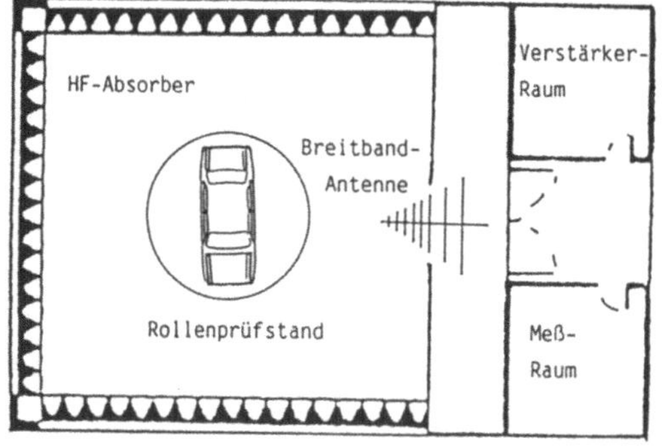


**Abb. 2.12.** Untersuchen des Einflusses starker hochfrequenter Felder auf elektronische Geräte in der Absorberhalle zur Freigabe neuer Fahrzeugtypen

durch einen Betrieb in unmittelbarer Nähe von starken Mittelwellen- und Kurzwellensendern und mit Mobilfunkgeräten ergänzt werden.

Ein Fahrzeug mit elektronischen Geräten freizugeben, ist somit extrem aufwendig. Es sollte deshalb bereits schon während der Entwicklung eines neuen Erzeugnisses sichergestellt werden, daß dieses die vereinbarte Festigkeit gegen hochfrequente Felder aufweist. Hierzu wurden verschiedene im Labor anwendbare Meßmethoden entwickelt:

1 „TEM-Zelle“ (Transversal-Elektro-Magnetische-Zelle) entsprechend Abb. 2.13, Angaben zur Dimensionierung finden sich in [2.16].
2 „Stripline-Zelle“ entsprechend Abb. 2.14 ist in [2.17] beschrieben, und
3 „Bulk-Current-Injection-(BCI)-Methode“ entsprechend Abb. 2.15, Beschreibung und Theorie in [2.18].

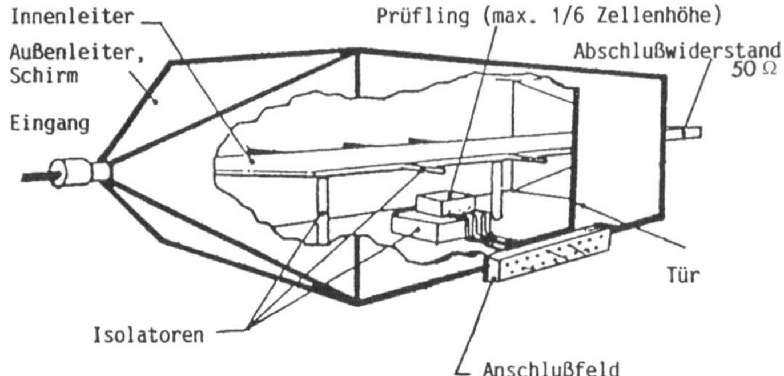


**Abb. 2.13.** Messung der Empfindlichkeit elektronischer Geräte gegen hochfrequente Einstrahlungen starker Sender im Labor mittels einer „TEM-Zelle“

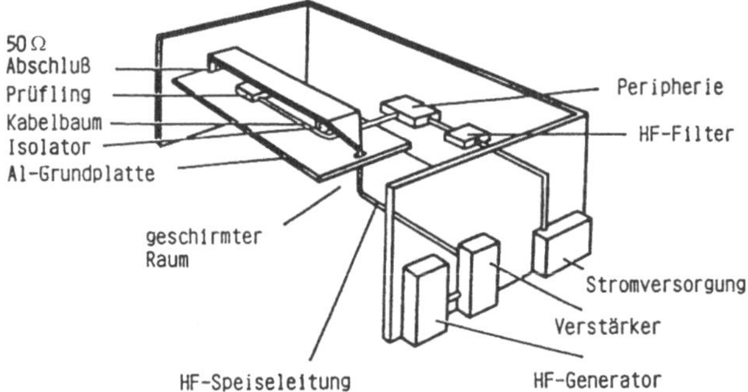


**Abb. 2.14.** Messung der Empfindlichkeit elektronischer Geräte mit dem zugehörigen Kabelsatz im Labor unter der „Stripline“

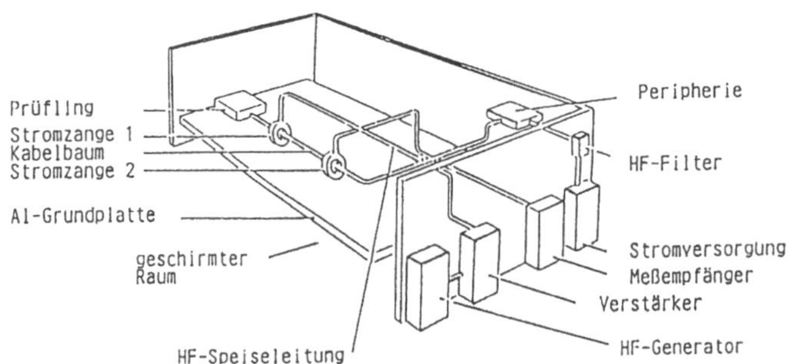


**Abb. 2.15.** Ersatz der aufwendigen TEM-Methoden durch die einfachere „Bulk-Current-Injection-Methode“

Es ist vorgesehen, alle drei Labor-Meßmethoden in die DIN-Norm aufzunehmen. Aufgrund der unterschiedlichen Anregungsmechanismen sind vergleichende Messungen problematisch, wie an einem Beispiel in [2.16] gezeigt wird.

In den beiden erstgenannten Zellen wird die sich im Raum ausbreitende elektromagnetische Welle nachgebildet. Die Feldstärke für vertikale Polarisation ergibt sich aus dem Abstand der beiden mit dem Wellenwiderstand abgeschlossenen Leitungsbeläge und der angelegten Wechselspannung. Sie wird üblicherweise im gesamten stetig zu durchlaufenden Frequenzbereich mittels eines Regelkreises konstant gehalten. Bei üblichen Abständen von ca. 0,3 m sind für Feldstärken von $E_{eff} = 300$ V/m in nullter Näherung frequenzunabhängig Spannungen von $U_{eff} = 100$ V erforderlich, sodaß bei dem ebenfalls üblichen Wellenwiderstand von $Z = 50\ \Omega$ HF-Verstärker mit einer Leistung von mindestens 200 W benötigt werden.

Das zu prüfende Erzeugnis wird bei 1 allein, bei 2 dagegen mindestens der dazugehörende Kabelbaum mittig zwischen den Belägen der Leitung eingebracht. Danach wird sein Verhalten, bei einer Benzineinspritzung etwa Zeitpunkt und Dauer der Einspritzimpulse zusammen mit dem Strom der Einspritzventile, als Funktion von Frequenz und Feldstärke aufgenommen.

Die TEM-Zelle nach 1 ist besonders geeignet für räumlich ausgedehnte Geräte, die mittels diskreter Komponenten entstört sind. Besteht ein Gerät nur aus einer einzigen monolithisch integrierten Schaltung, so ist sie nicht ausreichend. Bei letzteren sind nämlich die in den einzelnen Adern ihres „Kabelbaums" influenzierten Spannungen um Größenordungen höher, als die in den extrem kleinen Flächen eines Chips influenzierbaren Spannungen. Der Kabelbaum muß also mit erfaßt werden, wie in der Stripline-Zelle oder bei der Bulk-Current-Injection-Methode.

Jede Ader eines Kabelbaums stellt als Leitung [2.19] einen resonanzfähigen gedämpften Zweipol mit Anregungsmoden seiner Harmonischen entsprechend Abb. 2.16 dar. Diese Zweipole sind im Kabelbaum mehr oder weniger stark miteinander gekoppelt, so daß sich nach dem Reaktanz-Satz von Foster [2.19, 2.20] mit zunehmender Frequenz abwechselnd mehr oder weniger stark ausgeprägte Parallel- und Reihenresonanzen ergeben, die sich in Zwischenmaxima und -minima der Amplituden wiederspiegeln. Die Verhältnisse seien an einem

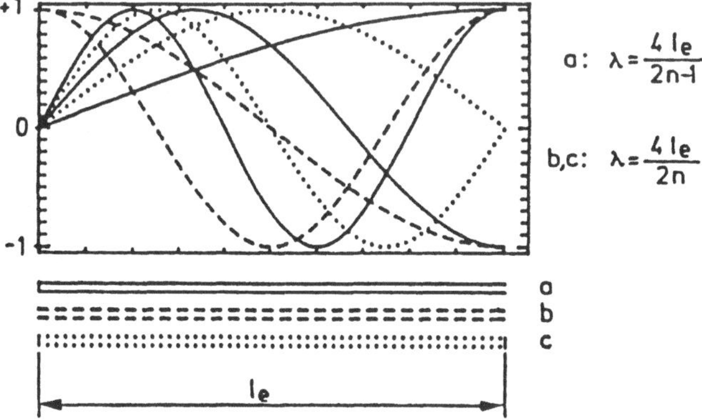


**Abb. 2.16a–c.** Eigenfrequenzen von Leitungen, **a** links kurzgeschlossen, rechts offen ($\lambda/4$-Anregung); **b** beidseitig offen; **c** beidseitig kurzgeschlossen ($\lambda/2$-Anregungen) mit Harmonischen

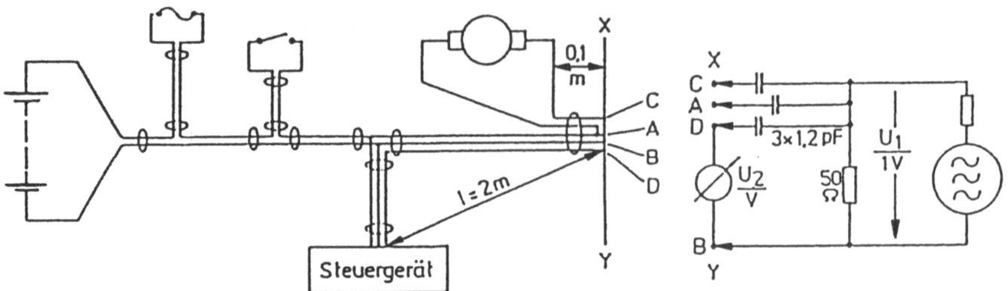


**Abb. 2.17.** Kabelbaum für ein Gebläse mit elektronischer Regelung der Drehzahl und Meßschaltung mit kapazitiver Einspeisung

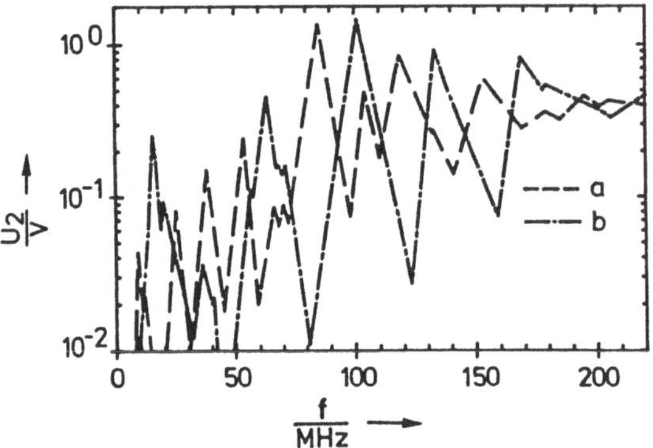


**Abb. 2.18a,b.** Frequenzverlauf der Spannungsamplitude der Steuerleitung D aufgetragen in log. Maßstab nach Abb. 2.16, Leitungsende am Steuergerät: **a** kapazitiv kurzgeschlossen; **b** praktisch offen

einfachen Beispiel erläutert: Abbildung 2.17 zeigt den Kabelbaum eines Klimageräts mit einer elektronischen Regelung der Drehzahl des Lüftermotors. Der Kabelbaum verläuft von den Klemmen der Batterie aus zunächst zweiadrig mit Abzweigen zu einer Sicherung und einem Schalter bis zum Abzweig für den Anschluß des Steuergeräts. Dort stößt die Steuerleitung für die Führungsgröße des Stromreglers, eine Spannung mit $0 \leq U_{St} \leq 5$ V, dazu, ihre gesamte Länge beträgt $l = 2$ m. Am Ende des Kabelbaums kommen die beiden Anschlüsse für den Motor dazu, die allerdings nur über eine Länge von 0,1 m mit eingebunden sind. Die Anschlußklemmen des Stromreglers sind bezeichnet mit „A“, als dem Pluspol, und „B“ dem Minuspol der Betriebsspannung, mit „C“ dem Stromausgang des Reglers and „D“ seinem Steuereingang.

Wie später in Abschn. 3.2 gezeigt wird, interessieren bei diesem monolithisch integrierten Stromregler bevorzugt die Verhältnisse am Steuereingang D. Es wurde deshalb der Frequenzverlauf der Amplitude der Spannung $U_{DB}$ des leerlaufenden Kabelbaums mittels der gezeigten Meßschaltung mit einfacher kapazitiver Ankopplung des Meßsenders aufgenommen. In Abb. 2.18 sind die Meßwerte wiedergegeben. Der Kurvenverlauf a gilt für einen kapazitiven

Abschluß der Steuerleitung mit 100 $\mu$F auf der Seite des Steuergeräts (Originalbestückung), b ohne diesen Kondensator ($R_e \approx 2\,\mathrm{k}\Omega$, also praktisch offen). Der Einfacheit halber wurden in dieser Rechnerdarstellung die Zwischenmaxima und -minima direkt miteinander verbunden.

Nach Abb. 2.18 finden sich im Frequenzbereich zwischen der ersten Harmonischen bei ca. 10 MHz (entsprechend $\lambda/4$ der kapazitiv „beschwerten" Leitung) und 220 MHz jeweils mehr als 20 Maxima und Minima unterschiedlichster Amplitudendifferenz. Der besonders kritische Frequenzbereich liegt zwischen 50 und 150 MHz. Zu erwarten sind Amplituden mit mehr als 100 V bei einer Einstrahlung der Störung mit hoher Feldstärke.

Da sich im Fahrzeug absolute Leitungssymmetrien nicht erzwingen lassen, werden meist einzelne Adern kapazitiv mit Kondensatoren der Größenordnung einige nF gegen die Bezugsmasse kurzgeschlossen. Eine Entstörung mit RC- bzw. LC-Gliedern ist ebenfalls üblich. Dabei ist zu beachten, daß sich abhängig von den Anregungsbedingungen durch die gegenseitigen Kopplungen nach der Entstörung beispielsweise einer Ader ( $\equiv$ einer Gerätefunktion) die Verhältnisse auf benachbarten Adern ändern, also die Störamplituden dort auch zunehmen können.

Während die TEM-Zelle als überdimensional aufgeblasenes Koaxialkabel nach außen hin geschirmt und somit leicht zu handhaben ist, erfordern Stripline- und BCI-Methode einen großen geschirmten Raum, es sei denn, man verzichtet wie bei der Messung nach Abb. 2.17 in den störenden Feldstärkebereich vorzustoßen.

Die Abbildungen 2.16 und 2.18 lassen die Problematik der BCI-Methode erkennen. Bei ihr wird transformatorisch auf den Kabelbaum eingekoppelt und zur Messung auch wieder transformatorisch ausgekoppelt. Wegen des komplexen Frequenzgangs schon einfacher Kabelbäume und dem lageabhängigen Koppelmechanismus entsprechen die Verhältnisse nicht mehr denen im freien Raum bzw. der Stripline. Während der Kabelbaum im freien Raum in der sich ausbreitenden elektromagnetischen Welle „schwimmt", und somit stets optimal angekoppelt ist, lassen sich seine Eigenfrequenzen transformatorisch nur bei einer Einkopplung in der näheren Umgebung von „Strombäuchen", also den Nullstellen in Abb. 2.18, optimal erregen. Läßt sich dies nach dem mathematischen Modell von [2.18] berücksichtigen, so dürften sich auch damit zu den anderen Methoden kompatible Ergebnisse erzielen lassen.

## 2.3 Klimatische und mechanische Beanspruchungen

Die klimatischen Beanspruchungen im Kraftfahrzeung sind extrem, wird doch heute erwartet, daß es unabhängig von der geographischen Lage seines Fertigungsstandorts in jedem Kontinent, zu jeder Jahreszeit und bei jedem Wetter ganztags einsatzbereit ist. Dazu kommen mechanische Beanspruchungen durch Stöße und Vibrationen. Besonders hart können Geräte und ihre Komponenten beansprucht werden durch die Kombination mehrerer Faktoren. Die Beanspruchungen sind vom Einbauort abhängig, es soll deshalb auf einige Besonderheiten hingewiesen werden. Basis der Betrachtung ist das SAE-Handbuch [2.1].

### 2.3.1 Thermische Beanspruchungen

Die als Extreme an verschiedenen Orten eines Fahrzeugs geltenden Temperaturen sind in Tabelle 2.4 zusammengestellt.

Elektronische Geräte wird man soweit wie möglich an Orten mit der niedrigsten Umgebungstemperatur unterbringen. Dies bedeutet, daß sie mindestens für eine Umgebungstemperatur von $-40 \leq T_u \leq +85\,°C$ ausgelegt sein müssen. Das Geräteinnere wird infolge der Eigenerwärmung des Geräts durch die in ihm umgesetzte Verlustleistung in Abhängigkeit von seinem Wärmewiderstand gegen die Umgebung entsprechend wärmer. Dasselbe gilt nochmals für die darin befindlichen integrierten Schaltungen durch die in ihnen umgesetzte Verlustleistung gemäß ihres Wärmewiderstands zwischen Sperrschicht und Gerät. Angaben zu den Wärmewiderständen monolithisch integrierter Schaltungen finden sich in [2.21].

Zu beachten ist, daß elektronische Geräte nicht im direkten Bereich von Wärmequellen des Fahrzeugs angeordnet werden, die ihre Wärme teils durch Leitung, Konvektion oder Strahlung abgeben.

**Tabelle 2.4.** Zusammenstellung der Extremwerte der Umgebungstemperaturen in Abhängigkeit vom Einbauort

| Einbauort | | Temperaturmaxima °C |
|---|---|---|
| Innenraum: | | |
| Armaturenbrett, | Bereich | 85 |
| | Oberkante | 115 |
| Bodenraum | | 85 |
| Hutablage | | 105 |
| Kofferraum | | 85 |
| Motorraum: | | |
| Spritzwand | | 140 |
| Motor | | 150 |
| Auspuffkrümmer | | 650 |
| Chassis: | | |
| allgemein | | 85 |
| im Umfeld von Wärmequellen | | 120 |
| Kotflügel neben Motorraum | | 120 |
| | | **Temperaturminima °C** |
| Betriebstemperatur | | – 40 |
| Lagertemperatur | | – 50 |

Während die genannten Temperaturextreme für die Funktion ausschlaggebend sind, beeinflussen Temperaturwechsel die Lebensdauer und die Qualität. Der Temperaturhub umfaßt die Spanne von $-40\,°C$ bis zur maximal auftretenden Sperrschichttemperatur. Die Änderungsgeschwindigkeit der Umgebungstemperatur liegt dabei im Bereich $0{,}6 \leq v_{tu} \leq 4$ K/min. Die Temperatur des Kühlwassers kann jedoch vom Minimalwert aus mit $v_{tk} \rightarrow 20$ K/min gegen den auf ca. 90 °C geregelten Endwert hin ansteigen. Zahl, Hub und Änderungsgeschwindigkeit der geforderten Temperaturzyklen sind dem Erzeugnis und seinem Einsatz anzupassen.

### 2.3.2 Beanspruchungen durch Feuchte und chemische Einflüsse

Mikroelektronische Bauelemente sind je nach Art ihrer Verpackung mehr oder weniger empfindlich gegen Feuchte und andere chemische Einflüsse. Durch Feuchte in Verbindung mit ionischen Verunreinigungen, kann Korrosion von Anschlüssen und Leiterbahen auftreten, ebenso wie eine Oberflächenleitfähigkeit. Die aus Fahrzeug, Fahrzeugbetrieb, Umwelt und den Bauelementen selbst stammenden Kontaminationsquellen sind in Tabelle 2.5 zusammengestellt.

Unabhängig vom Einbauort sind sie im Fahrzeug direkt der Luftfeuchtigkeit ausesetzt, dabei können sie betauen. Bei einem Einbau ausserhalb des Innenraums im Bereich von Chassis, Motorraum und Kotflügel besteht die Gefahr, daß sie nicht nur mit Spritzwasser, sondern auch mit anderen der oben genannten Substanzen in Berührung kommen.

**Tabelle 2.5.** Mögliche Kontaminationsquellen

| Quelle | | Art der Verunreinigung |
|---|---|---|
| Im Fahrzeug | Motor | Öl, Kraftstoff und Additive<br>schweflige Säure aus Abgas<br>Stickoxide aus Abgas, (Ozon aus el. Entladungen, Stickox.) |
| | Antrieb | Öl, Schmierfett und Additive |
| | Servolenkung | Hydraulik-Flüssigkeit |
| | Bremsen | Bremsflüssigkeit |
| | Kühler | Wasser mit Gefrierschutz, Dampf |
| | Batterie | Schwefelsäure |
| | Scheibenwasch. | Detergentien, Gefrierschutz |
| | Pflege | Detergentien, Entfettungsmittel, Dampfstrahl (Motorwäsche), Wachs, Farbspray, Unterbodenschutz |
| Außerhalb des Fahrzeugs | Klima | Feuchte, Wasser, Schnee und Eis |
| | Winterdienst | Salzwasser |
| | Sonstiges | Stäube, Äther, Freon |
| Bauelement | Fertigung | ionische Verunreinigungen (undichte Gehäuse) |

Zum Prüfen ihrer Beständigkeit gegen Feuchte sind beispielsweise folgende Prüfmethoden vorgesehen:

- Aktive Temperaturwechsel zwischen − 40 °C und der Maximaltemperatur nach Tabelle 2.4 mit einer Verweildauer von zwei Stunden bei − 40 °C und einer Stunde bei + 38 °C mit 90% rel. Feuchte, sowie einer Zyklusdauer von acht Stunden. Während der Kältephase soll das Bauelement elektrisch überwacht werden, es darf jedoch keine Wärme produzieren. Auch Temperaturwechsel mit einer Zyklusdauer von 24 Stunden sind gebräuchlich.
- Passive Lagerung über zehn Tage bei einer Temperatur von + 38 °C und einer relativen Feuchte von 98%, evtl aktiver Betrieb bei kleinem Strom (Uhren-IC).
- Lagerung im „pressure cooker" (pr. vessel) über 8–24 Stunden bei einem Druck von 103,4 kPa, also dicht über der normalen Siedetemperatur von 100 °C.

Ein Beispiel für chemische Beanspruchungen ist der Salzsprühtest mit einer 5%-gen NaCl-Lösung über 24–168 Stunden bei 35 °C. Geprüft wird anschließend nach gründlicher Reinigung mit Wasser und nachfolgender Trocknung. Zu prüfen sind außerhalb des geschützten Innenraums unterzubringende Geräte.

Auch Staub kann zu einem Langzeitprobelm werden. Insgesamt ist darauf zu achten, daß einer Kontamination zugängliche Leitungen und Verbindungen nicht zu hochohmig ausgeführt sind.

### 2.3.3 Mechanische Beanspruchungen

Den mechanischen Beanspruchungen zuzurechnen sind

1 Schwankungen des Luftdrucks, also die Höhenfestigkeit,
2 Schwingungsbeschleunigungen, und
3 Stoßbeschleunigungen.

Zu 1:
Gefordert wird die Funktion bis zu einer Höhe von 3 700 m, entsprechend einem Druck von 62 kPa, und um einen Lufttransport zu ermöglichen, eine Lagerfestigkeit bis zu 12 200 m entsprechend 18,6 kPa. Der reduzierte Luftdruck wirkt sich in einer verminderten Wärmeleitfähigkeit durch Konvektion aus. Außerdem verursacht er, sofern Hohlräume in Verpackungen vorhanden sind, mechanische Spannungen mit „Pumpeffekten" durch Druckschwankungen.

Zu 2:
Schwingungsbeschleunigungen gehen vom Motor und der Straße aus. Sie sind wegen der geringen Massen ganzer Bauelemente und ihrer Teile (Chip, Bonddrähte) in der Regel nicht problematisch. Zu beachten sind sie jedoch in ihrer Wirkung auf Geräte, die direkt am Motor befestigt sind.

Zu 3:
Stoßbeschleunigungen treten auf beim Handling in Fabrik, Versand und Montage. Diese Beanspruchung ist nicht kfzspezifisch und gilt somit für beliebige Bauelemente. Die im Betrieb vorkommenden Stöße sind wieder wegen der geringen Bauelementemasse belanglos. Führen jedoch Kabelbäume zu einem integrierten Bauelement, so sind Zugentlastungen unerläßlich.

## Literatur zu Kapitel 2


2.1. SAE-Handbook, Vol. 2: Parts and Components, Recommended Environmental Practices For Electronic Equipment Design, SAE J1211. Warrendale, PA: Society of Automotive Engineers, Inc., 1988

2.2. Bosch: Autoelektrik, Autoelektronik am Ottomotor. Düsseldorf, VDI-Verlag 1987

2.3. Henneberger, G.: Elektrische Motorausrüstung. Stuttgart, R. Bosch GmbH, Unternehmensbereich K9 1988

2.4. Road vehicles-Electrical disturbance by conduction and coupling-, Part 1: Vehicles with nomial 12 V supply voltage – Passenger cars and light commercial vehicles – Electrical transient conduction along supply lines only. ISO/DIS 7637-1 1988, Figure 9 „Test pulse 4"

2.5. Elektromagnetische Verträglichkeit (EMV) in Kraftfahrzeugen; DIN 40 839, Teil 1, Dez. 1988

2.6. ISO/DIS 7637-1, Fig. 3 und 4 und „Elektromagnetische Verträglichkeit (EMV) in Kraftfahrzeugen", DIN 40 839, Teil 1, 2; Dez. 1988. Bilder 5 und 6

2.7. Elektromagnetische Verträglichkeit (EMV) in Kraftfahrzeugen, DIN 40 839, Teil 1, 2 Begriffe; Dez. 1988

2.8. Schnell schalten heißt viel stören, Übersicht in Markt und Technik, 25, 24. Juni 83, 16/19

2.9. Funk-Entstörung von Fahrzeugen, von Fahrzeugausrüstungen und von Verbrennungsmotoren. (VDE-Bestimmung), DIN 57 879, Teil 3. Berlin: Beuth

2.10. Funkentstörung von Fahrzeugen, von Fahrzeugausrüstungen und von Verbrennungsmotoren. Entwurf (8/88) DIN/VDE 0879, Teil 2. Berlin: Beuth 1988

2.11. Kronenberg, H.: Elektromagnetische Umwelt und Störfestigkeit der Elektronik-Komponenten im Kraftfahrzeug. Fachtagung „EMV" Elektromagnetische Verträglichkeit Okt 1988, Heidelberg, Hüthig 1988, S. 62

2.12. Wilhelm, J.: Elektromagnetische Verträglichkeit. Berlin: VDE und Grafenau, Expert 1981, S. 29–40

2.13. Mardiguian, M.: Interference Control in Computers and Microprocessor-Based Equipment. Gainesville (Virg.): Don White Consultants, Inc. 1984, A.1–A.8

2.14. ISO/DIS 7637-1, Fig. 11 und 12.

2.15. Elektromagnetische Verträglichkeit (EMV) in Kraftfahrzeugen, Eingestrahlte Störgrößen; DIN 40 839, Teil 4, Entwurf des AD-HOC-Arbeitskreises vom 24.8.88

2.16. Gehnen, E.: EMV-Prüfmethoden – Sicherstellung der Funktion elektronischer Steuergeräte im Fahrzeug. VDI Berichte 612. Düsseldorf: VDI 1986, 525–538

2.17. White, D.R.J.: EMI Test Instrumentation and Systems. Gainesville (Virg.), Don White Consultants, Inc. Sec. Ed. 1980, 4, 32–37

2.18. Sultan, M.F.: Modeling of a Bulk Current Injection Setup for Susceptibility Threshold Measurements. In CH2294-7/86/000–0188, IEEE 1986

2.19. Meinke/Gundlach: Taschenbunch der Hochfrequenztechnik. 2. Aufl., Berlin, Springer 1962, und 4. Aufl., Berlin, Springer 1986

2.20. Foster. R.M.: Bell System Techn. J. 3 (1924) 651

2.21. Hacke, H.-J.: Montage integrierter Schaltungen (Mikroelektronik). Berlin: Springer 1988, Kapitel 8

# 3 Integrierte Schaltungen im Kraftfahrzeug

In den Abschn. 2.1 und 2.2 wurden die Randbedingungen für das elektrische Umfeld beschrieben. Integrierte Schaltungen können nun günstigstenfalls Bestandteil von Geräten sein und aufgrund der darin enthaltenen Beschaltungen ohne weiteres im Fahrzeug betrieben werden oder aber ungünstigstenfalls direkt am Bordnetz liegen. Im folgenden soll anhand von Beispielen gezeigt werden, wie sich daraus ergebende Probleme schaltungstechnisch lösen lassen. Dabei sind teilintegrierte Lösungen oft vorteilhaft, da sie durch Einbeziehen bereits im System vorhandener diskreter Komponenten besonders kostengünstig zu realisieren sind. Bauelemente wie Sensoren, Aktuatoren oder Spannungsstabilisatoren ließen sich jedoch auch vollständig integrieren und damit in bewährten Gehäusen einfach montieren, sofern die leidige Entstörung monolithisch zu beherrschen wäre. Die Aufgabe ist grundsätzlich lösbar, doch ist wegen des meist hohen Aufwands an Chipfläche in jedem Einzelfall zu prüfen, inwieweit dieser Weg gegenüber einer hybriden Entstörung wirtschaftlich sinnvoll ist. Da dies sicher öfter der Fall sein wird, als bisher angenommen, soll auch darauf eingegangen werden. Wie bereits in Abschn. 1.4 erwähnt wurde, werden durch Fortschritte in Technologie und Montagetechnik Bauelemente mit großflächigen Chips laufend billiger, so daß sich die Grenzen für wirtschaftliche Konzepte in Richtung vollintegrierter Lösungen verschieben können. Zu beachten ist ferner, daß Schaltungen und Schaltmittel zur Entstörung meist so auszuführen sind, daß sie gegen mehrere Störgrößen wirksam sind, beispielsweise gegen leitungsgeführte und eingestrahlte Störgrößen.

Digitale Prozeßrechner benötigen eine mit „watchdog“ bezeichnete Hilfsschaltung, die den Rechenvorgang bei Strörungen des Signalflusses abbricht und den Rechner neu setzt [3.1]. Diese Watchdog-Schaltungen sind auch im Kraftfahrzeug [3.2, 3] anzuwenden.

Unabhängig vom Stand der Normung wurden schon früh kfz-spezifische Störgrößen, ihr Einfluß auf die Funktion monolithisch integrierter Schaltungen und geeignete Schaltungsprinzipien zur Lösung der anstehenden Probleme beschrieben. Als Beispiel sei hier die umfassende Arbeit von Davis [3.4] genannt.

Die in diesem Kapitel angegebenen Schaltungen sollen beispielhaft auf mögliche Lösungen hinweisen, Vor einem Einsatz ist zu prüfen, inwieweit sie der vorgesehenen Beanspruchung, wie etwa der Anstiegsgeschwindigkeit der Störimpulse auch gerecht werden.

## 3.1 Parasitäre Substrateffekte

Die Sperrschichtisolation ist die preiswerteste und deshalb fast ausschließlich angewandte Methode, die Komponenten einer integrierten Schaltung gegeneinander zu isolieren. Üblich sind n-dotierte Wannen auf p-Substraten. Eine einwandfreie Isolation erfordert, daß die sich bildenden Substratdioden im Betrieb stets gesperrt sind. Wird das Potential einer Wanne hinreichend negativ gegen das Substrat, so wird die Substratdiode leitfähig, die Isolation bricht zusammen. Der Einfluß leitfähig werdender Substratdioden auf die Schaltung gehört zum System und ist mit diesem zu betrachten. In den folgenden Abschnitten sollen deshalb nur die damit verbundenen parasitären Substrateffekte beschrieben, und Schaltungen angegeben werden, mit denen sich entweder das Polen in Durchlaßrichtung vermeiden oder aber die Beeinflussung anderer Schaltungsteile mindern, bzw. weitgehend verhindern läßt.

Wird eine Substratdiode leitfähig, so bilden sich nach Davis [3.4] lateral parasitäre npn-Transistoren: Die Wanne wird zum Emitter, das Substrat zur Basis. Alle in der näheren und weiteren Umgebung liegenden Wannen wirken als Kollektoren, sofern sie nur etwas positiver sind als das Substrat. Wie gefährlich dieser Effekt ist, ist am folgenden Beispiel zu erkennen: Angenommen, es fließe ein Strom von 100 mA vom Substrat zu einer Wanne, als Kollektor wirke die Basiswanne eines pnp-Transistors mit 10 $\mu$A Kollektorstrom, dann genügen bereits ca. 0,3 $\mu$A parasitärer Strom, um die Funktion der Schaltung zu stören. Dies entspricht einer Stromverstärkung des parasitären Transistors bezogen auf die 100 mA des Injektionsstroms von $\alpha \approx 3 \cdot 10^{-6}$.

Substratdioden können nun einerseits schaltungsbedingt, andererseits aber auch durch leitungsgeführte und/oder eingestrahlte Störgrößen mit negativer Amplitude in Durchlaßrichtung gepolt werden. Dabei können Substratströme fließen, die noch erheblich über der Annahme des Beispiels liegen.

Eine mögliche Ersatzschaltung ist in Abb. 3.1 dargestellt. $T_1$ ist ein npn-Transistor, dessen Kollektor $C$ nach außen geführt ist. Das Substrat S ist mit $-U_B$, die Betriebsspannung der Schaltung mit $+U_B$ verbunden. $D$ ist die Substratdiode, $K$ ihre Kathode, $A$ ihre Anode und $R_S(I)$ ihr stromabhängiger Bahnwiderstand. In Abb. 3.1b ist die Diode $D$ mittels einer mehr oder weniger

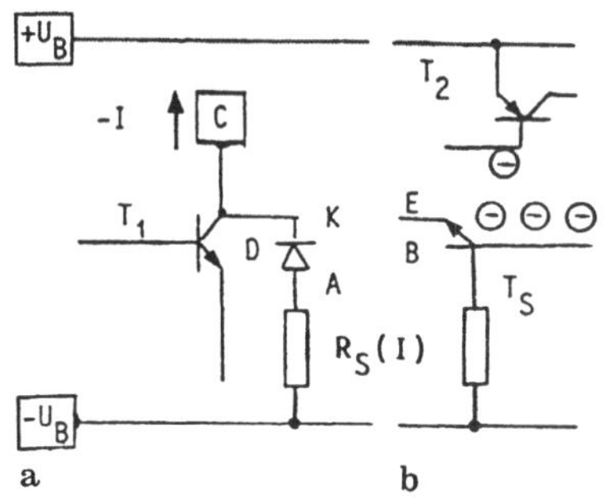


**Abb. 3.1a,b.** Injektion von Minoritäten in das Substrat. **a** Kollektorwanne des Transistors $T_1$ als Kathode $K$ und Substrat als Anode $A$ der parasitären Substratdiode $D$, $R_S(I)$ Bahnwiderstand von $D$ im Substrat; **b** vervollständigt zum lateralen npn-Transistor $T_S$ mit injizierten Elektronen; K ≡ E, A ≡ B, die Basis des lateralen pnp-Transistors $T_2$ bildet den Teilkollektor $C'$

benachbarten Wanne als Teilkollektor *C'*, hier der Basis des lateralen pnp-Transistors $T_2$, zum lateralen npn-Substrattransistor $T_S$ ergänzt.

Fließt nun durch *D* der Strom $-I$, so entsteht an $R_S$ ein Spannungsabfall, ferner werden Elektronen als Minoritäten in das Substrat hinein injiziert. Wäre dieses feldfrei, so würden sie sich mit ihrer Anfangsgeschwindigkeit und unter dem Druck des Dichtegradienten allein in das Substrat hinein ausbreiten. Nun erzeugt aber nicht nur der Spannungsabfall an $R_S$ Felder im Substrat, sondern auch Quellen der Schaltung selbst, wie etwa pnp- Lateral- und Substrat-Transistoren. Diese Felder können den Minoritätenstrom entscheidend beeinflussen, so daß für die Stromverstärkung $\alpha$ des parasitären npn-Transistors keine verläßliche Beziehung etwa zum Abstand von der injizierenden Quelle[1] anzugeben ist.

Die Verhältnisse im Substrat sollen deshalb mittels der Teststruktur von Abb. 3.2 phänomenologisch und anhand von Meßergebnissen erläutert werden. Wiedergegeben ist der Querschnitt eines rechteckigen Chips mit $2{,}6 \times 1{,}5\ \text{mm}^2$ im Maßstab 50:1, bzw. die Dicke der Epitaxie mit 500:1. Die Chips stammen von einem Wafer mit geschliffener Rückseite. Sie sind mit einem silbergefüllten Kleber in Gehäuse CL–CC–28 montiert. Die Rückseite ist somit nicht leitfähig mit Masse verbunden, bzw. mit sich selber durchverbunden, so daß die sich im Substrat ausbildenden Felder nicht beeinflußt werden.

Die eingezeichneten Strukturen, der Injektor mit der Quelle Q am rechten Rand, die Substratkontakte $S_1$ bis $S_3$ und die n-dotierten Meßwannen $M_1$, $M_2$ erstrecken sich über die gesamte Breite des Chips. Letztere sind die Basiswannen von Substrattransistoren mit einer Ausdehnung in x-Richtung von 120 µm. Von den Diffusionszonen sind nur die Isolierung (Is) und der Buried Layer (C) eingetragen.

Die vom Emitter *E* injizierten Elektronen breiten sich allseitig aus, werden mit zunehmendem Abstand von der Quelle durch Rekombination laufend weniger, verschwinden teilweise in an Spannung liegenden Wannen, um schließlich an den Rändern des Chips völlig zu rekombinieren. Liegt der Injektor

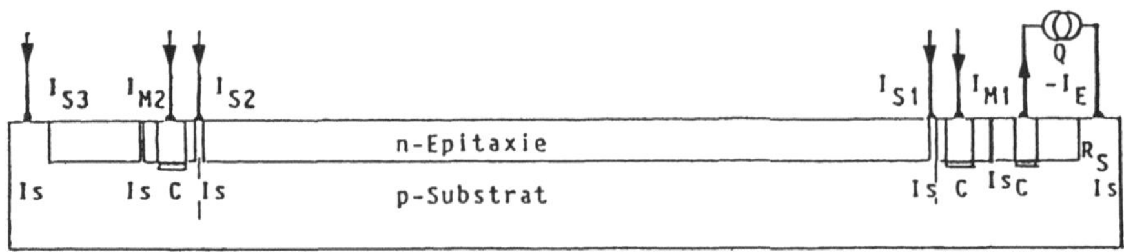


**Abb. 3.2.** Schnitt durch eine Teststruktur im Maßstab 50:1 (Epidicke 500:1); Bezeichnung der Diffusionszonen: Is ≡ Isolierung, C ≡ Buried Layer. $S_1$, $S_2$ und $S_3$ Substratkontakte zum Messen der parasitären Basisströme $I_{S1}$, $I_{S2}$ und $I_{S3}$; entsprechend $M_1$ und $M_2$ Kontakte zu n-Wannen als Teilkollektoren parasitärer npn-Lateral-transistoren mit den Strömen $I_{M1}$ und $I_{M2}$

[1] Davis gibt in [3.4] für einen IC (Epitaxie *r*: 2 Ωcm, *d*: 13 µm, Substrat *r*: 10 Ωcm) bei einem Abstand von 35 µm, also einer benachbarten Wanne, $\alpha$ zu ≈ 0,3 und bei 750 µm zu ≈ 0,001 an.

wie in diesem Beispiel am rechten Rand, so wird etwa die Hälfte der injizierten Elektronen zum rechten Rand hin abfließen und dort rekombinieren, die andere Hälfte fließt nach links in den die Schaltung tragenden Substratteil hinein.

Da die Raumladung von an Spannung liegenden n-dotierten Wannen nur wenige $\mu$m in das immerhin 350 $\mu$m dicke Substrat hineinreicht, lassen sich so nur die unmittelbar unter der Epitaxie fließenden Minoritäten erfassen. Minoritäten im Substrat sind deshalb nur durch Felder im Substrat selbst nennenswert zu beeinflussen. Vorschläge, wie etwa eine „buried moat" von National Semiconductor [3.5] lösen das Problem nicht, sie entschärfen[2] es jedoch.

Üblich ist, im Diffusionprozeß alle Diffusionen in die Ritzrahmen hineinzulegen. Der Chip ist dann von einem an Masse liegenden hochleitfähigen Rahmen umschlossen. Durch den Spannungsabfall an $R_S(I)$ werden Querfelder im Substrat erzeugt, die mit zunehmendem Injektionsstrom $|I_E|$ Minoritäten zu den Rändern treiben, wo sie rekombinieren. Liegen keine Diffusionen im Ritzrahmen, oder ist dieser entfernt, so reduziert sich die Rekombinationsrate. Da der leitfähige Rahmen, wie später noch gezeigt werden wird, auch stören kann, sind die Meßwerte der Tabelle 3.1 *ohne* ihn aufgenommen worden (worst-case-Fall). Um seinen Einfluß auf die Rekombinationsrate der am stärksten betroffenen langen Distanz aufzuzeigen, sind die Minoritätsströme $I_{S2} + I_{S3}$ jedoch auch an einem Chip mit Rahmen ermittelt und mit einem * markiert eingetragen worden.

Die Werte der Tabelle 3.1 wurden gemessen für einen Bereich des injizierenden Emitterstroms $-I_E$ von 20–1.200 mA. Aufgenommen wurden die Ströme in die Substratkontakte $S_1$, oder $S_2$, oder $S_3$, bzw. in $S_2 + S_3$ und in die n-Wannen $M_1$, oder $M_2$, sowie das Potential des Substrats der Meßstelle $S_1$,

**Tabelle 3.1.** Minoritätsströme $I_{S1}$, $I_{S2}$ und $I_{S3}$ im Substrat, sowie Kollektorströme $I_{M1}$ und $I_{M2}$ parasitärer npn-Substrat-transistoren abhängig vom injizierenden Emitterstrom $I_E$ der Teststruktur nach Abb. 3.2; für $I_{M2}$: a, Substratanschlüsse $S_2$ und $S_3$ an Masse; b, beide floatend; Achtung alle Werte gelten für einen Chip ohne Diffusionen im Ritzrahmen, Ausnahme*

| $-I_E$/mA | 20 | 40 | 100 | 120 | 200 | 400 | 800 | 1200 |
|---|---|---|---|---|---|---|---|---|
| $I_{S1}$/mA | 6,7 | 13 | 32 | 38 | 57 | 110 | 210 | 320 |
| $I_{S2}$,$I_{S3}$/mA | 2,5 | 4,0 | 9 | 11 | 19 | 38 | 69 | 95 |
| $I_{S2} + I_{S3}$/mA | 2,5 | 4,5 | 11 | 13 | 24 | 46 | 83 | 115 |
| * | 1,8 | 3,5 | 8,7 | 10,5 | 12 | 14 | 18 | 21 |
| $I_{M1}$ /xA | 5 n | 15 n | 276 n | 15 $\mu$ | 16 m | 29 m | 45 m | 54 m |
| $I_{M2}$ a/xA | 5 n | 15 n | 276 n | 15 $\mu$ | 630 $\mu$ | 2,7 m | 6,9 m | 10,9 m |
| b/nA | 0 | 7 | 43 | 60 | 127 | 320 | 607 | 890 |
| $-U_{S1}$/mV | 100 | 160 | 310 | 340 | 440 | 510 | 620 | 740 |

[2] Wörtlich in [3.5]: „with the buried-moat technique, life is made a lot simpler".

$U_{S1}$, gegen Masse in der Anordnung nach Abb. 3.2. Man beachte, daß es bei den parasitären Effekten im Substrat um Größenordnungen und nicht um Prozente geht.

Der Strom in einen Substratkontakt entspricht dem an der Meßstelle $S_{1,2,3}$ einem parasitären lateralen npn-Transistor maximal zur Verfügung stehenden Basisstrom; er ist nahezu proportional zum Injektionsstrom, ausgenommen der Fall (*) mit hochleitfähigem Chiprahmen, bei dem ja wegen des Querfelds mit zunehmender Injektion die Rekombinationsrate ansteigen muß.

Der erste Kontakt $S_1$ ist 150 $\mu$m von der Quelle entfernt. Bei diesem Abstand werden noch etwa 30% des Injektionsstroms erreicht, wobei 50% das absolute Maximum wären. $S_2$ ist 1.900 und $S_3$ 2.200 $\mu$m weit entfernt. Die Ströme in diese beiden Meßstellen unterscheiden sich praktisch nicht. Werden beide Meßstellen zusammengefaßt, so steigt der Meßwert mit zunehmendem Injektionsstrom etwas an. Der Kontakt $S_2$ allein erfaßt offenbar nicht die gesamte Substratdicke. Trotz einer Distanz von 2 mm zur Quelle beträgt der Substratstrom immer noch 10% des Injektionsstroms, bzw. ein Drittel des Werts von $I_{S1}$. Wird der leitfähige Ritzrahmen hinzugenommen (Chip aus einen anderen Wafer), so unterscheiden sich die Meßwerte bis zu Strömen $I_E$ von ca. 100 mA kaum. Darüber machen sich die Querfelder bemerkbar, sodaß beim maximalen Injektionsstrom nur noch etwa 1/5 des Werts ohne Rahmen erreicht werden.

Anders verhalten sich die n-Wannen. Die in sie hineinfließenden Ströme entsprechen den Kollektorströmen der parasitären lateralen npn-Transistoren. Aufgrund der geringen Eindringtiefe der Raumladung in das Substrat ist ihre Early-Spannung sehr hoch, so daß die zum Absaugen angelegte Spannung nahezu ohne Einfluß ist.

Meßstelle $M_1$:
Obwohl $M_1$ von der injizierenden Quelle nur durch eine 8 $\mu$m breite Isolierung getrennt ist, treten nennenswerte Ströme erst bei Injektionsströmen oberhalb 100 mA auf. Während die Ströme in Substrat in etwa proportional zum Injektionsstrom sind, durchläuft der Wannenstrom 5 nA bis 54 mA, also sieben Größenordnungen.
Bei niedrigen Injektionsströmen bleiben die Minoritäten offenbar in der Tiefe des Substrats. Erst wenn ihre Dichte größer als die der Majoritäten geworden ist, also im Bereich der Hochinjektion, entsteht ein direkter Kontakt zwischen $M_1$ als Kollektor und der nunmehr „umdotiert erscheinenden" p-Basis des parasitären Transistors, der Minoritätsstrom wird anzapfbar. Der Meßstrom $I_{M1}$ steigt hierdurch allein im Übergangsbereich zwischen 100 und 200 mA um fast 5 Größenordnungen an.

Meßstelle $M_2$:
Bis zu ihr sind es 1.900 $\mu$m; durch die Rekombination auf der Strecke $M_1/M_2$ ist die Dichte der Minoritäten dort auf etwa 30% zurückgegangen ($I_{S2}:I_{S1}$

$= 95:320$).[3] Entsprechend der Meßstelle $M_1$ dürfte sich somit ein direkter Kontakt zwischen $M_2$ und Substrat durch „Hochinjektion" erst bei $-I_E \approx 400$ mA ausbilden; $I_{M2}$ steigt jedoch bei der zugehörigen Meßreihe a bereits schon im gleichen Injektionsbereich wie $I_{M1}$ immerhin um 3,5 (statt vorher 5) Größenordnungen an. Es muß also noch ein anderer Mechanismus überlagert sein:
Bei der Meßreihe a liegen die unmittelbar benachbarten Substratkontakke $S_2$ und $S_3$, oder auch $S_2$ allein an Masse. Da das an der Oberfläche angeschlossene Massepotential positiver ist als das Potential im Innern des Substrats, entsteht mit zunehmender Injektion auch eine zunehmende vertikale Feldkomponente, die ab einer Injektion $|I_E| > 100$ mA mehr und mehr die im Substrat vorhandenen Minoritäten auf die Wanne treibt. Bereits bei einem Injektionsstrom von 200 mA fließt so trotz der großen Distanz auf ein Flächenelement entsprechend der Basis eines pnp-Lateraltransistors ein parasitärer Strom von ca. 100 $\mu$A.
Ist wie bei der Meßreihe b, das Substrat nur noch am rechten Rand bei der Injektionsquelle mit Masse verbunden, so entfällt das elektrische Feld, unter dem sich vorher die Minoritäten gerichtet von rechts nach links ausgebreitet haben. Sie breiten sich jetzt diffus aus und rekombinieren verstärkt. Dazuhin kann sich im Einzugsbereich von $M_2$ keine vertikale Feldkomponente mehr ausbilden, die Minoritäten bleiben im Substrat. Der Meßstrom fällt hierdurch gegenüber dem Wert $I_{M2a}$ um bis zu vier Größenordnungen ab.

Diesen Messungen nach hängt die Stromverstärkungen $\alpha$ parasitärer Substrattransistoren entscheidend von den Bedingungen in der unmittelbaren Umgebung ihrer als Kollektor dienenden Wannen ab. Kritisch sind vertikale Feldkomponenten, wie sie schon durch in das Substrat hineinfließende kleine Ströme erzeugt werden, oder „umdotiertes Substrat" bei hinreichend hoher Minoritätendichte.

Das Potential $U_{S1}$ des Substrats gegen Masse ist in etwa gegeben durch den Spannungsabfall $I_E \times R_S(I_E)$. Die Widerstandsmodulation von $R_S$ ist am Verlauf der Meßwerte deutlich zu erkennen.

Einmal an einem beliebigen Ort injizierte Minoritäten finden sich im ganzen Substrat. Die Praxis zeigt, daß sich das Problem durch geschicktes Anordnen der Schaltungskomponenten im Layout während des Entwurfs kaum lösen läßt. In den folgenden Unterabschnitten soll deshalb an Beispielen gezeigt werden, wie sich Minoritätsströme im Substrat vermeiden (Abschn. 3.1.1) bzw. bereits injizierte Minoritäten unschädlich machen bzw. aus dem Substrat wieder entfernen (Abschn. 3.1.2) lassen.

[3] Der sich für die Distanz $W = 0{,}17$ cm ergebende Transportfaktor $\alpha_T \approx 0{,}3$ ist praktisch unabhängig vom Injektionsstrom.

### 3.1.1 Vermeiden von Minoritätsströmen im Substrat

Am einfachsten erscheint es, den Substratstrom überhaupt zu vermeiden. Bereits Davis [3.4] verweist auf Klammerschaltungen, um das Leitfähigwerden von unvermeidbaren Substratdioden zu verhindern. Darüber hinaus schlägt er entsprechend Abb. 3.3 Eingangs- und Ausgangsschaltungen vor, deren Anschlußelektroden nicht direkt mit n-Wannen sondern mit darin liegenden p-diffundierten Basiszonen verbunden sind. Damit wird für negative Amplituden eine Sperrfestigkeit entsprechend der Kollektor-Basis-Durchbruchspannung erreicht, also bei bipolaren IC prozeßabhänggig 40–120 V. Diese Spannungsfestigkeit dürfte zwar für viele Fälle ausreichen, doch begrenzt vor allem bei der Ausgangsstufe nach Abb. 3.3b die erreichbare Sättigungsspannung und der Flächenaufwand für den pnp-Substrattransistor $T_2$ bei größeren Strömen einen möglichen Einsatz.

In solchen Fällen können wie bereits erwähnt Schaltungen zum Klammern der Wannen-Substrat-Diode angewandt werden. Läßt der Herstellungsprozeß Schottky-Dioden mit erheblich niedrigerer Durchlaßspannung als der entsprechender pn-Dioden zu, so ist diese Lösung, Abb. 3.4, besonders einfach. Grenzen sind hier gesetzt vor allem durch die benötigte maximale Sperrschichttemperatur: Da einerseits der Bahnwiderstand von Schottky-Dioden einen stark positiven Temperaturkoeffizienten aufweist, ist die Fläche für die Maximaltemperatur auszulegen, andererseits aber sind bei den hohen Temperaturen auch ihre Sperrströme nicht mehr zu vernachlässigen.

Sind Schottky-Dioden nicht praktikabel, so kann mit aktiven Schaltungen geklammert werden. Diese müssen jedoch mindestens den zu klammernden Strom aufbringen. Die Schaltung des Beispiels nach Abb. 3.5 besteht aus einem

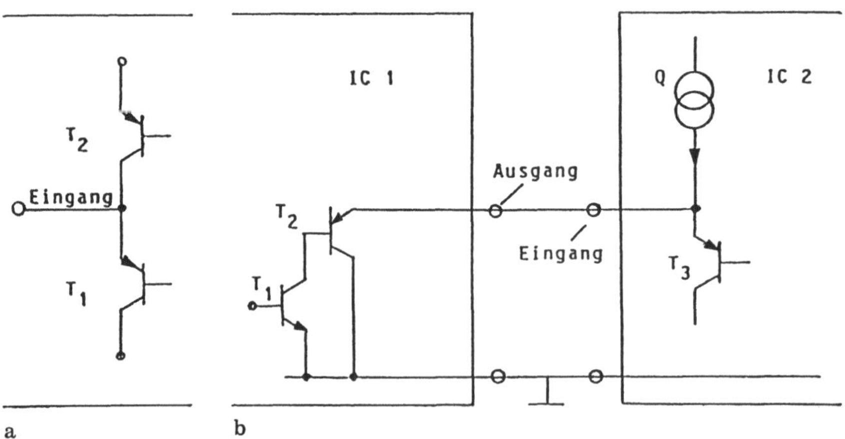


**Abb. 3.3a,b.** Anordnungen zum Vermeiden von Substratströmen bei Ein- und Ausgängen bis zu negativen Spannungen entsprechend der Kollektor-Basisdurchbruchsspannung. **a** Eingagsschaltung; **b** kombinierte Ausgangs-Eingangsschaltung für zwei mittels Leitungen verbundener IC

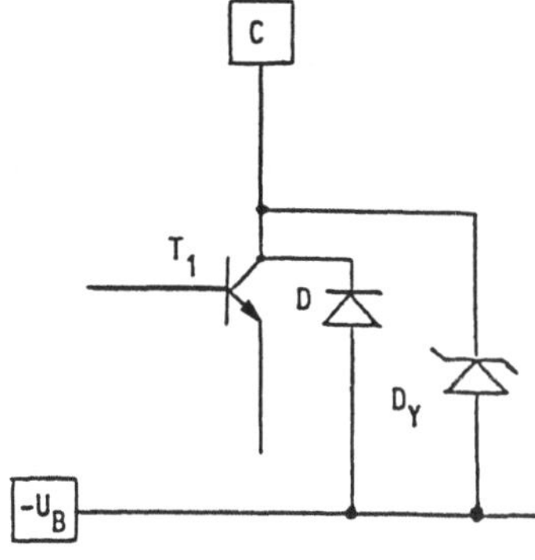


**Abb. 3.4.** Verhindern eines Injektionsstroms durch Parallelschalten einer Schottky-Diode $D_y$ zur parasitären Kollektor-Substrat-Diode $D$

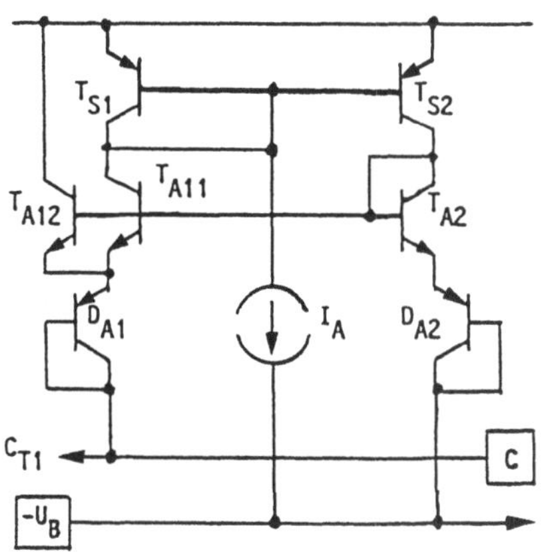


**Abb. 3.5.** Hilfsschaltung zum Klammern des Kollektorpotentials auf Massepotential mit einer selbststeuernden Anordnung für Ströme bis ca. 100 mA

üblichen Stromspiegel. Der Fußpunkt des linken Zweigs ist mit dem zu klammernden Kollektor $C_{T1}$ verbunden. Ist die Kollektorspannung größer Null, bleibt der Zweig stromlos. Für Spannungen kleiner Null steigt der Strom bis zu einem durch den Spiegelstrom $I_A \cdot (n + 1)$ vorgegebenen Grenzwert an, wo n das Verhältnis der Emitterflächen von $T_{A12}$:$T_{A11}$ ist. Um den ständig fließenden Strom $I_A$ möglichst klein zu halten, ist n möglichst groß zu wählen. Die Schaltung ist mit $n = 9$ für Ströme bis zu 100 mA erprobt. Die Dioden $D_{A1}$ und $D_{A2}$ verhindern den Durchbruch der Emitter-Basis-Strecke des Transistors $T_{A1}$, wenn das Kollektorpotential von $T_1$ über den Grenzwert von $U_{EB}$ hinaus ansteigt. Diese Schaltung kann für schnelle Vorgänge zu langsam sein, ist dies der Fall, so sind die pnp- durch npn-Transistoren zu substituieren.

Diesem Abschnitt nach sind die Möglichkeiten, die Injektion von Minoritäten in das Substrat hinein zu verhindern, relativ eng begrenzt. Es soll deshalb im nächsten Abschitt untersucht werden, inwieweit andere Mittel und Wege weiterführen.

### 3.1.2 Barrieren gegen injizierte Minoritätsströme

Lassen sich Minoritätsströme im Substrat nicht vermeiden, so können sie entsprechend Abb. 3.6 durch Barrieren entweder mittels positiver Potentiale abgesaugt oder aber mittels negativer Potentiale reflektiert werden. Dazu muß die Barriere die Minoritätenquelle ringförmig dicht umschließen.

Werden die Minoritäten abgesaugt, so muß die Stromquelle $I_h$ einerseits den gesamten an der Barriere ankommenden Minoritätsstrom aufnehmen, andererseits auch das Potential der Barriere gegen den parallel auftretenden Substratwiderstand über das Substratpotential „Null" hinaus anheben können. Da die Minoritäten wie bereits erwähnt an Chipkanten rekombinieren, ist es vorteilhaft die Quellen entweder in Ecken des Chips, oder doch mindestens entlang einer Chipkante anzuordnen. Hierdurch wird auch der als Nebenschluß auftretende Substratwiderstand größer. Der erforderliche Hilfsstrom $I_h$ sinkt durch diese einfache Maßnahme im Layout etwa auf die Hälfte des Injektionsstroms $I_E$ ab. Die Barriere zum Absaugen der Minoritäten benötigt damit weniger Strom als aktive Klammerschaltungen zum Verhindern der Injektion.

Wichtig ist nun, daß der Hilfsstrom $I_h$ nur fließt, wenn er auch benötigt wird: In der Anordnung nach Abb. 3.7 bildet der Kollektor $C$ des pnp-Transistors $T_{Ba}$ die Barriere Ba, ihr p-Emitter ist über den Widerstand $R_E$ zur Strombegrenzung an die positive Betriebsspannung $+U_B$ angeschlossen die Basis B floatet, ihren Steuerstrom liefern die Minoritäten. Damit benötigt diese Lösung keinen Ruhestrom. In Abb. 3.7a ist die Ersatzschaltung und in Abb. 3.7b ein Schnitt durch ihr Layout wiedergegeben. Das Substrat ist einerseits am Ort der injizierenden Quelle $Q$, andererseits in hinreichendem Abstand vom Kollektor $C$ der Barriere $T_{Ba}$ an der Grenze der Layout-Zonen $X$, $Y$ mit Masse verbunden. Über der Länge von $X$ fällt das Substratpotential von positiven Werten wieder auf Null ab. Durchtunnelnde Minoritäten werden so durch das retardierende Feld auf den Kollektor $C_{TBa}$ zurückgetrieben. Innerhalb der Zone $X$ können gegen Minoritäten weniger empfindliche Schaltungsteile mit hinreichend positiv vorgespannten Wannen untergebracht werden.

Ergiebigkeit und Stromverstärkung des Transistors $T_{Ba}$ lassen sich im Layout über die entsprechenden Längen in $x$-Richtung einstellen. Die Stromver-

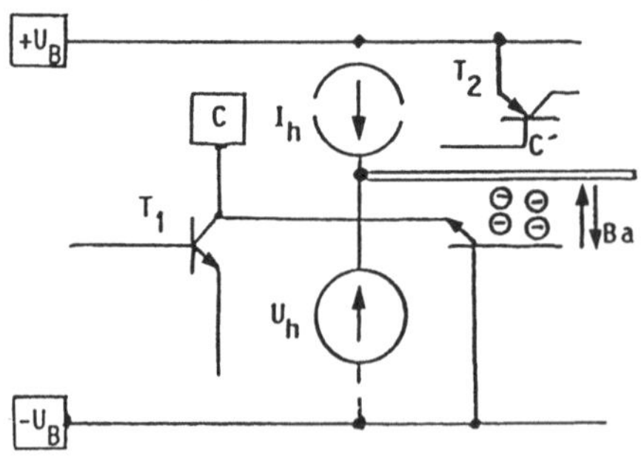


**Abb. 3.6.** Barriere im Substrat zum Absaugen des Minoritätsstroms durch Anheben des Substratpotentials über Null mittels eines positiven Hilfsstroms, bzw. zur Reflexion der Minoritäten durch Absenken des Substratpotentials unter Null mittels einer negativen Hilfsspannung

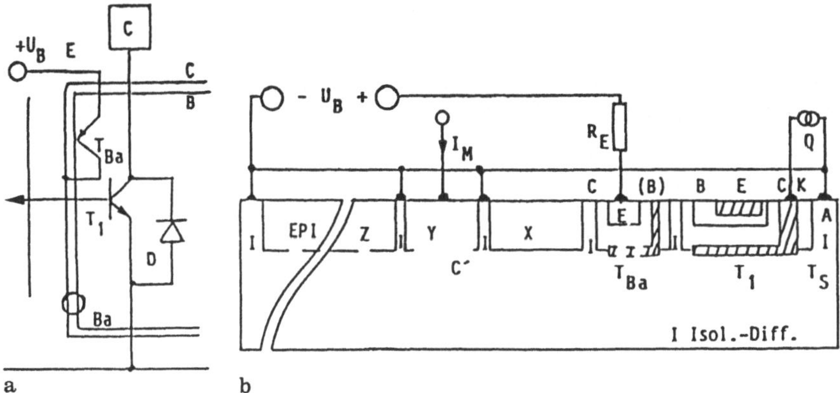


**Abb. 3.7a,b.** Barreiere Ba zum Absaugen des Minoritätsstroms durch Anheben des Substratpotentials über Null im Kollektorbereich $C$ des pnp-Substrattransistors $T_{\mathrm{Ba}}$ mit offener Basis B, dessen Basisstrom durch den Minoritätsstrom erzeugt wird. **a** Ersatzschaltung; **b** Schnittbild der Anordnung im Layout ($n^+$-Diffusion schraffiert)

**Tabelle 3.2.** Größe $xy$ und Lage der Meßflecken $M_3$, $M_4$ und $M_5$ in Bezug zur Injektionsquelle

| Meßstelle: | | $M_3$ | $M_4$ | M5 |
|---|---|---|---|---|
| Fläche: | $xy/\mu m^2$ | $100 \times 100$ | $100 \times 100$ | $380 \times 530$ |
| Abstand zur Quelle: | $a/\mu m$ | 900 | 1.100 | 1.100 |

stärkung läßt sich ferner noch über den Anteil des Buried Layer an der Gesamtlänge der Basiszone stark beeinflussen. Durch die vom Kollektor $C$ des Barrierentransistors $T_{\mathrm{Ba}}$ im Substrat erzeugte vertikale Feldkomponente werden die Minoritäten regelrecht auf seine Basis getrieben, sodaß für alle Betriebsbedingungen stets genügend Basisstrom zur Verfügung steht.

Zu beachten ist ferner, daß $T_{\mathrm{Ba}}$ mit einer auf Masse liegenden n-dotierten Zone einen Thyristor bilden kann, wie etwa mit dem Emitter des injizierenden Transistors $T_1$ selbst, oder auch mit einer im Ritzrahmen liegenden $n^+$-Diffusion. Der Ritzrahmen sollte auch aus diesem Grund und nicht nur wegen des Ohmschen Nebenschlusses zur Barriere möglichst generell von Diffusionen freigehalten werden, mindestens jedoch über ein Mehrfaches der Länge von $T_{\mathrm{Ba}}$.

Eine Barriere nach diesem Prinzip ist im Testchip nach Abb. 3.2 enthalten. Um ihre Wirkung zu untersuchen, ist die n-dotierte Basis ($C'$) des Lateral-Transistors $T_2$ von Abb. 3.1b durch drei Meßflecken in der Layout-Zone $Y$ ersetzt, deren Größe und Lage in Bezug zur injizierenden Quelle in Tabelle 3.2 angegeben sind. In $y$-Richtung liegen die Meßflecken $M_3$ und $M_5$ mehr in der Mitte, $M_4$ näher am Rand des Chips. Die Messergebnisse für Injektionsströme $-I_E$ von 100–500 mA mit ein- und ausgeschalteter Barriere sind in Tabelle 3.3

**Tabelle 3.3.** Wirksamkeit einer Barriere mit dem selbststeuernden pnp-Transistor $T_{Ba}$ nach Abb. 3.7, Emitter von $T_{BA}$ über einen Widerstand $R = 10\,\Omega$ an $+U_B = 10$ V angeschlossen. Emitterstrom $I_{Ba}$ des Barrierentransistors $T_{Ba}$, Potential $U_{Ba}$ der Barriere gegen Masse, und Strom $I_M$ in die Meßflecke $M_3$, $M_4$ und $M_5$ als Funktion von $-I_E$ mit ausgeschalteter ($+U_B = 0$) und eingeschalteter Barriere ($+U_B = 10$ V), sowie die erreichte Dämpfung $D_M$ des Stroms in die Meßflecken in dB

| $-I_E$ | $+U_B$ | $I_{Ba}$ | $U_{Ba}$ | $I_{M3}$ | $I_{M4}$ | $I_{M5}$ | | Dämpfung dB |
|---|---|---|---|---|---|---|---|---|
| mA | V | mA | V | ------μA/nA------ | | | | |
| 100 | 0 | 0 | −0,14 | 64 | 6,5 | 170 | μA | |
| | 10 | 90 | 0,88 | 5 | 5 | 20 | nA | |
| | | | | 82 | 62 | 78 | | dB |
| 200 | 0 | 0 | −0,19 | 170 | 19 | 460 | μA | |
| | 10 | 150 | 1,02 | 15 | 10 | 50 | nA | |
| | | | | 81 | 66 | 79 | | dB |
| 300 | 0 | 0 | −0,23 | 290 | 33 | 780 | μA | |
| | 10 | 200 | 1,15 | 30 | 15 | 100 | nA | |
| | | | | 79 | 67 | 78 | | dB |
| 400 | 0 | 0 | −0,27 | 400 | 47 | 120 | μA | |
| | 10 | 230 | 1,2 | 50 | 35 | 180 | nA | |
| | | | | 78 | 62 | 76 | | dB |
| 500 | 0 | 0 | −0,3 | 530 | 61 | 1470 | μA | |
| | 10 | 280 | 1,2 | 85 | 55 | 290 | nA | |
| | | | | 76 | 61 | 74 | | dB |

zusammengefaßt. Angegeben sind der Emitterstrom $I_{Ba}$ und das Potential $U_{Ba}$ gegen Masse als Kenngrößen der Barriere, sowie die Ströme in die Meßflecken mit der sich durch das Einschalten der Barriere ergebenden Dämpfung $D$ in dB ($D = 20\,\lg[I_{Maus}\colon I_{Mein}]$). Es ergibt sich folgendes Bild:

Ohne Barriere liegen die Ströme in die Meßflecken zwischen 6,5 und 1470 μA. Mit Barriere gehen sie auf 5 bis 290 nA zurück, je größer der Ausgangswert, desto größer auch die Dämpfung. Die Stromverstärkung für den größten Meßfleck $M_5$ mit einer Fläche von etwa vier Lateraltransistoren ist bei $-I_E = 500$ mA $\alpha = 0{,}58 \times 10^{-6}$ entsprechend einer Dämpfung von $D = 124$ dB; damit ist im gesamtem Strombereich $D \geqq 124$ dB. Die Barriere entfernt somit nahezu alle injizierten Minoritäten aus dem Substrat. Damit lassen sich in den Zonen Y,Z auch durch parasitäre Ströme, die das Substratpotential etwas positiv anheben, keine Minoritäten mehr an die Oberfläche locken. Für Ströme $|I_E| > 500$ mA reicht der Transistor $T_{Ba}$ nicht mehr aus, die Dämpfung geht rasch zurück.

Beim Grenzstrom von 500 mA beträgt der Strom in die Barriere hinein 280 mA, bzw. 56% von $|I_E|$. Das Potential am Ort der Barriere wird dadurch um 1,2 V über Massepotential angehoben, was für Schaltungsteile in ihrer Umgebung ($X$ in Abb. 3.7b) mit zu berücksichtigen ist.

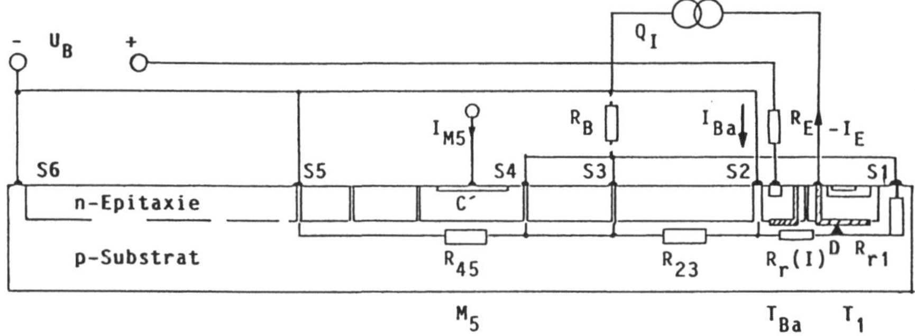


**Abb. 3.8.** Barriere geeignet bis zu hohen Injektionsströmen $I_E$ zum Absaugen des Minoritätsstroms im Substratbereich $S_2$ durch Absenken der benachbarten Substratpotentiale $S_1$, $S_3$ unter Null durch den Injektionsstrom in Verbindung mit einem pnp-Substrattransistor $T_{Ba}$ nach Abb. 3.7

Eine gegenüber dem Substrat auf positivem Potential liegende Barriere läßt sich auch ohne Hilfsstrom direkt mittels des injizierenden Stroms $-I_E$ erzeugen. Werden nach Abb. 3.8 die Masse $-U_B$ und damit der Pluspol der Störquelle $Q_I$ an das Substrat bei $S_2$ angeschlossen und mindestens die Substratanschlüsse $S_1$ und $S_3$ miteinander verbunden, so fließt der injizierende Strom $-I_E$ als Barrierenstrom $I_{Ba}$ in den Substratanschluß $S_2$, dieser bleibt der positivste Bereich. Die rechts und links davon liegenden Zonen $S_1$, $S_3$ (mit $S_4$) werden durch $I_{Ba}$ gegen Masse ins Negative gezogen. Es bildet sich somit eine Barriere entsprechend den vorher genannten Bedingungen. Quelle für das Potential der Barriere ist der Bahnwiderstand $R_r(I)$ der Substratdiode $D$, dem jedoch unvermeidbare Substratwiderstände parallel liegen. Ist $U$ der Spannungsabfall an $R_r$, so ist das Potential der Barriere

$$U_{Ba} = UR_S/R_S + R_{r1}(I) < U,$$

wo $R_S$ der an der Klemme $S_1$ angreifende resultierende Substratwiderstand $(R_{23} \| R_{45})$ und $R_{r1}(I)$ ein zwischen Anode von $D$ und $S_1$ liegender injektionsabhängiger Widerstand ist.

Während eine Barriere nach Abb. 3.7 der Betriebsstromquelle etwas mehr als 50% des injizierenden Strom $|I_E|$ entnimmt, das ihren Einsatz bei hohen Strömen erschwert, ist die Barriere nach Abb. 3.8 gerade für hohe Ströme geeignet. Der resultierende Substratwiderstand, beim Testchip ohne Anschluß $S_5$ ca. 30 $\Omega$, bewirkt jedoch, daß die Anordnung bei kleinen Injektionsströmen versagt. Es erscheint deshalb sinnvoll, beide Methoden zu kombinieren. In Abb. 3.8 wird dies mittels des Transistors $T_{Ba}$ erreicht, dessen Emitterstrom $I'_{Ba}$ durch den Widerstand $R_E$ begrenzt ist. Da layoutbedingt auch resultierende Substratwiderstände $< 30\,\Omega$ auftreten können, wurden für die Messung niedrigere Werte mittels des dazu parallelliegenden Ballastwiderstands $R_B$ simuliert.

Tabelle 3.4 gibt die in den Meßflecken $M_5$ hineinfließenden Ströme in Mikroampere mit aus- und eingeschalteter Barriere für einen Strombereich

**Tabelle 3.4.** Wirksamkeit einer Barriere nach Abb. 3.8, deren Strom aus dem Injektionsstrom $I_E$ allein abgeleitet ist (*, $R_B$ Parameter), bzw. ergänzt durch den pnp-Substrattransistor mit $U_B = 10$ V und dem Emitterwiderstand $R_E$ mit $x/\Omega$ (#) zur Begrenzung seines Emitterstroms, gemessen sind die Ströme in $\mu$A auf den Meßfleck $M_5$ mit Angabe der zugehörenden Dämpfung $D_{M5}$ in dB

| $I_E$/mA | 20 | 40 | 200 | 400 | 600 | 800 | 1200 | 2000 |
|---|---|---|---|---|---|---|---|---|
| $I_{M5}/\mu$A | 9 | 33 | 330 | 700 | 1050 | 1350 | 1800 | 3050 |
| *2,6/Ω | 4,4 | 5,6 | 6,2 | 0,77 | 0,6 | 0,8 | 1,35 | 2,1 |
| $D$ dB | 6,2 | 15,4 | 34,5 | 59,2 | 64,9 | 64,5 | 62,5 | 63,2 |
| #120/Ω | 0,025 | 0,03 | 0,3 | 0,42 | 0,55 | 0,8 | 1,35 | 2,1 |
| $D$ dB | 51,1 | 60,8 | 60,8 | 64,4 | 65,5 | 64,5 | 62,5 | 63,2 |
| *5,0/Ω | 3,5 | 5,6 | 0,5 | 0,3 | 0,5 | 0,75 | 0,95 | 1,95 |
| $D$ dB | 8,2 | 15,4 | 56,4 | 67,4 | 66,4 | 65,1 | 65,6 | 63,9 |
| #300/Ω | 0,03 | 0,04 | 0,3 | 0,3 | 0,5 | 0,75 | 0,95 | 1,95 |
| $D$ dB | 49,5 | 58,3 | 60,8 | 67,4 | 66,4 | 65,1 | 65,6 | 63,9 |
| *10/Ω | 1,6 | 1,95 | 0,1 | 0,3 | 0,5 | 0,7 | 1,1 | 1,90 |
| $D$ dB | 15,0 | 24,6 | 70,4 | 67,4 | 66,4 | 65,7 | 64,3 | 64,1 |
| #300/Ω | 0.02 | 0,03 | 0,1 | 0,3 | 0,5 | 0,7 | 1,1 | 1,90 |
| $D$ dB | 53,1 | 60,8 | 70,4 | 67,4 | 66,4 | 65,7 | 64,3 | 64,1 |

$-I_E$ von 20–2.000 mA wieder. Die Zeilen mit * gelten jeweils für die Barriere mit $I_{Ba}$ allein, bzw. die mit # für die Kombination beider Methoden.

In den entsprechenden Zeilen zwei und vier ist die Dämpfung $D = 20 \lg[I_{Maus}: I_{Mein}]$ eingetragen. Für den Ballastwiderstand $R_B$ wurden die Werte 2, 6 Ω, 5, 0 und 10 Ω gewählt.

Höhere Werte für $I_{M5}$ als angegeben treten im gesamten Strombereich zwischen Null und $-I_{Emax}$ nicht auf. Die kombinierte Lösung liefert somit bereits brauchbare Dämpfungen mit Hilfsströmen $I'_{Ba}$ der Größenordnung 30 mA. Eine auf die Stromverstärkung $\alpha = I_{M5}/I_E$ bezogene Dämpfung $D_{\alpha t} > 120$ dB ist durch geeignete Wahl der Parameter ohne weiteres zu erreichen.

Das Substratpotential geht bei $-I_E = 2$ A mit $R_B = 2,6\ \Omega$ um 1,5 V, bzw. mit 5, 0 Ω um 1, 8 V und mit 10 Ω um 2, 1 V unter Null. Bahnwiderstand $R_r(I)$ der Substratdiode und Widerstand $R_{r1}(I)$ liegen bei dem gegebenen Layout zwischen 1 und 2 Ω.

Ist das Springen des Potentials im Takt von $I_E$ von der Schaltung her zu verkraften, so ist diese Lösung generell anwendbar. Da die Barriere nahezu alle Minoritäten entfernt, kann das Substrat jedoch in einem von der Substratdicke abhängigen Abstand, etwa bei $S_5$ in Abb. 3.8, wieder mit Masse verbunden werden. Zwischen $S_5$ und $S_6$ entsteht so ein Sektor mit konstantem Massepotential. Dynamisch empfindliche Schaltungsteile lassen sich dort unterbringen.

Obwohl im Kraftfahrzeug normalerweise keine Hilfsquellen mit negativer Spannung zur Verfügung stehen, sei hier erwähnt, daß Barrieren nach Abb. 3.6

mit negativem Potential gegen Masse wirksam sind. Damit die injizierten Minoritäten sicher durch Reflexion an der Ausbreitung in das Substrat hinein gehindert werden, muß das Potential durch die gesamte Dicke des Substrats hindurchgreifen. Messungen an den Teststrukturen zeigten, daß auch diese Lösung grundsätzlich bei außen- und innenliegenden Quellen funktioniert. Da jedoch die Minoritäten nicht aus dem Substrat entfernt werden, sondern bei hoher Trägerdichte im abgesperrten Bereich rekombinieren müssen, können Barrieren dieser Art bereits schon bei einer geringfügigen Potentialverschiebung ihrer Umgebung ins Positive zusammenbrechen.

### 3.1.3 Abschließende Betrachtung

Die Literatur zu diesem Thema ist spärlich. Es soll jedoch noch auf die jüngste und wohl auch letzte Arbeit des 1991 verschiedenen Bob Widlar „Controlling Substrate Currents in Junction-Isolated IC' s“ hingewiesen werden [3.6].

## 3.2 Bordnetz

Nach Abschn. 2.1 sind Betriebsspannung und Impedanz als Größen des Bordnetzes, sowie etwa bei der Erstausstattung und nach Reparaturen auftretende Fehler in der Verkabelung zu betrachten.

### 3.2.1 Betriebsspannung

Die Abbildungen 2.1, 2 und 4 beschreiben die Rahmenbedingungen für den Betrieb elektronischer Geräte am Bordnetz.

Operationsverstärker, Komparatoren und Spannungsreferenzen, oder auch mono- und bistabile Kippschaltungen lassen sich weitgehend spannungsunabhängig ausführen. Sie sind in der einschlägigen Literatur hinreichend beschrieben [3]. Inwieweit dabei die Wellenspannung nach Abb. 2.2 zu berücksichtigen ist, ist im Einzelfall zu prüfen. Als Beispiel sei ihr Einfluß auf die Standzeit einer monostabilen Kippschaltung genannt. Ist diese Kippschaltung etwa Bestandteil eines analogen Rechners, so können ohne zusätzlichen Aufwand für die Siebung nicht mehr tolerierbare Rechenfehler entstehen. Als Siebschaltungen werden häufig keine RC-Glieder, bzw. die beim Autoradio erforderlichen LC-Glieder, sondern integrierte Spannungsstabilisatoren mit hinreichend niedriger Ausgangsspannung verwendet. Ist damit zu rechnen, daß die stabilisierte Spannung aus dem statischen Bereich des Stabilisators herausläuft, so läßt sich der hierdurch bedingte Fehler mit ratiometrisch arbeitenden Schaltungen (vgl. Abschn. 7.3, Abb. 7.4) wenigstens minimieren. Taktgeneratoren für Blinkgeber und ähnliche Zwecke lassen sich befriedigend direkt aus dem Bordnetz betreiben.

Auch Unterspannungen können Funktionen stören. Bei digitalen Prozeßrechnern lassen sich mit den bereits genannten Watchdogschaltungen auch die Grenzen für die zulässige Betriebsspannung mit überwachen. Um Fehlrechnungen und das Einschreiben falscher Daten in Speicher zu vermeiden, sind die Prozeßrechner auszuschalten kurz bevor der spezifizierte Spannungsbereich verlassen wird. Kehrt die Spannung in den Arbeitsbereich zurück, so wird wieder eingeschaltet, und der Rechenvorgang mit einem Resetimpuls erneut gestartet. Watchdog- und Reset-Funktionen sind bereits in modernen Spannungsreglern enthalten [3.11]. Informationen, die nicht verlorengehen dürfen, lassen sich beispielsweise in ein EEPROM übertragen, bevor ausgeschaltet wird [3.12].

Um periphere Leistungsstufen vor Überlastung zu schützen, werden sie meist bei Überspannung abgeschaltet. Der Schaltpunkt liegt dabei außerhalb der regulären Spannung des Bordnetzes im Bereich leitungsgeführter Störgrößen.

### 3.2.2 Impedanz

Nach Abb. 2.5 kann die Induktivität von Zuleitungen bis zu 5 $\mu$H betragen. Direkt am Bordnetz liegende integrierte Systeme müssen somit bis zu Induktivitäten dieser Größenordung dynamisch stabil bleiben. Leistungs-IC sind wegen ihrer großen Steilheit besonders kritisch: Sie dürfen keine passenden negativen Widerstände vom Dynatron- bzw. Bogen-Typus[4] als Funktion der Frequenz aufweisen. Bei mehrpoligen Kabelbäumen sind auch die Kopplungen zwischen den Adern zu beachten, die ebenfalls zu Mitkopplungen führen können.

Stabilität [3.13] läßt sich erreichen durch hinreichend weites Absenken der Grenzfrequenz in erwünschten oder parasitären Rückkopplungsschleifen oder andere Glieder zum Entkoppeln, wie etwa eine Z Diode mit vorgeschaltetem ohmschem Widerstand.

### 3.2.3 Verpolen und Vertauschen von Leitungen

Nach Abschn. 2.1.3 ist damit zu rechnen, daß im Anschlußbild eines Kabelbaums mindestens eine Ader gegen jede beliebige andere vertauscht sein kann.

[4] Generatoren [3.13] vom Dynatron-Typus schwingen nur zusammen mit Parallelresonanzkreisen, entsprechend der duale Bogentypus nur mit Reihenresonanzkreisen. Man beachte, daß Leitungen Parallel- und Reihenresonanzen aufweisen, und beide Schwingungsformen auch parallel vorkommen können. (Beispiel aus der Praxis: Parallelresonanz 300 KHz, Reihenresonanz 30 MHz (Größenordnungen); die Nachbildung durch eine konzentrierte Induktivität läßt dies nicht ohne weiteres erkennen).

Daran angeschlossene IC sollen dadurch möglichst nicht geschädigt oder gar zerstört werden. Die Vorgehensweise sei anhand eines Beispiels erläutert: Durch die Sperrschichtisolation liegt jeder Kollektorstrecke eines NPN-Transistors eine parasitäre Substratdiode $D_S$ parallel. Führt eine Leitung direkt zu einem Kollektor, so wird diese Diode beim Verpolen in Flußrichtung beansprucht. Um sie und damit den IC nicht zu zerstören, muß dieser Strom entweder hinreichend begrenzt oder aber ganz unterdrückt werden.

Abbildung 3.9 zeigt dazu drei verschiedene Möglichkeiten für den Fall, daß ein Kollektor an Betriebsspannung $+ U_B$ liegt, und etwa weitere Schaltungsteile an $U_2$ angeschlossen sind.

Bei a ist der „Kurzschlußstrom" durch Widerstände begrenzt und zwar entweder durch einen Vorwiderstand $R_v$ zwischen der Klemme $+ U_B$ (oder $- U_B$) und der Schaltung, oder durch einen Reihenwiderstand $R_s$ zur parasitären Substratdiode $D_s$. Wird der Vorwiderstand $R_v$ integriert, so muß er mittels einer floatenden Wanne ebenfalls verpolfest ausgeführt sein. Zudem bringt er einen Verlust an Betriebsspannung mit sich, auch kann er zu unerwünschten Kopplungen führen. Der Reihenwiderstand $R_s$ läßt sich mittels eines hinreichend weit entfernten Substratkontakts darstellen. Hier ist zu berücksichtigen, daß er durch Widerstandsmodulation gegenüber den Layoutmaßen erheblich reduziert sein kann. Unerwünschte Kopplungen über das Substrat wirken sich in der Regel erst bei negativen Störgrößen aus. Die Widerstände sind so auszulegen, daß der IC eine Verpolungsdauer von mindestens fünf Minuten überlebt. Beide Lösungen sind praktikabel.

Bei b und c dienen Sperrschichten als idealer Verpolschutz. Die Diode $D_v$ bringt in der Regel einen größeren Spannungsabfall, vor allem bei tiefen Temperaturen, jedoch einen kleinen Innenwidertstand. Mit einem Lateraltransistor nach c lassen sich kleinere Spannungsverluste erzielen. Läßt sich der Transistor über den ganzen Betriebsbereich in Sättigung halten, so bleibt sein Innenwiderstand klein, andernfalls, wie etwa dynamisch bei Spannungsstabilisatoren, ist mit einem großen Innenwiderstand zu rechnen, sodaß ein Kondensator über die Ausgangsklemmen $U_2$ erforderlich wird. In beiden Fällen ist darauf zu achten, daß sich mit an Masse liegenden $n^+$-Zonen keine zündfähigen Thyristoren ausbilden.

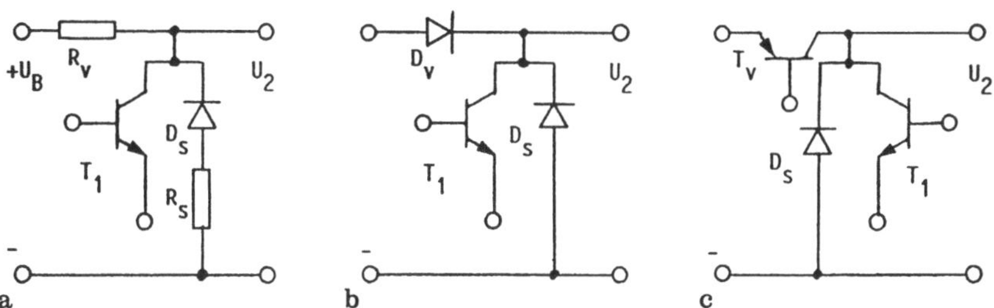


**Abb. 3.9.** Maßnahmen zum Schutz der Kollektor-Substrat-Dioden von npn-Transistoren gegen Verpolen. **a** Strombegrenzende Widerstände $R_v$ und, oder $R_s$; **b** Verpolschutz-Diode $D_v$; **c** Lateral-Transistor $T_v$

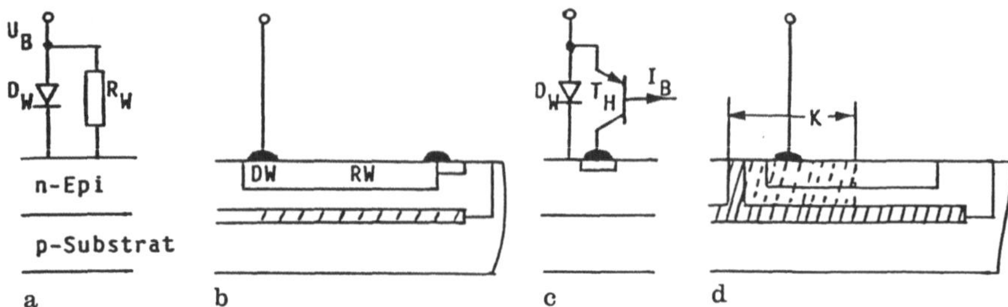


**Abb. 3.10a–d.** Strombegrenzender Widerstand $R_W$ oder pnp-Lateraltransistor $T_H$ jeweils mit Wannendiode $D_W$ als Schutz gegen Verpolen stromloser Widerstandswannen und Wannendiode mit $n^+$-Kragen ($n^+$-Diffusionen buried layer und Kollektoranschluß schraffiert). **a, b** strombegrenzender Widerstand $R_W$ mit parasitärer Diode $D_W$; **c** Lateraltransistor $T_H$ und Diode $D_W$; **d** Diode mit $n^+$-Kragen $K$

Widerstandswannen liegen auf positivem Potential. Müssen sie potentialmäßig das Niveau der Betriebsspannung erreichen, so sind auch ihre Wannen verpolfest auszuführen. Da sie nur Restströme ziehen, ergeben sich entsprechend Abb. 3.9 die in Abb. 3.10 dargestellten Lösungen mit Widerstand $R_W$ (a Schaltung, b Layout), bzw. mit Lateraltransistor $T_H$ (c), der in einer getrennten Wanne unterzubringen ist. Sind Strombänke mit pnp-Transistoren vorhanden, so genügt für diese Aufgabe ein Teilkollektor davon. Die geforderte Verpolfestigkeit von fünf Minuten läßt sich jedoch auch schon mit dem Widerstand nach a erreichen.

Um dynamisch auftretende größere Wannenströme abzufangen, sind die Dioden $D_W$ erforderlich Während sie sich bei der Lösung nach Abb. 3.10a durch den Widerstandskopf von selbst ergeben, sind sie beim Lateraltransistor nach Abb. 3.10c im Layout evtl. zusätzlich vorzusehen. Auch diese Dioden können wieder einen Thyristor bilden. Falls erforderlich läßt sich dessen Zündstrom mittels eines $n^+$-Kragens um den Widerstandskopf, bzw. die Diode $D_W$ drastisch anheben. Abbildung 3.10d zeigt eine Lösung für einen Widerstandskopf mit einem Kragen, der mittels der Kollektoranschluß-Diffusuion ausgeführt ist.

Schutzschaltungen, die ein zyklisches Vertauschen der Leitungen erlauben, sind nicht immer möglich. Oft läßt sich jedoch eine begrenzte Vertauschbarkeit erreichen. Genügt diese nicht, so bleibt, die Verkabelung vor der Inbetriebnahme mittels geeigneter Testgeräte zu prüfen, was bei komplexen Kabelbäumen wegen möglicher, nur schwer zu erkennender Fehlfunktionen sowieso zu empfehlen ist.

## 3.3 Leitungsgeführte Störgrößen

### 3.3.1 Monolithische IC als Störquellen

Grundsätzlich sind alle Systeme mit periodisch taktenden Komponenten auch Störer, also auch integrierte Schaltungen als getaktete Stromversorgungen und als Taktgeneratoren in datenverarbeitenden Systemen. Im Bordnetz sind nach Abschn. 2.2.1 an den Klemmen der Netznachbildung für leitungsgeführte Störgrößen Grenzwerte nach Tabelle 2.1 gefordert. Zu beachten ist, daß Leiterplatten und Leitungen ebenfalls strahlen, und beispielsweise am Fußpunkt einer Antenne von Funkdiensten nur eine Störspannung von 1 $\mu$V zulässig ist. In diesem Abschnitt soll an Beispielen gezeigt werden, wie sich mit Mitteln der monolithischen Integration Störpegel mindestens reduzieren lassen.

*Leistungsstufen*

Getaktete Strom- und Spannungsregler wären wünschenswert, da sie bei Teillast nur einen Bruchteil der Primärleistung linearer Komplexe umsetzen. Doch sind einerseits, wegen der geringen induktiven Komponente etwa eines Motorankers, andererseits auch aus akustischen Gründen relativ hohe Taktfrequenzen[5] erforderlich. Eine hinreichende Entstörung gelingt nur mit diskreten Siebschaltungen [3.14]; sie ist aufwendig, voluminös und teuer. Monolithisch entstören durch hinreichend geringe Flankensteilheit der Taktimpulse, führt einerseits zu höheren Verlusten in System und Regler, andererseits reicht diese Maßnahme allein meist nicht aus. Als Lösung bieten sich hier die störungsfrei arbeitenden linearen Systeme an. Sind diese von der Aufgabe her geeignet, wie etwa für die Drehzahlregelung von Elektromotoren, so muß die Störfreiheit eben mit einer höheren Verlustleistung im Teillastgebiet bezahlt werden.

Um diese Verluste aufzuzeigen, sind in Tabelle 3.5 normierte Leistungsbilanzen der Kollektorkreise beider Konzepte für einen drehzahlgeregelten Motor einander gegenübergestellt. Unumgänglich vorhandene weitere Verluste sind für diese Abschätzung vernachlässigt worden. Wie zu ersehen ist, benötigt das lineare Konzept maximal zusätzliche Verluste von 25% der Nennleistung, die als Verlustwärme aus dem Stromregler selbst abzuführen sind. Treibt der Motor ein Axial- oder Radialgebläse an, so gehen als Folge des günstigeren Drehmomentenverlaufs über der Drehzahl die maximalen Verluste auf ca. 20% der

**Tabelle 3.5.** Vergleich getakteter und linearer Konzepte zum Steuern der Leistung eines Motors mittels des Motorstroms $I_M = aI_n$ mit $0 \leq a \leq 1$ und $U_B$ = const; Taktfrequenz $f \gg 1/\tau$

| Größe | | Konzept | |
|---|---|---|---|
| | | Getaktet | Linear |
| Nennleistag. | $N_n$ | $N_n$ | $N_n$ |
| Motorleistg. | $N_M$ | $a^2N_n$ | $a^2N_n$ |
| Leistungsaufnahme | $N_B$ | $a^2N_n$ | $aN_n$ |
| Verlustleistung | $N_V$ | 0 | $(1-a)\,aN_n$ |
| Maximale Verlustl. | $N_{V\max}$ | 0 | $0{,}25\,N_n$ |

[5] Ist $\tau$ die Zeitkonstante etwa des Systemstroms so bedeutet hohe Frequenz $f > 1/\tau$; entsprechend tiefe Frequenz $f < 1/\tau$. Auch das Takten mit tiefen Frequenzen führt zu keinen tragfähigen Lösungen [3.15].

Nennleistung zurück [3.15]. Diese Verluste sind für das Bordnetz, das ohnehin auf die Nennleistung seiner Verbraucher hin auszulegen ist, meist belanglos. Bei einem integrierten Regler dagegen sind Gehäuse und Kühlkörper entsprechend leistungsfähiger auszubilden. Immerhin stellen die Gebläse ohne zusätzlichen Aufwand stets hinreichend viel Kühlluft zur Verfügung. Lassen sich die restlichen EMV-Probleme ebenfalls monolithisch lösen, so kann ein linearer Regler-IC ein wirtschaftliches Konzept abgeben (vgl. Abschn. 4.4.6 bzw. [3.15]).

*Digitalschaltungen*

Im Zuge der Weiterentwicklung digitaler Konzepte für die Fahrzeugelektronik nimmt auch Frequenz und Flankensteilheit der Taktimpulse von Rechenwerken zu. Hierdurch bedingte leitungsgeführte Störungen sind für bipolare IC allgemeingültig bereits in [3.16] mit Koppelmechanismen, Reflexionen auf Leitungen und Gegenmaßnahmen beschrieben.

Nicht nur Verbindungsleitungen, sondern vor allem auch die Leiterplatten selbst strahlen ab [3.17, 3.18]. Die abgestrahlten Störgrößen vermögen nicht nur Radio- und Funkempfang sondern auch das eigene System selbst zu stören. Eine Meßmethode zum Erfassen der Störausbreitung auf Leiterplatten findet sich in [3.19]. Entstehung, Koppelmechanismen und Ausbreitung der Störungen, sowie Maßnahmen zur Entstörung sind [3.20] zu entnehmen. Interessant ist auch der in [3.21] unterbreitete Vorschlag, die Störung des Radioempfangs im Kraftfahrzeug durch digitale Systeme mittels Wobbeln der Oszillatorfrequenz zu mindern.

Leiterplatten zu entstören, ist zwar notwendig, aber wegen des vielfältigen Szenarios [3.22] nicht einfach. Da die monolithische Integration eine drastische Verkleinerung der Systemfläche mit sich bringt und die Zahl der Verbindungsleitungen reduziert, lassen sich vorgegebene Systeme durch eine möglichst weitgehende monolithische Integration besonders wirksam entstören. Darüberhinaus erscheint es sinnvoll, möglichst schon durch Schaltung, Layout und Montagekonzept der monolithischen IC, Störpotentiale zu senken.

Allein schon eine hf-optimierte Anordnung der Anschlüsse für Betriebsspannung und Signalfluß vermag das Niveau von Störungen zu mindern [3.23]. Durch Eingriffe in den Logikfahrplan und adaptive Treiberschaltungen lassen sich die durch die Geschwindigkeit von Zustandsänderungen erzeugten Stromamplituden weiter reduzieren [3.24].

Auch die mit „Output Edge Control“ benannte Lösung [3.25] reduziert die Steilheit von Schaltflanken. In Abbildung 3.11 ist die Entstehung ihres Layouts aus einer Standardstruktur wiedergegeben. Die üblicherweise parallelgeschalteten Gate-Spalten sind in Reihe geschaltet, sodaß die Gates der zu einem p-Kanal-Ausgangstreiber zusammengefaßten Teiltransistoren über eine „Leitung“ mit Widerstands- und Kapazitätsbelag nacheinander (geringfügig) verzögert angesteuert werden. Wie das Layout erkennen läßt, wird dazu keine zusätzliche Chipfläche benötigt.

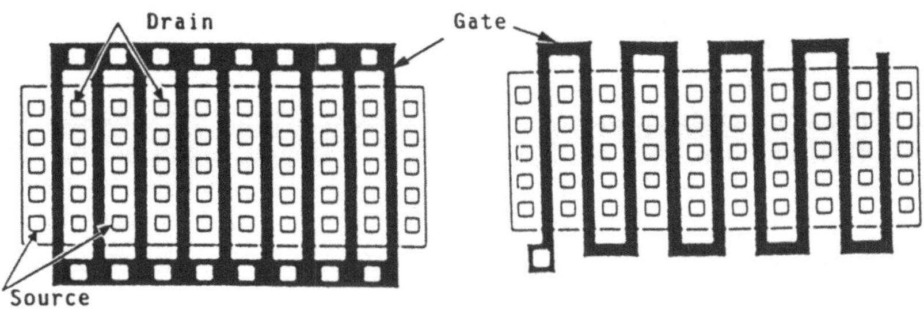


Abb. 3.11a,b. Herleitung der Struktur eines p-Kanal-Transistors mit weichen Schaltflanken aus der eines regulären Ausgangstransistors (Output Edge Control) zur HF-Entstörung für die Ausgänge schneller CMOS-Schaltungen. **a** Regulärer Transistor mit parallelgeschalteten Gatespalten; **b** OEC-Transistor mit in Reihe geschalteten Gatespalten

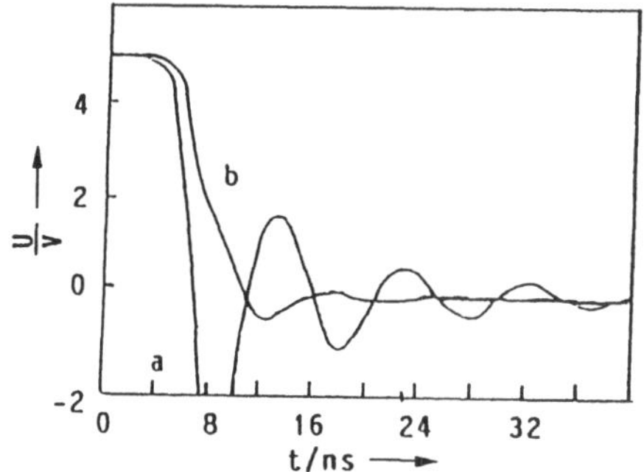


**Abb. 3.12a,b.** Vergleich des Amplitudenverlaufs von Einschwingvorgägen eines OCTAL-Bausteins mit Standard- und OEC-Transistoren im Ausgang; 7 der 8 Ausgänge sind parallel auf 50 pF und 500 $\Omega$ geschaltet: **a** reguläre Struktur; **b** OEC-Struktur

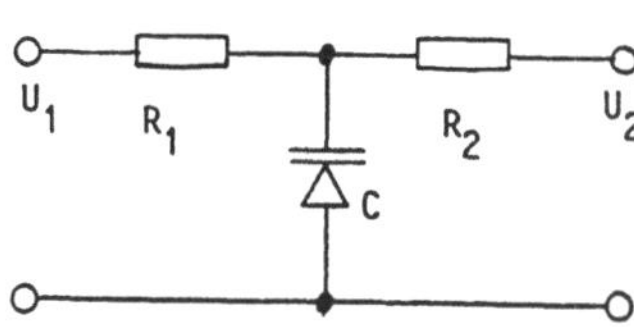


**Abb. 3.13.** Integrationsfähiges Entstörglied für die Ausgänge von Digital-IC. $300\,\Omega \leq R_1 \leq 30\,000\,\Omega$; $30\,\Omega \leq R_2 \leq 300\,\Omega$; $30\,\text{pF} \leq C \leq 300\,\text{pF}$

Der Erfolg dieser einfachen kostenneutralen Maßnahme ist in Abb. 3.12 dargestellt. Wie der Zeitverlauf der Amplituden von Standard- und OEC-Transistoren zeigt, wird der äußere Resonanzkreis mit einer Eigenfrequenz von ca. 100 MHz praktisch nicht mehr angestoßen. Um auch bei n-Kanal-Transistoren dieselbe Wirkung zu erzielen, müßte der Quadratwiderstand und/oder der Kapazitätsbelag der Gate-Verbindungsebene erhöht werden.

Während beim OEC-Transistor gateseitig entstört wird, greift das in Abb. 3.13 dargestellte RC-T-Glied ausgangsseitig ein. Es reduziert nicht nur die Flankensteilheit der Impulse sondern dämpft auch die Eigenfrequenzen des angeschlossenen Leitersystems. Die dazu angegebenen Werte liegen in einem Bereich, der monolithisch zu beherrschen ist. Es ersetzt diskrete Abblockkondensatoren, die auch als zwischenmontierbare Adapter zu handelsüblichen Gehäusen erhältlich sind [3.26].

### 3.3.2 Monolithische IC als Störsenken

Die außerhalb der regulären Spannung des Bordnetzes liegenden leitungsgeführten Störgrößen sind den Abb. 2.7–11 zu entnehmen. Hieraus ergibt sich für den Entwickler die zusätzliche Aufgabe, eine hinreichende Zerstör- bzw. Störfestigkeit seiner Schaltungen sicherzustellen. Ohne Anspruch auf Vollständigkeit sollen in den beiden folgenden Abschnitten Möglichkeiten hierzu erörtert werden.

*Spannungsfestigkeit*

Die Spannungsfestigkeit integrierter Schaltungen ist durch die Durchbruchspannungen Kollektor gegen Emitter ($U_{CEO}$), bzw. Kollektor gegen Basis ($U_{CBO}$) gegeben. Beide sind miteinander durch die Beziehung

$$U_{CEO} = [B(I_C)^{-1/m}]\, U_{CBO}$$

verknüpft [3.8], wo $B(I_C)$ die kollektorstromabhängige Stromverstärkung und m ($m_{npn} \approx 4$) einen durch die Stoßionisation bedingten Faktor bedeuten, sofern $U_{CBO}$ nicht durch „punch through" oder eine Oberflächenimplantation mit Arsen [3.27] bestimmt ist. Mit den üblichen Technologien lassen sich die Werte erreichen:

$$20\,\text{V} \leq U_{CEO} \leq 50\,\text{V, bzw.}$$

$$40/60\,\text{V} \leq U_{CBO} \leq 60/150\,\text{V}$$

Die niedigeren Werte von $U_{CBO}$ gelten jeweils für Bauelemente, deren Grenzflächen zum Oxid durch Implantieren von Arsen [3.27] stabilisiert sind. Ohne diese Implantation ist mit einem erheblichen "walk out" [3.28] der Kollektor-Basiskennlinien vor allem bei höheren Sperrspannungen zu rechnen. Da Komponenten jedoch auch im Bereich des „walk out"[6] zerstörfest sind, kann es vorteilhaft sein, die Oberflächenimplantation bei spannungsbeanspruchten Teilen im Layout mittels eines Maskenschritts auszusparen, oder ganz wegzulassen, sofern der Entwurf dies zuläßt.

Es gilt also, Schaltungen zu finden, deren Zerstörfestigkeit in der Nähe der Kollektor-Basisdurchbruchspannung liegt, wie etwa bei den bereits genannten nach Abb. 3.3 mit pnp-Lateraltransistoren.

Auch npn-Transistoren lassen sich bis zu $U_{CES} \rightarrow U_{CB}$ beanspruchen, sofern Basis und Emitter niederohmig verbunden sind, wie etwa in einer Basisschaltung, bzw. bei Spannungsansteuerung in Emitterschaltung. Nach Davis [3.4] läßt sich dies entsprechend Abb. 3.14 während der Stoßbeanspruchung û durch „Kurzschließen" der Basis-Emitterstrecke von $T_1$ mittels des Hilfstransistors $T_2$ erreichen. Hierzu ist $T_2$ über einen Widerstand $R_b$ zur Strombegrenzung und die

[6] Im Layout darf die Raumladungszone der Kollektor-Basissperrschicht nur von auf niedrigem (Masse) Potential liegendem Metall überdeckt werden.

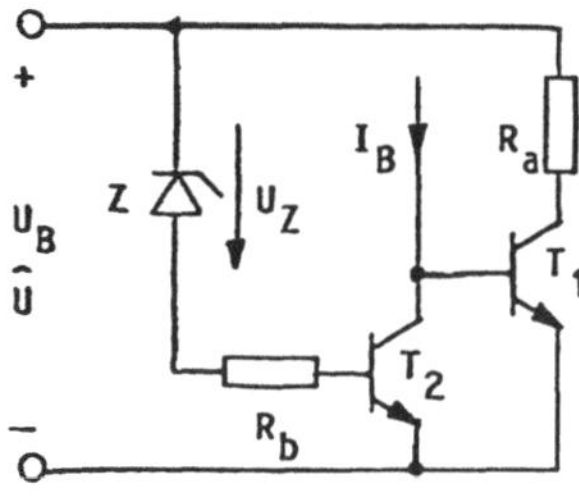


**Abb. 3.14.** Schaltung zum Anheben der Spannungsfestigkeit $U_S$ eines npn-Transistors von $U_{CEO}$ auf den Wert der Kollektor-Basissperrspannung, $U_{CES} \to U_{CB}$ (nach Davis)

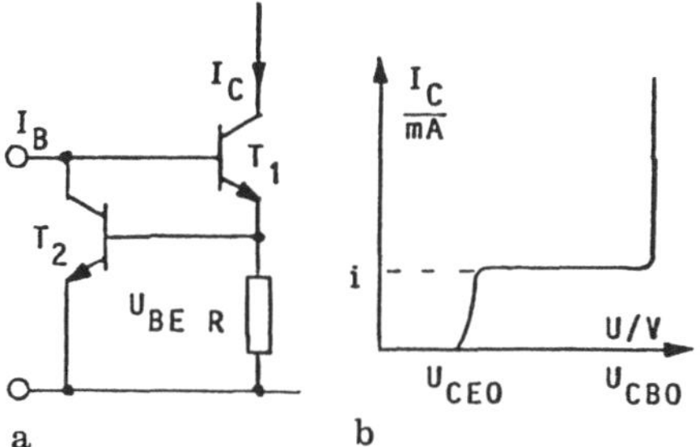


**Abb. 3.15a,b.** Schaltung zur Begrenzung des Kollektorstroms $I_C$ auf einen unkritischen Wert im Spannungsbereich zwischen $U_{CEO}$ und $U_{CB}$ (nach Davis). **a** Schaltung; **b** Spannungsverlauf des Kollektorstroms

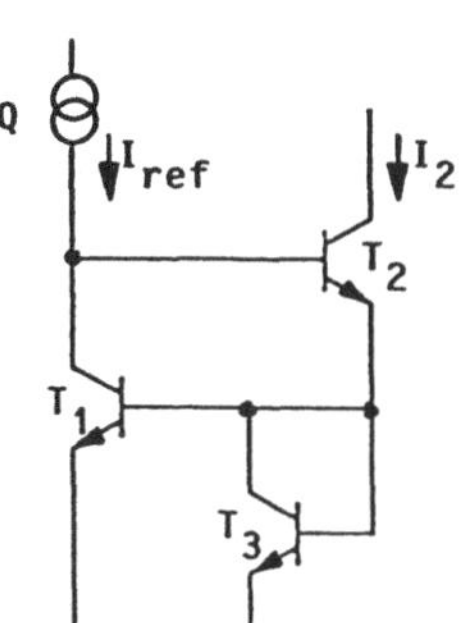


**Abb. 3.16.** Wilson-Spiegel mit einer Spannungsfestigkeit $U_S \to U_{CB}$

Z-Diode Z mit der Betriebsspannung verbunden. Die erforderliche Spannung $U_Z$ läßt sich durch eine Reihenschaltung mehrerer Emitter-Basisdioden oder durch eine Anpassungsschaltung analog Abb. 3.17c erreichen. Spannungsmäßig direkt passend kann eine Diode Isolation auf buried layer sein, bzw, auch gemacht werden; falls erforderlich ist dann der Widerstand $R_b$ als Verpolschutz zwischen Z-Diode und $+ U_B$ zu schalten. Ebenfalls nach einem Vorschlag von Davis [3.4] läßt sich der Kollektorstrom im Spannungsbereich zwischen $U_{CEO}$ und $U_{CBO}$ in der Schaltung nach Abb. 3.15 stabilisieren. Abbildung 3.16 zeigt den viel verwendeten Wilson-Spiegel, der [3.29] ebenfalls bis in den Bereich von $U_{CB}$ beanspruchbar ist.

Spannungsfeste Schaltungen werden häufig angewandt. Sie bergen jedoch die Gefahr in sich, daß sie bei einer nur geringfügig über ihre reale Spannungsfestigkeit hinausgehenden Beanspruchung zerstört werden. Hierzu gehört beispielsweise das Überschreiten von $U_{CEO}$ bei npn-Transistoren mit auf Emitter geklammerter Basis, bevor die Klammerung greift; sie lassen also nur eine begrenzte Anstiegsgeschwindigkeit der Störimpulse zu.

Eine Zerstörung durch Überspannung läßt sich sicher verhindern durch Klammern der Spannung auf einem ungefährlichen Niveau. Mögliche Lösungen dazu sind in Abb. 3.17 wiedergegeben. Am einfachsten sind Z-Dioden, wie die unipolare nach a, bzw. die bipolare nach b. Zu beachten ist, daß die bipolare Z-Diode einen pnp-Transistor bilden kann, und damit bei hinreichend hohem Klammerstrom die ursprüngliche Z-Spannung von „$U_{CB} \rightarrow U_{CE}$", also auf niedrigere Werte fallen kann. Ist dies unerwünscht, so kann mittels eines $n^+$-Walls (W) eine mögliche Rückwirkung weitgehendst unterbunden werden. Vielfach angewandt ist die Transistorschaltung nach c, mit der sich mittels des Spannungsteilers $R_1$, $R_2$ beliebige Klammerspannungen oberhalb $U_Z$ einstellen lassen.

Entsprechend Abschn. 3.2.2 lassen sich die in Abb. 3.17a, b, c beschriebenen Klammerschaltungen bei hinreichend niedriger Spannung zum Entkoppeln von Schaltungsteilen gegeneinander verwenden. Im Gegensatz zu den Transistorschaltungen mit ihrer oberen Grenzfrequenz eignen sich Z-Dioden noch für sehr hohe Frequenzen. Fällt die anliegende Spannung unter ihre Z-Spannung ab, so wirken sie immer noch als Kapazitätsdioden.

Während „spannungsfeste Schaltungen" durch Überspannungen zerstört werden, bildet die Sperrschichttemperatur eine Grenze für Klammerschaltungen (vgl. hierzu Kap. 4.4). Auch unter diesem Gesichtspunkt sind möglichst niedrige Klammerspannungen anzustreben. Läßt das System während der Störung einen funktionslosen Zustand zu, so kann nach Abb. 3.17d mittels lateraler Thyristoren auf einem niedrigen Spannungsniveau geklammert werden, wobei die Spannung von Z und das Teilerverhältnis von $R_1$, $R_2$ den Zündeinsatz bestimmen. Wird ihr Zündzeitpunkt zeitlich verzögert, so lassen sich damit Klammerschaltungen höherer Spannung entlasten, bevor sie thermisch zerstört werden. Mittels der Basis-Emitterwiderstände $R_3$ und $R_5$ läßt sich der Haltestrom

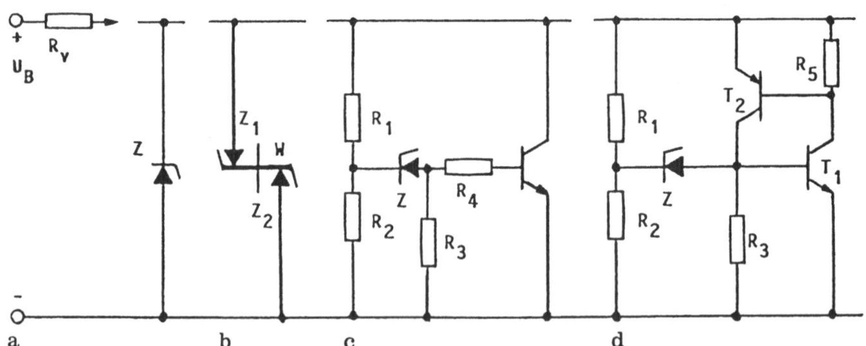


**Abb. 3.17a–d.** Klammerschaltungen mit integrierten Z-Dioden, Transistoren und Thyristoren: **a** unipolare Z-Diode; **b** bipolare Z-Diode (entkoppelt); **c** Transistorschaltung mit einstellbarer Klammerspannung; **d** lateraler Thyristor

dieses Thyristors so einstellen, daß er löscht, sobald die Spannung wieder in ihren Normalbereich zurückgekehrt ist. Zu bemerken ist, daß sich solche Thyristoren für beachtliche Ströme auslegen lassen (s. Abschn. 4.4.5).

Da Transistoren sehr viel höhere Stoß-als Betriebsströme aushalten, lassen sie sich durch Schalten in die Sättigung schützen, wobei der Arbeitswiderstand $R_a$ den Kollektor- bzw. Emitterstrom begrenzt. Abbildlung 3.18 zeigt hierzu eine mögliche Lösung mit $T_{11}$, $T_{12}$ in einer Darlingtonschaltung. Die Ansteuerung des Darlington entspricht der von Abb. 3.17c. Lösungen dieser Art bilden zusammen mit Zuleitungsinduktivitäten einen Relaxationsoszillator, Auf dynamische Stabilität ist deshalb vor allem bei großen Strömen zu achten.

Den Ansatz zu einer verpolfesten Lösung durch Kombinieren eines Vorwiderstands ($R_V$) in der Masseleitung nach Abb. 3.9a und einer Klammerschaltung nach Abb. 3.18 mit einem Relais im Emitter als Arbeitswiderstand zeigt Abb. 3.19. Nur der Vorwiderstand $R_V$ und das Relais sind diskrete Komponenten.

Zur Funktion ist folgendes zu sagen: Wird der Darlington $T_{11}$, $T_{12}$ vom Steuereingang her ausgeschaltet, so wird der Strom getrieben von der Induktivität des Relais zunächst weiterfließen. Der Emitter von $T_{12}$ taucht unter Null auf das Potential des Freilaufkreises, der aus dem Widerstand $R_V$ mit drei

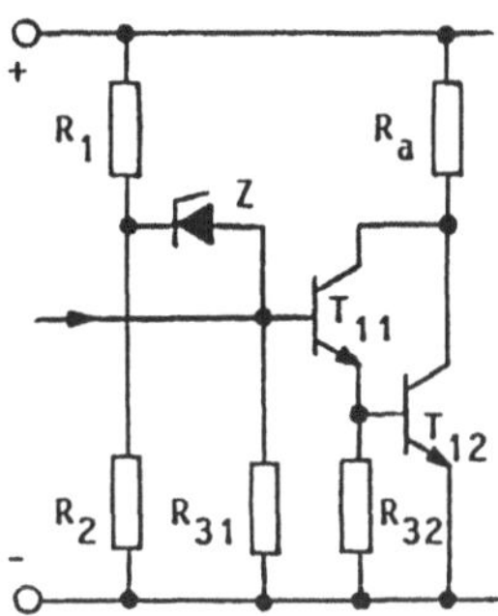


**Abb. 3.18.** Durchschalten des zu schützenden Transistors bei Überspannung in Sättigung, Begrenzung des Kollektorstroms durch den Arbeitswiderstand $R_a$

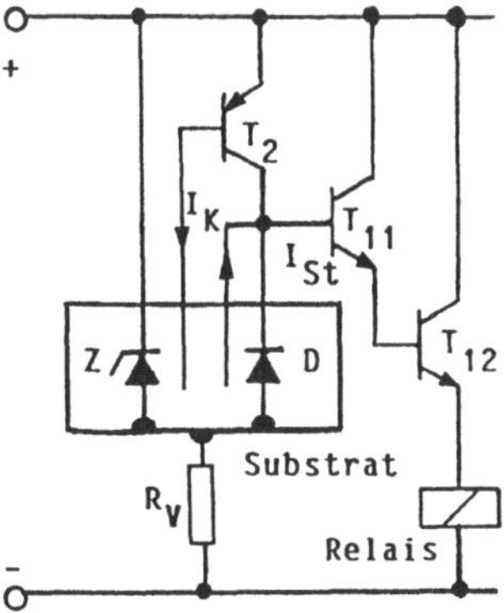


**Abb. 3.19.** Kombination der Maßnahmen nach den Abb. 3.9a und 3.18 zum Schutz gegen Überspannung und Verpolen bei induktiver Last (Blinkgeber Bosch CB 62)

Dioden in Reihe besteht, nämlich aus der Freilaufdiode $D$, und den Basis-Emitterstrecken des Darlington $T_{11}$, $T_{12}$. Durch $R_V$ fließt nur der für die Klammerung erforderliche Basisstrom.

Im Fall positiver Störspannungen wird die Betriebsspannung am IC durch die Z-Diode Z begrenzt. Diese ist verifiziert durch drei in Reihe liegende Emitterbasis-Z-Dioden, die einen Darlington mit ähnlicher Leistungsfähigkeit wie der Relaistreiber $T_{11}$, $T_{12}$ ansteuern. Gleichzeitig wird $T_{11}$, $T_{12}$ mittels des Transistors $T_2$ in Sättigung geschaltet, dessen Basis von dem aus der Klammerschaltung Z abgeleiteten Strom $I_K$ angesteuert wird. Bei Überspannung und Verpolung wird der Strom durch die Schaltung des IC begrenzt mittels des Widerstands $R_V$ und durch den Relaistreiber mittels des Relaiswiderstands. Für den Verpolfall ist die Emitter-Kollektorstrecke von $T_{12}$ durch eine Diode (nicht eingezeichnet) zu entlasten.

Viele Schaltungen, insbesondere Digitalschaltungen haben einen eingeengten Bereich für die Betriebsspannung. Sie werden deshalb an Spannungsstabilisatoren mit einer üblichen Ausgangsspannung von 5 V betrieben. Da die Spannung des Bordnetzes nach Abb. 2.4 beim Kaltstart bis auf diese 5 V fallen kann, sind „Very-Low-Drop-Regler" mit einem pnp-Lateraltransistor als Stellglied einerseits wegen der damit erzielbaren Sättigungsspannungen von wenigen 100 mV, andererseits wegen ihrer Verpolfestigkeit gefragt.

Über ihrem Ausgang liegt ein diskreter Kondensator. Dieser ist einerseits für die dynamische Stabilität unerläßlich, andererseits aber dient er als Ladungsspeicher, um bei Lücken in der Betriebspannung die Funktion der angeschlossenen Schaltungen möglichst lange zu gewährleisten. Übliche Reglerschaltungen wollen bei fallender Eingangsspannung die Ausgangsspannung aufrechterhalten, beaufschlagen also den Längstransistor $T_v$ in Abb. 3.20, mit steigendem Basisstrom, der dazuhin dem Stützkondensator entnommen wird. Fällt nun die Eingangs- unter die Ausgangsspannung, so wird der ausgangsseitig liegende Kollektor auch noch zum Emitter, und so der Stützkondensator durch $T_v$ mit großem Rückstrom rasch entladen.

Dieser Rückstrom läßt sich durch ein Stellglied nach dem in Abb. 3.20 angedeuteten Prinzip vermeiden. Hier ist $T_V$ der pnp-Längstransistor als Stellglied, dessen Basis über die Klemme 1 ein konstanter negativer Strom

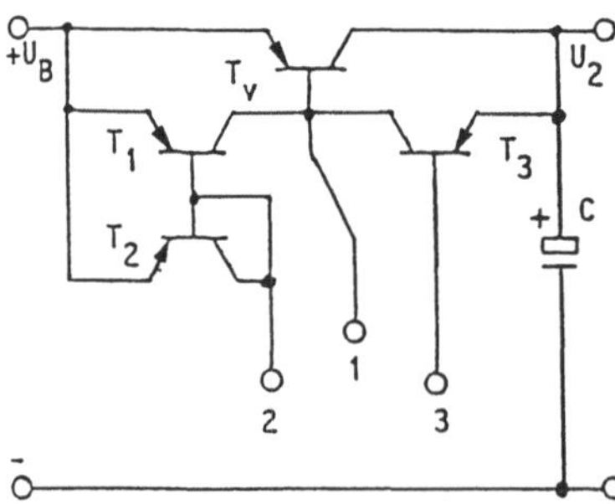


**Abb. 3.20.** Schaltung eines Very-Low-Drop-Reglers mit lateralem pnp-Leistungstransistor und extrem kleinem Rückstrom aus dem Stützkondensator C bei momentanen Eingangsspannungen unterhalb der Ausgangsspannung $U_2$ durch Umsteuern der Basis auf den jeweiligen Emitter (Siemens TLE 4258/60/61)

entsprechend dem maximal erforderlichen Wert zugeführt wird. $T_1$, $T_2$ bilden einen Stromspiegel, der im regulären Arbeitsbereich den Basisstrom von $T_V$ mittels des an die Klemme 2 angeschlossenen Regelverstärkers dem Bedarf anpaßt. Sinkt nun die Eingangsspannung unter den momentanen Wert der Ausgangsspannung, so wird der aus der Klemme 1 herausfließende Basisstrom abgeschaltet und die Basis selbst mittels des Hilfstransistors $T_3$ über die Klemme 3 niederohmig direkt mit dem „neuen Emitter" verbunden. Das Stellglied zieht nur noch Reststrom, die Ladung des Kondensators kommt nahezu ganz den angeschlossenen Schaltungen zu gute. Stoßspannungsfest sind marktgängige Regler dieser Art bis zu 70 V [3.11] auch höhere Spannungen sind zu erreichen.

*Hybride Entstörung*

Sind integrierte Schaltungen Bestandteil umfangreicher Geräte bzw. Systeme, so ist der Mehraufwand für eine hinreichende Störfestigkeit meist vernachläßigbar. Bei Kleingeräten dagegen betragen die Kosten für die Entstörung bereits einen nennenswerten Anteil an den Gesamtkosten. Hier sind deshalb möglichst einfache und kostengünstige Lösungen gefragt. Beispielhaft sollen Möglichkeiten hierzu anhand der Blinkgeberentwicklung aufgezeigt werden.

Schon der Blinkgeber CB 43 nach Abb. 1.13 war im Bordnetz stör- und zerstörfest. Seine Anschlüsse waren zyklisch vertauschbar, ohne ihn zu schädigen. Hierzu wurden vier diskrete Komponenten aufgewandt: Diode $D_1$, Elektrolytkondensator $C_1$ und Widerstand $R_3$ brachten Verpol- und Zerstörfestigkeit. Zunächst einmal wurden sie ersetzt durch den Widerstand $R_V$ (Abb. 3.19). Absolut störsicher wurde der Blinkgeber durch die Kondensatoren $C_3$ und $C_1$ im Verbund mit $D_1$. Da sich kapazitive Entstörglieder mit hinreichenden Zeitkonstanten nicht integrieren lassen, galt es einen anderen Weg zu finden:

Die Relaiswicklung besitzt eine Induktivität, der Strom durch diese Wicklung somit eine Zeitkonstante $\tau = L/R_{eff}$. Ist diese Zeitkonstante bezogen auf die Dauer der Störimpulse hinreichend groß, so ließe sich der Multivibrator damit entstören, sofern sie sich in den Multivibratorkreis einbeziehen ließe. Das Erste trifft zu, das Zweite ist möglich.

Abbildung 3.21 zeigt hierzu zwei praktikable Lösungen. In a) ist die Schaltung des unentstörten Multivibrators wiedergegeben; in b) wird die Zeitkonstante des Stroms durch das Relais direkt genutzt und bei c) noch effektiver die gesamte Totzeit des Relais. Die Wirkungsweise dieser Entstörung soll im folgenden betrachtet werden:

Während der Hellphase des Blinkbetriebs fließt Strom durch das Relais. Das Schwellenpotential am invertierenden Eingang des Komparators Ko liegt auf unterem Niveau. Der Kondensator $C$ des Zeitkreises wird über R aufgeladen. Dadurch sinkt das Potential am nichtinvertierenden Eingang ab. Unterschreitet es am Ende der Aufladezeit $t_1$ das Schwellenpotential, so kippt der Komparator in den Zustand „Low". Jetzt wird $T_1$ angesteuert, und das Schwellenpotential

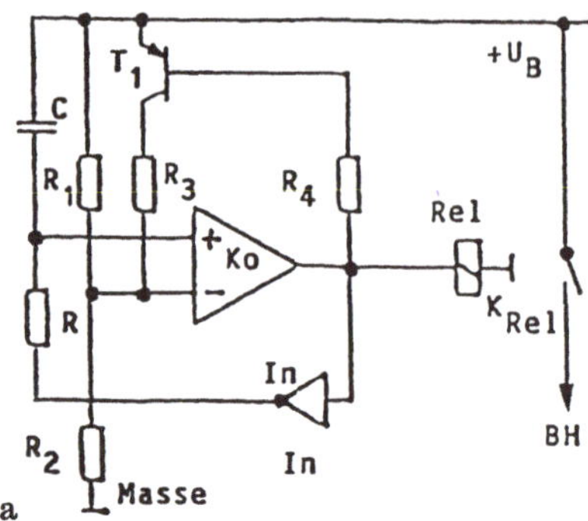


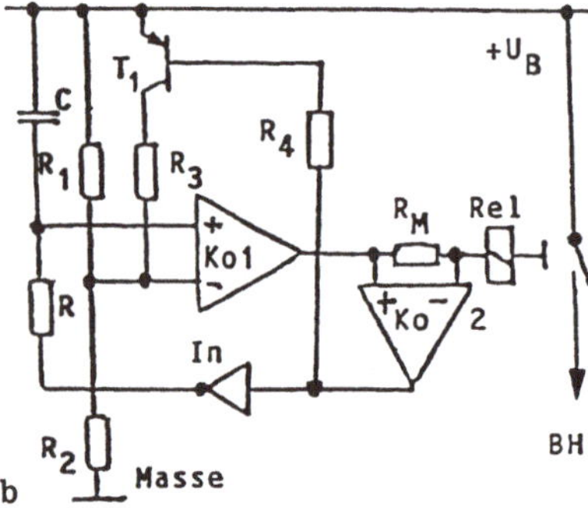


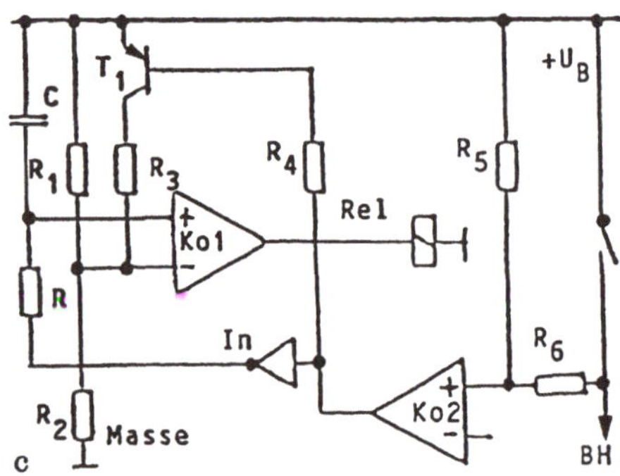


**Abb. 3.21a–c.** Schaltungen von Blinkgebern als Beispiele hybrider Entstörung. **a** unentstörte Grundschaltung des Multivibrators; **b** Enstörung mittels der Induktivität L des Relais über seine Zeitkonstante $\tau = L/R_L + R_M$ (Bosch CB 62); **c** Vergrößern der Zeitkonstanten durch Einbeziehen der Totzeit des Relais (TEG U 643 B)

springt auf das obere Niveau. Gleichzeitig wird das Relais stromlos, und der Inverter In auf Entladen des Kondensators $C$ umgeschaltet; die Dunkelphase beginnt. Nach der Zeit $t_2$ ist der Kondensator $C$ hinreichend weit entladen. Sein Potential überschreitet das obere Schwellenpotential, es wird auf Hellphase umgeschaltet, und der Blinkzyklus beginnt von Neuem.

Bezogen auf kurzzeitige Potentialsprünge der Betriebsspannung verläuft das Laden und Entladen des Zeitkreiskondensators C quasistationär, so daß der

Kippvorgang durch diese Potentialsprünge getriggert wird, Hell-bzw. Dunkelzeit werden verkürzt.

Eine Möglichkeit die Schaltung zu entstören, besteht nun darin, den Zustand „Laden“ bzw. „Entladen“ des Kondensators $C$ und den des unteren bzw. oberen Schwellenpotentials während der Störung aufrechtzuerhalten.

Um dies zu erreichen, wird in der Lösung nach Abb. 3.21b der Eingang des Inverters In und der Fußpunkt von $R_4$ von dem Ausgang des unverzögert schaltenden Komparators Ko (Ko1) an den des Komparators Ko2 gelegt, dessen Eingänge mit dem Meßwiderstand $R_M$ im Relaisstromkreis wie dargestellt verbunden sind. Ist das Relais stromlos, so steht der Ausgang von Ko2 auf „Low“. Schaltet Ko1 den Relaisstrom ein, so beginnt dieser wegen der induktiven Komponente im Stromkreis verzögert zu fließen, Ko2 bleibt zunächst auf „Low“ liegen und zwar so lange, bis der Spannungsabfall an $R_M$ das Schwellenpotential von Ko2 überschritten hat. Jetzt erst geht Ko2 auf „High“. Kippt am Ende der Hellzeit Ko1 auf „Low“, so fließt durch die Klammerung der Relaisstrom zunächst weiter, erst wenn der Spannungsabfall an $R_M$ das Schwellenpotential unterschreitet, geht Ko2 wieder auf „Low“. Die mit dieser Schaltung erzielbaren Verzögerungszeiten sind ausreichend, um den Blinkgeber gegen die im Kraftfahrzeug vorkommenden Störspannungen wirkungsvoll zu entstören.

In der Lösung nach Abb. 3.21c ist der nichtinvertierende Eingang des Komparators Ko2 über ein Anpassungsnetzwerk mit dem Lampenstromkreis verbunden, (der invertierende Eingang ist entsprechend anzuschließen). Ko2 geht damit erst von „Low“ nach „High“ und umgekehrt, wenn der Relaiskontakt schließt bzw. öffnet. Damit bestimmt die Totzeit des Relais die maximal zulässige Dauer eines Störimpulses. Diese Lösung liefert somit einen noch größeren Störabstand als die nach Abb. 3.21b.

Dieses Beispiel sollte zeigen, daß es sich lohnt, bereits vorhandene Systemkomponenten möglichst früh in die Entwicklung eines IC mit einzubeziehen.

## 3.4 Entstörung eingestrahlter Störgrößen

Nach Abschnitt 2.2.2 können am offenen Ende ungedämpfter Fahrzeugleitungen bei den zu erwartenden Feldstärken im Bereich ihrer Eigenfrequenzen Amplituden der Größenordnung 100 V entstehen. Grundsätzlich werden hierdurch elektronische Schaltungen gestört. Ist die Schaltung ein IC, so ergeben sich durch die Sperrschichtisolation der Komponenten wieder zusätzliche Störmechanismen.

An den Kennlinienästen des Durchlaß- oder Avalanche-Bereichs eines pn-Übergangs entstehen Richtströme und -spannungen spätestens dann, wenn das Summenpotential aus Gleichvorspannung und HF-Amplitude eine, der durch sie festgelegten Grenzen überschreitet. Trotz des schlechten Richtwirkungsgrads gebräuchlicher Sperrschichten bei hohen Frequenzen können dadurch die Signalpegel von Ein- und Ausgängen um große Beträge verschoben werden.

Im Bereich negativer Amplituden, die größer sind als die anliegende positive Vorspannung tauchen n-dotierte Wannen unter das Substratpotential. Es entstehen die in Abschn. 3.1 behandelten Richtströme, die Elektronen als Minoritätsströme in das p-dotierte Substrat injizieren. Für den Fall, daß das Untertauchen einer Wanne allein die Funktion einer Schaltung nicht stört, wohl aber die in das Substrat injizierten Elektronen, helfen die in Abschn. 3.1.2 beschriebenen Barrieren.

Im folgenden sollen die anstehenden Probleme und mögliche Lösungen großenteils anhand des bereits genannten Stromreglers für Gebläsemotoren beschrieben werden. Der Materie angemessen sind nicht nur den angegebenen HF-Pegeln, sondern auch den integrierten Komponenten größere Toleranzen (ca. $\pm$ 30%) zuzubilligen.

### 3.4.1 Entstörung von Signaleingängen

Hochfrequente Amplituden auf Eingangsleitungen in der Größenordnung von 100 V überfordern die Sperrfestigkeit der Basis-Kollektorzonen üblicher IC-Prozesse. Bei dem als Beispiel dienenden Gebläseregler beträgt $U_{CB}$ nur ca. 40 V. Die Aufgabe besteht zunächst darin, die Leitung soweit zu bedämpfen, daß nur noch im IC verarbeitbare Amplituden angeregt werden können. Anschließend sind diese mittels ein- oder mehrstufiger Tiefpässe aus RC-Gliedern als Siebschaltung weiter zu reduzieren. Die Dämpfung dieser Siebschaltung ist an die Aufgabe anzupassen. So dürfen die verbleibenden restlichen HF-Amplituden etwa den Arbeitspunkt an der Kennlinienkrümmung im Arbeitsbereich eines Eingangstransistors nur noch in einem tolerierbaren Maß verschieben, also evtl. nur noch in der Größenordnung von 100 mV liegen.

Liegt an den Eingängen stets ein hinreichendes Gleichpotential, so kann die Leitung mittels eines unipolaren Sperrschichtkondensators der Größenordnung 300 pF hinreichend bedämpft werden. Bei Signalpegeln beider Polarität oder der Forderung nach Vertauschbarkeit der Leitungen können bipolare Kondensatoren erforderlich sein. Um einen möglichst großen spezifischen Kapazitätsbelag zu erreichen, sollte eine möglichst niedrige Durchbruchspannung der Sperrschicht gewählt werden. So lassen sich 300 pF oder noch 1 nF mit einer Emitter-Basissperrschicht bei erträglichem Aufwand darstellen.

Der Eingang des Gebläsereglers sollte für Spannungen bis zu $\pm$ 17 V zerstörfest sein. Im Dämpfungsglied war somit ein bipolarer Kondensator dieser Sperrfestigkeit erforderlich. Er wurde dargestellt mittels der „Unteren Isolierung“ auf buried layer. Die sich bildende Sperrschicht wurde mittels der Prozeßparameter auf eine Avalanchespannung $U_A \geq 18$ V eingestellt.

Soll nun bei einer Eingangsspannung von 5 V als Führungsgröße für maximalen Ausgangsstrom die hochfrequente Einstrahlung den Regler nicht beeinflussen, so darf die HF-Amplitude den Wert $u_{hf} = 18\ \text{V} - 5\ \text{V} = 13\ \text{V}$

nicht überschreiten. Bei größeren Amplituden würden sonst die sich ergebenden Richtspannungen den Ausgangsstrom abregeln. Die Leitung muß damit im Bereich ihrer Eigenfrequenzen, etwa ab 50 MHz, von 100 V auf 10 V Amplitude, entsprechend etwa 20 dB bedämpft werden. Diese Dämpfung läßt sich mit einem Kondensator von 30 pF und einem Reihenwiderstand von 100 $\Omega$ erreichen. Die verbleibenden 10 V sind noch zu hoch, so daß eine nachgeschaltete Siebschaltung erforderlich ist. Da die Führungsgröße des Reglers im Spannungsbereich von 5,5 V liegt, genügt ein unipolarer Kondensator.

Abbildung 3.22 zeigt die Grundschaltung des verwendeten Filters. $D_1$, $B_1$ sind sein Eingang, $D_2$, $B_2$ sein Ausgang. Die Leitung ist mittels des Kondensators $C_{01}$ und des dazu in Reihe liegenden Widerstands $R_{01}$ bedämpft. Der anschließende Tiefpaß besteht aus einem einstufigen T-Glied mit dem unipolaren Kondensator $C_{02}$ und den Widerständen $R_{02}$ und $R_{03}$. Mit dem Abschlußwiderstand $R_{04}$ läßt sich der Eingangspegel des nachfolgenden Verstärkers an die Kundenforderung bezüglich der Führungsgröße anpassen. Um die maximal mögliche Zeitkonstante zu erreichen, ist Widerstandsanpassung erforderlich, d.h., $R_{02} = R_{03} + R_{04}$; mit $R_{02} = 20\,\mathrm{k}\Omega$, $R_{03} = 17\,\mathrm{k}\Omega$ und einem Kondensator (Emitter in Isolation) von 100 pF bringt dieses T-Glied einschließlich des Teilerverhältnisses bei $\omega \geq 10^8\,\mathrm{s}^{-1}$ theoretisch eine Dämpfung $D_{\mathrm{hf}} \geq 40$ dB.

Bei dieser großen Dämpfung sind mögliche Kopplungen zwischen den einzelnen Komponenten des Filters zu vermeiden. Die Gesamtschaltung nach Abb. 3.23 erscheint deshalb erheblich komplexer. Der Widerstand $R_{02}$ ist aufgeteilt in die beiden Teilwiderstände $R_{02/1}$ und $R_{02/2}$, die in getrennten Widerstandswannen untergebracht sind. Mit dem Widerstand $R_{05}$, in der gleichen Wanne wie $R_{02/1}$, wird ein Eingangswiderstand des Filters von 5 k$\Omega$ (Kundenforderung) eingestellt. Auch $R_{03}$ und $R_{04}$ liegen in einer eigenen Wanne.

Um möglichst kleine (Sperrschicht-) Kapazitäten gegen die Umgebung zu erhalten, sind die Wannen auf das maximal mögliche Potential, also Betriebsspannung (Anschluß A) gelegt. Auch dieser Strang ist hf-mäßig gegen A entkoppelt durch die Dioden $D_{01}$, die Widerstände $R_{06}$ und die als Leitung mit Kapazitätsbelag ausgeführten Widerstände $R_{07}$, $R_{08}$. Die dämpfende Wirkung dieser Leitungen wird unterstützt durch die Kondensatoren $C_{03}$ und $C_{04}$. Die Wanne mit $R_{02/1}$ ist über einen hochohmigen Epi-Widerstand mit der von $R_{02/2}$ verbunden.

Im Layout sind die Leitungen $R_{07,08}$ und die Kondensatoren $C_{03,04}$ versteckt dargestellt durch buried layer unter Iso. Das ganze Filter benötigt nur

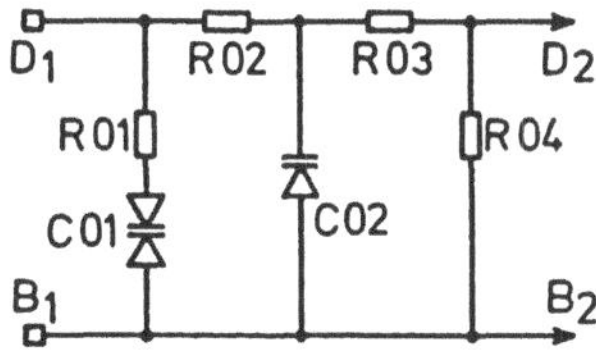


**Abb. 3.22.** Grundschaltung des Filters am Steuereingang (D) eines linearen Leistungs-IC

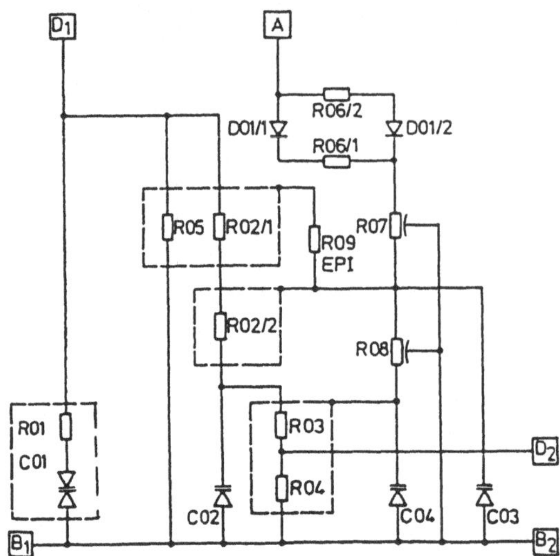


**Abb. 3.23.** Gesamtschaltung des Filters mit unterteilten Widerständen in getrennten gegenseitig entkoppelten Wannen zum Reduzieren des Übersprechens

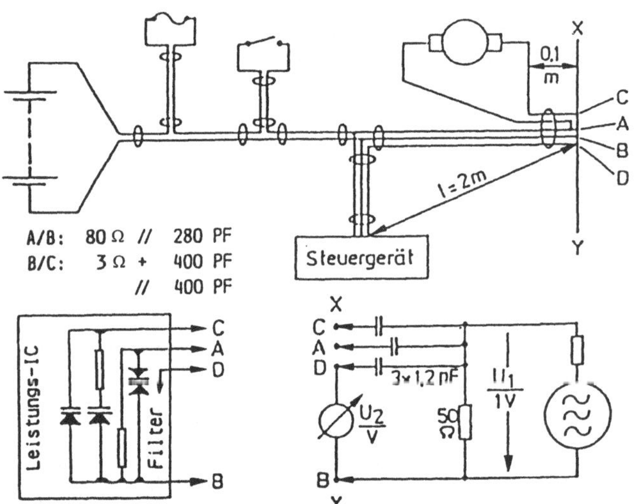


**Abb. 3.24.** Kabelbaum für ein Gebläse mit elektronischer Regelung der Drehzahl über den Motorstrom mittels eines Leistungs-IC mit entstörten Zuleitungen und Meßschaltung mit kapazitiver Einspeisung

eine Fläche von 0,6 $mm^2$. Seine linearen Abmessungen liegen damit selbst bei einer Störfrequenz von 1 GHz noch im Bereich von 1% der Wellenlänge.

Das Dämpfungsglied des Filters wurde im Labor anhand der Meßschaltung von Abb. 3.24 mit der bereits in Abb. 2.17 beschriebenen Nachbildung des Kabelbaums untersucht. Die Beschaltungen der Klemmen AB, bzw. CB braucht hier noch nicht beschrieben werden, da sie die Steuerleitung D nur relativ wenig beeinflussen. Sie werden in den nachfolgenden Abschnitten behandelt werden.

Der Einfluß des IC auf das Ende der Steuerleitung mit und ohne seinen Anschluß D ist in Abb. 3.25 dargestellt. Aufgetragen sind nur die interessierenden Maxima der Amplituden $U_2$ (D) in logarithmischem Maßstab als Funktion der Frequenz.

Zunächst wurde die Steuerleitung am geräteseitigen Ende kapazitiv kurzgeschlossen: Der Verlauf a gibt hierzu die Amplituden des leerlaufenden Kabelbaums wieder. Der Verlauf b zeigt eine geringfügige Rückwirkung der Anschlüsse „Betriebsspannung“ (A) und „Endstufe“ (C) auf die Steuerleitung durch die Kopplung der Leitungen im Kabelbaum. Wird jetzt auch die Klemme D des IC angeschlossen, so liefern die Kurven c, d gegen a die erreichte Dämpfung. Kurve c ist der Verlauf bei einer Steuerspannung von 1 V. Wie zu erwarten war, ist die Dämpfung mit einer Steuerspannung von 4,5 V, Kurve d, wegen der bekannten Spannungsabhängigkeit der Sperrschichtkapazität etwas kleiner.

Wird die Steuerleitung geräteseitig durch Entfernen des Abschlußkondensators geöffnet, so erhöht sich ihre Grundfrequenz (ideal um den Faktor 2; vgl. Abb. 2.16). Die Maxima verschieben sich in Richtung höherer Frequenz. Der Verlauf von e zeigt oberhalb von 40 MHz etwa dengleichen Verlauf wie bei der kapazitiv kurzgeschlossenen Leitung, darunter jedoch fallen die Amplituden deutlich rascher ab. Eine geräteseitig offene Leitung ließe sich demnach vom IC her betrachtet eher etwas leichter entstören. Verträgt das Steuergerät die dann an seinen Ausgangsklemmen erscheinenden HF-Amplituden, so kann der Kondensator dort eingespart werden.

Der monolithische Regler wurde abschließend mit seinem hybrid aufgebauten Vorgänger unter der Stripline verglichen. Die Meßergebnisse in Abb. 3.26 zeigen den Frequenzverlauf der Ausgangsströme für die Stromniveaus 5, 10 und 20 A. Bei den drei Strömen weist der IC nach Abb. 3.26a zwischen 40 und 60 MHz geringfügige Schwankungen nach oben auf, deren Lage kaum stromabhängig ist. Sie stammen aus einem über die Stromversorgung hereinkommenden Rest. Der Stromeinbruch von 20 auf 18 A, scharf begrenzt auf eine Frequenz von ca. 50 MHz, stammt von einem fehlerbehafteten IC, dessen Filterkondensator $C_{01}$

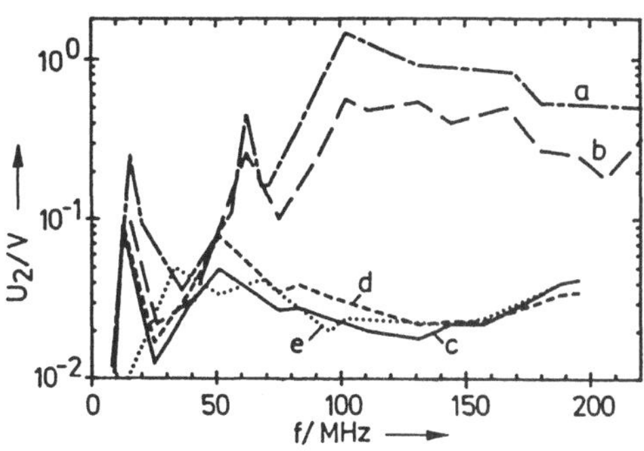


**Abb. 3.25a–e.** Frequenzverlauf der Maxima allein in der Meßschaltung nach Abb. 3.24

1. Leitung D geräteseitig kapazitiv kurzgeschlossen, reglerseitig:
   **a** offen; **b** A, B, C angeschlossen; ferner A, B, C, D angeschlossen
   **c** $U_{st} = 1{,}0$ V; **d** $U_{st} = 4{,}5$ V.
2. Leitung D geräteseitig „offen“:
   **e** $U_{st} = 1{,}0$ V

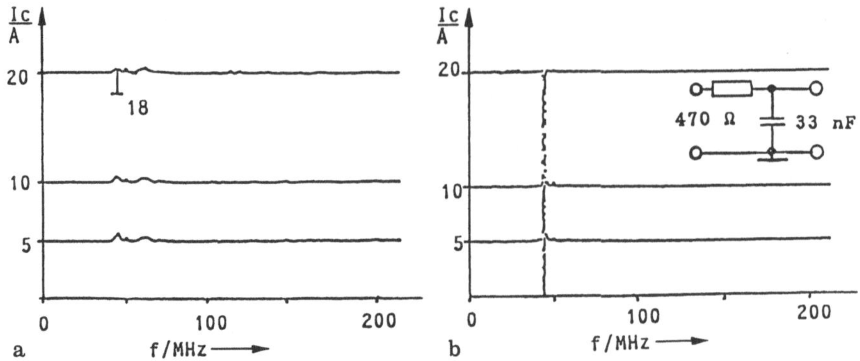


**Abb. 3.26a,b.** Meßergebnisse unter der Stripline bei einer Feldstärke $E_{eff}$ von 100 V/m. **a** für einen monolithischen Gebläseregler mit integrierter HF-Entstörung aller Anschlüsse; **b** für seinen hybrid aufgebauten Vorgänger mit diskretem RC-Glied in D, jedoch ohne Entstörung von A, C

anstelle der geforderten Sperrspannung $U_Z > 18$ V nur 13 V aufwies. Dieser Fehler erlaubt die HF-Amplitude am Eingang D abzuschätzen: mit einer Steigung der Transferkennlinie von 5 A/V liegt der Eingang D bei 20 A auf 4 V, bei 18 A aber auf 3,6 V; es entsteht somit eine Richtspannung von − 0,4 V. Hierzu ist wegen des Richtwirkungsgrads eine HF-Amplitude von etwas mehr als 13–3,6 V, also etwa 10–12 V erforderlich. Die Filterdämpfung ist somit auch noch bei der kritischen Frequenz von 50 MHz für die spezifizierte Sperrspannung $U_Z > 18$ V ausreichend.

Unabhängig vom Stromniveau steigt der hybrid aufgebaute Vorgänger bei der gleichen Frequenz total aus. Während sein Eingang mittels des eingezeichneten RC-Glieds und die Endstufe durch eine diskrete Leistungs-Z-Diode hinreichend geschützt sind, ist die Stromversorgung aus Unkenntnis nicht entstört worden. Wegen des scharf begrenzten Frequenzbands ist jedoch die Wahrscheinlichkeit einer Störung im Feld äußerst gering. Trotz des Einsatzes einer größeren Stückzahl über mehrere Jahre kamen keihe Hinweise auf Mängel dieser Art.

Das beschriebene Verfahren erlaubt die wirksame Entstörung der Steuereingänge von bipolaren und unipolaren IC. Inwieweit sein Einsatz sinnvoll ist, hängt von der gestellten Aufgabe ab, ist also von Fall zu Fall vom Entwickler selbst zu entscheiden.

### 3.4.2 Entstörung von Signalausgängen

Signale lassen sich entsprechend den Forderungen des Systems grundsätzlich über beliebige Netzwerke ein- und auskoppeln. Für die Auskopplung braucht keine nachfolgende Verstärkung berücksichtigt zu werden, sodaß in der Regel einfache Dämpfungsglieder genügen.

Wird aus Emittern von Transistoren ausgekoppelt, so entstehen an den Emitter-Basisdioden Richtspannungen etwa in Höhe der überlagerten HF-Amplituden; entsprechend werden die Ausgangspegel verschoben. Die Schaltung nach Abb. 3.3 bringt zwar eine erhöhte Sperrfestigkeit, sie erfordert jedoch eine höhere Leitungsdämpfung, als eine Auskopplung aus dem Kollektor eines Transistors.

Die Verhältnisse für einen linear arbeitenden npn-Transistor sind in Abb. 3.27 wiedergegeben. Dargestellt ist der Zeitverlauf seines Kollektorpotentials als Signalspannung ohne und mit überlagerter Hochfrequenz. Beim Untertauchen des Wannenpotentials unter das Substratpotential entsteht eine Richtspannung, die das Kollektorpotential zu höheren Werten hin verschieben will (ausgezogene Kurven). Es werden jedoch nicht nur Elektronen in das Substrat, sondern auch in die Basis, und Löcher in den Kollektorraum injiziert. Infolge ihrer hohen Lebensdauer und Ladungsdichte läßt sich der Kollektor-Basisraum während der anschließenden positiven Halbwelle nicht mehr vollständig ausräumen. Der Transistor bleibt mit seinem mittleren Kollektorpotential auf einem niedrigeren Potential hängen (gestrichelte Kurven). Da durch diesen Vorgang die Leitungsdämpfung zunimmt, erreicht die HF-Amplitude nicht mehr die ursprünglich zu erreichenden Werte, es stellt sich ein Gleichgewichtszustand ein. Für ein vorgegebenes Layout gilt, je niederohmiger die HF-Quelle und je höher ihre Amplitude desto niedriger der Mittelwert der Kollektorspannung.

Die Leitungsdämpfung ist so zu bemessen, daß die dem Signalpegel überlagerte negative HF-Amplitude nicht an der Substratdiode anstößt. Je niedriger der zu beherrschende Signalpegel ist, desto größer ist der Dämpfungskondensator auszuführen. Da einerseits die Sperrschichtkapazität mit fallender Spannung zunimmt, andererseits der Innenwiderstand des Transistors gegen die Sättigung zu stark abnimmt und bei Sättigung die Leitung allein schon hinreichend bedämpft, ist auch dieser Grenzbereich zu beherrschen.

Geschaltete Endstufen sind deshalb am einfachsten zu entstören: Ist der Transistor ausgeschaltet, so darf nach dem Gesagten das momentane Kollektorpotential weder seine Durchbruchspannung noch das Substratpotential erreichen, ist er eingeschaltet, so genügt meist sein Sättigungswiderstand zur Dämpfung.

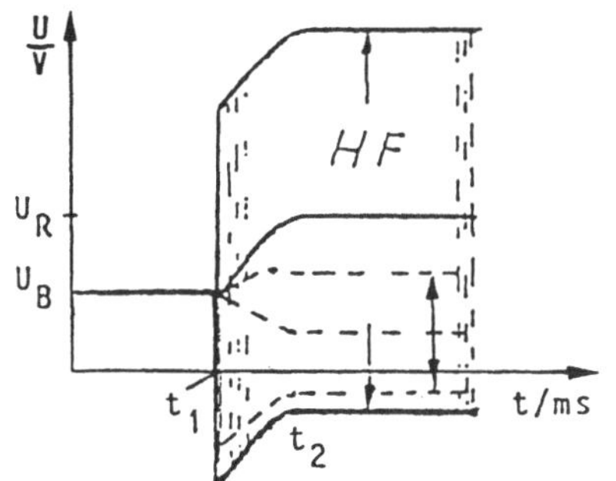


**Abb. 3.27.** Zeitverlauf des Kollektorpotentials eines npn-Transistors mit offenem Kollektor bei überlagerter Hochfrequenz großer Amplitude; die Kollektor-Substratdiode bildet den die Richtspannung liefernden Gleichrichter. $t_1$ Einschaltpunkt des HF-Generators; $t_2$ Erreichen des stationären Zustands; ——— Basis und Emitter offen; ------ Basis und Em. angeschlossen

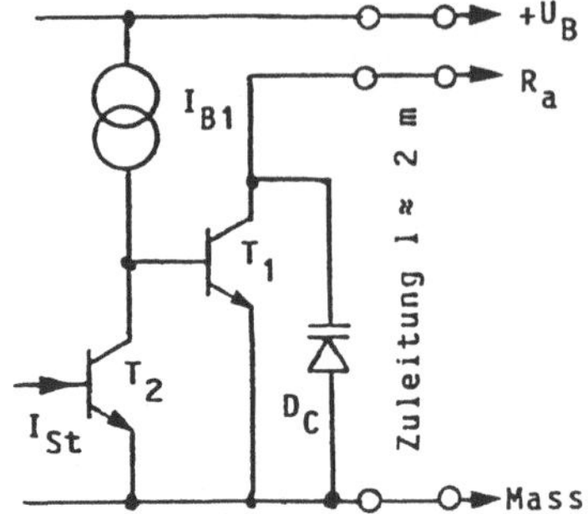


**Abb. 3.28.** Transistor mit offenem Kollektor und Stromansteuerung der Basis; $D_C$ unipolare Kapazitätsdiode zur Verstimmung und Dämpfung von Eigenfrequenzen der angeschlossenen Leitung

Abbildung 3.28 zeigt einen Ausgangstransistor $T_1$ mit offenem Kollektor, dessen Basis im Einzustand durch eine Stromquelle mit $I_{B1}$ angesteuert ist, und für den Auszustand auf Emitterpotential gezogen wird. Die Zuleitung ist dreipolig mit einer Länge von etwa 1–2 m angenommen. Beträgt die Betriebsspannung $U_B$ 5 Volt, so ist eine Kapazität der Diode $D_C$ von ca. 2 nF ausreichend. Sie läßt sich mittels einer Emitter-Basis-bzw. Emitter-Isolations-Diode darstellen.

Der Ausgangstransistor des linearen Stromreglers für die Gebläsemotoren wird mit offenem Kollektor betrieben. Um zerstörfest zu sein, ist er auch gegen leitungsgeführte Störgrößen zu schützen. Da er als linearer Transistor für hohe Verlustleistungen ausgelegt ist, könnte er in einer Schaltung nach Abb. 3.17c diesen Schutz selbst übernehmen. Damit wäre aber die leidige HF-Entstörung nicht gelöst. Um auch diese zu erfassen, wurden in die Transistorzellen unipolare Z-Dioden (Abb. 3.17a) ebenfalls wieder mit unterer Iso auf buried layer eingelagert. Bei einer Kollektor-Emitterspannung von 14 V liegt deren Kapazität bezogen auf einen Transistor mit 28 Zellen wie in Abb. 3.24 angegeben bei 800 pF, gegen die Sättigung zu steigt dieser Wert auf 2 400 pF an. Da Verlustleistung und Festigkeit gegen „Second Breakdown" die Transistorfläche bestimmen, konnten die Z-Diodenelemente ohne zusätzlichen Aufwand an Kristallfläche untergebracht werden.

### 3.4.3 Entstörung von Versorgungsleitungen

Der Gebläseregler ist gegen leitungsgeführte Störgrößen auf der Betriebsspannungsleitung durch eine bipolare Leistungs-Z-Diode geschützt, die, wie in Abb. 3.24 eingetragen, eine Kapazität $C_{AB}$ von 280 pF (bei $U_B = 14$ V) aufweist. Parallel liegt ein Widerstand von ca. 80 $\Omega$, der durch die Verbraucher gegeben ist. Wie die Messung unter der Stripline, Abb. 3.26, erkennen läßt, existiert zwischen 40 und 60 MHz bei einem kapazitiven Nebenschluß von $R_{CAB} < 15\ \Omega$ ein kritischer Bereich. Die Funktion bleibt jedoch voll erhalten. Demnach dürfte für die HF-Entsstörung eines IC ein intergrierter Kondensator mit 300 pF ausreichen.

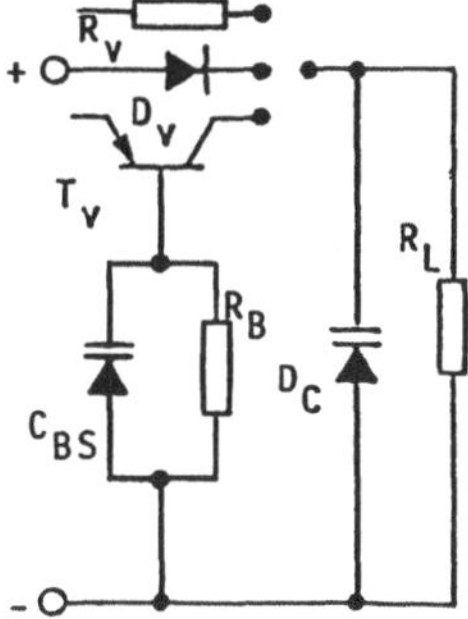


**Abb. 3.29.** Entstörung der Stromversorgung für Schaltungen mit geringer Leistung

In Abbildung 3.29 sind übliche Stromversorgungen für kleinere Leistungen angegeben. Der vielverwendete pnp-Laterltransistor besitzt leider eine große Basis-Substratkapazität $C_{BS}$, die im Pfad Emitter – Basis – ($C_{BS}$) – Substrat liegt. Durch diese kapazitive Einkopplung, entstehen schon bei kleinen Amplituden Richtströme, die dem Basisstrom entgegengerichtet sind, ihn also schwächen. Der Siebkondensator $D_C$ ist ohne Einfluß auf diesen Effekt. Werden als Längstransistoren pnp-Lateraltransistoren verwendet, so muß eingangsseitig entstört werden, kostengünstig mit diskreten Kondensatoren.

Für hochohmige Lastwiderstände $R_L$ läßt sich ein Vorwiderstand $R_V$ verwenden, dessen Wert durch den zulässigen Spannungsverlust nach oben begrenzt ist. Eine Zeitkonstante $\tau = R_V D_C$ der Größenordnung 30 ns dürfte für die meisten Fälle ausreichen.

Liegen Dioden $D_V$ zur Entkopplung im Längszweig, so ist deren Sperrträgheit zu berücksichtigen. Übliche pn-Dioden in integrierter Technik sind so träge, daß ihr Richtwirkungsgrad im interessierenden Frequenzbereich gegen null geht. Der Siebkondensator $D_C$ belastet die HF-Quelle in der positiven Halbwelle stärker als in der negativen. Die Spannung an $D_C$ geht nicht nennenswert über die Betriebsspannung hinaus. Eine Schottky-Diode besitzt dagegen einen hohen Richtwirkungsgrad. Die Leerlaufspannung an $D_C$ kann deshalb die Summe aus Betriebsspannung und überlagerter (positiver) HF-Amplitude erreichen, sofern sie nicht durch einen Avalanche-Durchbruch begrenzt ist. Der Kondensator $D_C$ kann eine geringere Kapazität aufweisen als in den vorhergenannten Fällen.

## Literatur zu Kapitel 3


3.1. Barfuß, M., Blaschke, V.: Watchdog-Schaltungen für Digitalrechner. Übersicht, Kriterien und Anwendung. Köln: TÜV Rheinland, Anwendungen der Datenverarbeitung, 1987

3.2. Lowndes, M.: Car ignition with a single-chip micro. Electronic-Eng. (GB), 56 (1984) 689, 87–90

3.3. Klugherz, L.: Moderne Mikroprozessoren: Basis für viele Anwendungen. Elektronik-Industrie, 19 (1988) 3, 22–24

3.4. Davis, W.F.: Bipolar Design Considerations for the Automotive Environment. IEEE Journal of Solid-State Circuits, SC-8, (1973) 6, 419–426
3.5. Frederiksen, Th.: Buried moat stops negative swings. Electronics, July 24 (1975) p. 31, 32
3.6. Widlar, R.J.: Controlling Substrate Currents in Junction-Isolated IC's. IEEE Journal of Solid-State Circuits, 26 (1991) 8
3.7. Rein, H.-M., Ranfft, R.: Integrierte Bipolarschaltungen. Berlin, Springer 1980
3.8. Grebene, A.B.: Bipolar and MOS analog integrated circuit design. New York, Wiley & Sons 1984
3.9. Tietze, U., Schenck, Ch.: Halbleiter-Schaltungstechnik. Berlin, Spriner 1985
3.10. Gray, P.R., Meyer, R.G.: Analysis and Design of Analog Integrated Circuits. New York, Wiley & Sons 1984
3.11. Reiner, R.: 5-V-Low-drop-Spannungsregler für Mikrocontrollersysteme im Kraftfahrzeug. Siemens Components 27 (1989) S. 191, 193
3.12. MC68HC11A8, HCMOS Single-Chip Microcomputer; Advance Information. Glasgow: MOTOROLA LTD. Semiconductor Products Group, 1987
3.13. Küpfmüller, K.: Einführung in die theoretische Elektrotechnik. Berlin: Springer 1984, S. 523–535
3.14. Holst, D., Palotas, L.: Neue EMV-Aspekte bei Schaltnetzteilen. Berlin, Offenbach, VDE Bericht zur EMV-Fachtagung 1990, 507–516
3.15. Conzelmann, G.: Monolithisch integrierte Stromregler für den Gebläsemotor mit Nennströmen bis zu 30 A. VDI Berichte Nr. 819, 725/729 (1990)
3.16. Störungen in Anlagen mit integrierten Digitalschaltungen. Valvo, Technische Informationen für die Industrie, Mäz 1970
3.17. Ott, H.W.: Controlling EMI By Proper Printed Wiring Bord Layout. International Symposium on Electromagnetic Compatibility, Sept. 8–10, 1982; IEEE Catalog 82 CH 1718-6, p. 127–132
3.18. John, W., Öing, S.B.: Berechnung des Einflusses von Gehäuseschlitzen auf die durch elektronische Systemkomponenten (PCB) hervorgerufenen Störfeldstärken. Berlin; Offenbach: VDE Bericht zur EMV-Fachtagung 1990, S. 333–348
3.19. Fauser, E.: Das SCAN-Verfahren, eine analytische Methode zur Beurteilung der Störausbreitung auf Leiterplatten. Berlin; Offenbach: VDE Bericht zur EMV-Fachtagung 1990, 589–599
3.20. Schwab, A.J.: Elektromagnetische Verträglichkeit EMV. Berlin, Heidelberg, Springer 1990
3.21. Hoppert, F.: Funkentstörung durch Wobbeln von Oszillatoren. Berlin, Offenbach: VDE Bericht zur EMV-Fachtagung 1990, 821–830
3.22. Leitl, F.: Layout ohne Probleme. Wie man Platinen störsicher macht. Würzburg: Elektronik Praxis 7/1991, 143–147
3.23. EPICTM ACL Advanced CMOS Logic, Schaltverhalten bei Hochgeschwindigkeitslogik. Druckschrift der Texas Instruments Deutschland 1986
3.24. Preiss, E.: EMV bei Mikrocontrollern, Ursachen und Maßnahmen im Chip-Design. Elektronik 2/1990, 92/95
3.25. Spurlin, C.; Stein, D.: EPIC Advanced CMOS Logic Output Edge Control; Part 3.1 in Designer's Handbook „Advanced CMOS Logic". Freising: Texas Instruments Deutschland GmbH, 1987
3.26. Abblockkondensatoren zur RFI-Unterdrückung. Elektronik-Praxis 20/1990, 72
3.27. Dearnaley, G., Freeman, J.H., Nelson, R.S., Stephen, J.: ION IMPLANTATION. Amsterdam, London: North-Holland Publishing Company 1973
3.28. Barbottin, G., Vapaille, A.: Instabilities In Silicon Devices. Amsterdam: North Holland 1989, p. 459
3.29. Wilson, G.R.: A Monolithic Junction FET-npn Operational Amplifier, IEEE Journal of Solid-State Circuits, Vol. SC-3, No. 4 (Dec. 1968), p. 344, Fig. 6

# 4 Hinweise zur Schaltungsentwicklung

Dem Schaltungsentwickler steht für seine Arbeit eine umfangreiche Fachliteratur zur Verfügung, wie etwa die bereits in Abschn. 3.2.1 beispielhaft genannten Fachbücher [4.1–4.3], bzw. für analoge CMOS-Schaltungen auch [4.4]. Ziel dieses Kapitels ist, ihn auf Besonderheiten hinzuweisen, die mit dem Einsatz integrierter Schaltungen im Kraftfahrzeug zusammenhängen, insbesondere auf die Forderung nach einem weiten Temperaturbereich.

Die parameterbestimmenden Eigenschaften des Siliziums sind keine unabhängigen Konstanten. Darauf wird auch in der Literatur hingewiesen, allerdings oft stark vereinfacht. Als Beispiel sei hierzu der Temperaturgang des Quadratwiderstands basisdiffundierter Widerstände genannt. Er läßt sich hinreichend genau mit dem Ansatz

$$R_{\square}(T) = R_0(1 + \alpha \Delta T + \beta \Delta T^2 + \gamma \Delta T^3) \qquad \text{beschreiben.}$$

Für eine brauchbare Schaltungsdimensionierung genügt es meist, den quadratischen Term noch heranzuziehen. Zu berücksichtigen ist, daß mit schmäler werdenden Widerstandsstrukturen der Term mit der dritten Potenz ansteigen kann.

Unter [4.2, 4.3] sind nur die linearen Terme angezogen, während [4.1] in einer graphischen Darstellung des TK korrekt auch die Glieder höherer Ordnung berücksichtigt. Die vereinfachten Versionen sind allenfalls in einem eingeengten Temperaturbereich brauchbar; oft fehlen jedoch Angaben zum Gültigkeitsbereich.

Ein Beispiel, unterschiedliche Temperaturkoeffizienten zu nutzen, findet sich in Abschn. 4.4.1.

## 4.1 Grundlagen

### 4.1.1 Schaltungssimulation und -analyse

Anwendungsspezifische Schaltungen für das Kraftfahrzeug besitzen gegenüber anderen Sparten nur geringe Auflagen, dafür mit hohen Anforderungen. Es ist wichtig, die Entwicklung der unterschiedlichsten Produkte so zu steuern daß sie mit wenigen Prozeßvarianten fertigbar sind. Kombinationen von Bipolar- und

MOS-Prozessen zu leistungsfähigen Mischprozessen sind deshalb vielversprechend. Wie das frühe Beispiel von Texas Instruments für einen linearen Spannungsregler bis zu Eingangsspannungen von 125 V [4.5] bzw. die späteren von SGS-Thomson „Intelligente Leistungsschalter für Automobilanwendungen“ [4.6] und „Single-Chip-Lösung einer Kfz-Zündung“ [4.7], sowie National Semiconductor mit International Rectifier „DMOS-Brücke“ [4.8] zeigen, werden damit komplexe Linear-Digitalschaltungen bis in den Leistungsbereich hinein möglich. Mehrere Beispiele dazu finden sich auch in [4.9]. Theoretische Ansätze zu einem „Device Modelling“ von der Bauelemente- bis zur Prozeßebene sind [4.10, 4.11] zu entnehmen.

Durch die Zusammenarbeit mit dem bereits genannten ITHE der RWTH-Aachen haben wir bei Bosch schon früh den Nutzen einer Schaltungsanalyse erfahren. Der Aufwand an Rechenzeit und die damit verbundenen Kosten sind gering gegenüber der Ersparnis an Entwicklungszeit und -kosten. Je besser Simulation und Analyse, desto erfolgreicher wird die Entwicklung sein. Da das ASTAP-Programm der IBM [4.12] das praktisch Relevante mit hohem Benutzerkomfort schon relativ früh ermöglichte, haben wir uns mit der Freigabe dieses Programms auch dafür entschieden. Der in Abschn. 1.4.3 beschriebene Taktgenerator (Abb. 1.26 und 1.27) ist ein frühes Beispiel fü die Leistungsfähigkeit dieses Programms.

Die auf den üblichen physikalischen Modellen nach Gummel und Poon [4.13] beruhenden Analysenprogramme, wie etwa Spice, werden bevorzugt in firmenspezifischen Modifikationen angewandt. Ihre Domäne ist die Simulation von Bauelementen bei hohen Frequenzen (GHz-Bereich). Für die Berechnung brauchbarer Temperaturkompensationen und vorgegebener Temperaturgänge ist jedoch ASTAP überlegen. Es benötigt zwar in seinen vergangenen und mindestens auch noch derzeitigen Formen einen Großrechner, vermag dafür Daten von Bauelementen mit beliebigen und, falls erforderlich, in Tabellen niedergelegten Charakteristiken zu verarbeiten. Die Rechnung wird so gut, wie die Charakterisierung der Bauelemente.

Derzeit kommen zunehmend Programme auf den Markt, die den Einbau eigener Modelle ermöglichen. Unter ihnen ist der SABER-Simulator [4.14, 4.15] erwähnenswert, da er für kfz-spezifische Probleme besonders geeignet erscheint. Darüber hinaus ist er auf Work-Stations ablauffähig und erfaßt die gesamte Breite von der Bauelement- bis zur System- Simulation. Kombinierte Analog- Digitalschaltungen lassen sich mit ihm im Gegensatz zu ASTAP, bei dem der Digitalteil aufwendig analog abzuarbeiten ist, zeitsparend im „mixed mode“ berechnen.

Auf ein Problem der numerischen Berechnung analoger Zeitverläufe soll hier noch hingewiesen werden: Um Rechenzeit zu sparen, paßt der Simulator seine Schrittweite der Aufgabe an. Enthält nun die Differentialgleichung mindestens zwei Terme mit stark verschiedenen Zeitkonstanten, so wird der Term mit der kleinen Zeitkonstanten übersprungen. Auch wenn ein Netzwerk zur Stabilitätsbetrachtung [4.16] richtig erstellt worden ist, kann das Ergebnis „falsch“ werden. Abbildung 4.1 zeigt als Beispiel hierzu die Ergebnisse einer Simulation

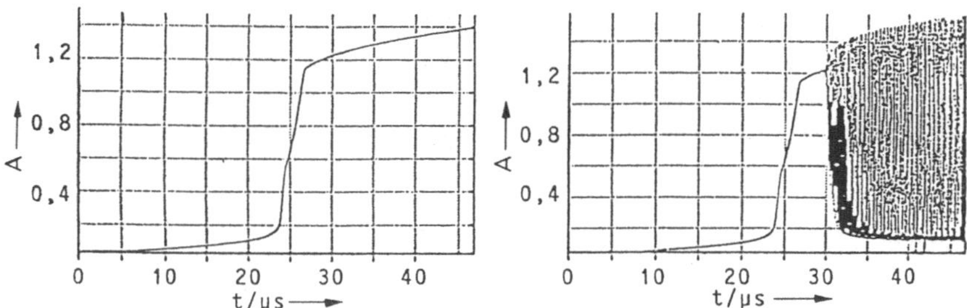


**Abb. 4.1a,b.** ASTAP-Analyse zur Stabilität einer integrierten Schaltung im Übergangsbereich ($\tau_1 \approx 300\tau_2$). **a** Simulationsergebnis mit Standardschrittweite; **b** Simulationsergebnis mit problemspezifisch angepaßter Schrittweite

mit Standardschrittweite und mit problemspezifisch angepaßter Schrittweite. Wird dies nicht berücksichtigt, so kann die aufgrund der Simulation als stabil zum Layout freigegebene Schaltung später als Hardware instabil sein und schwingen.

Die Erfahrung hat immer wieder gezeigt, daß es falsch ist, Rechenzeit durch eine zu starke Vereinfachung der Modelle und einfachere Rechnerprogramme einsparen zu wollen.

### 4.1.2 Modellparameter

Um bei der Entwicklung analoger IC aufwendige Brettschaltungen durch Rechnersimulation und -analyse erfolgreich zu ersetzen, müssen die angewandten Modelle die Komponenten der Schaltung hinreichend genau beschreiben.

Schaltungen vorgegebenen Funktionsumfangs lassen sich hinsichtlich minimaler Chipflächen und hoher Ausbeuten in der Fertigung nur dann optimieren, wenn Realität und Modell weniger voneinander abweichen, als die Streubreite der technologischen Parameter. Rein physikalische Ansätze genügen hierzu nicht, zumal parasitäre Komponenten durch Volumeneffekte dreidimensionale Strukturen verursachen. Ansätze zu einem befriedigenden „Bauelemente Modelling“ unter Zuhilfenahme von Meßwerten finden sich in [4.17, 4.18].

### 4.1.3 Berechnung von Wärmewiderständen

ASTAP (und auch SABER) erlauben elektrisches und thermodynamisches Netzwerk miteinander zu verknüpfen. Damit lassen sich Wärmewiderstände sehr viel einfacher als mit der Methode finiter Elemente [4.11] berechnen. Um die Leistungsfähigkeit dieser Methode zu demonstrieren, ist das Ergebnis einer Simulation der Oberflächentemperatur für einen Very-Low-Drop-Regler im

Vergleich zu den thermographisch ermittelten Maxima und Minima wiedergeben: Abbildung 4.2 zeigt den auf einen Kupferträger aufgelöteten Chip (CG 31 von Bosch) mit der Lage der Wärmequellen und Abb. 4.3 das mit ASTAP berechnete Temperaturprofil der Oberfläche des Chips. Messung und Rechnung sind im Text zu Abb. 4.3 einandér gegenübergestellt; sie stimmen recht gut überein.

Im Bereich üblicher Sperrschichttemperaturen ($T \leq 150\,°C$) genügt es meist, die Wärmeleitfähigkeit des Siliziums als konstant mit einem mittleren Wert $\lambda_{Si} \approx 1$ W/cmK zu betrachten. In Sonderfällen ist jedoch ihre starke Abhängigkeit von der Temperatur zu berücksichtigen. Abbildung 4.4 gibt hierzu den Temperaturverlauf $\lambda_{Si}$ ($T$) mit beidseitig unterdrücktem Nullpunkt nach [4.11, 4.19] wieder[1]. Da $\lambda_{Si}$ auch von der Dotierungskonzentration $N_D$ abhängig ist,

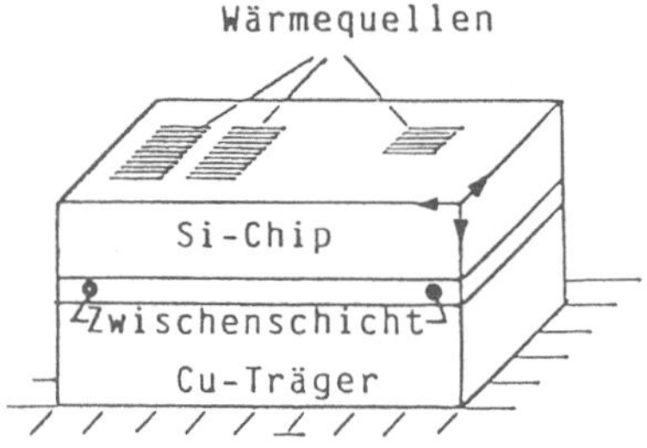


**Abb. 4.2.** Chip (Very-low-drop-Spannungsregler CG 31, Bosch) aufgelötet auf einen Kupferträger als Wärmesenke (Zwischenchicht Lot); Modell für die Simulation der Oberflächentemperatur

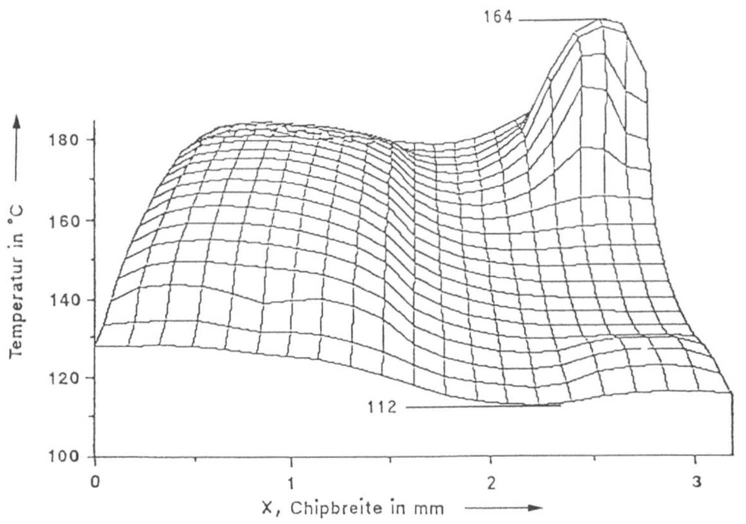


**Abb. 4.3.** Simulation der Oberflächentemperatur eines Chips mit einem Gitter xy = 20 × 20; (CG 31, Gehäuse P-T66, bei Überspannung $U_B$ = 28 V, $N_V$ = 20 W). Chipfläche: 3,2 × 3,0 mm²; Chipdicke: 350 µm; Temperatur der Grundplatte: 100 °C; Simulation: $T_{max}$ = 164 °C, $T_{min}$ = 112 °C; Thermographie: $T_{max}$ = 159 °C, $T_{min}$ = 109 °C

[1] Die dort angegebenen Werte differieren etwas, stimmen jedoch bei Temperaturen oberhalb 300 K, also im interessierenden Bereich, recht gut überein. In [4.20] findet sich neben einem theoretischen Ansatz eine graphische Darstellung von Meßwerten, die bei 300 bzw. 700 K um 6 bzw. 10% niedriger liegen.

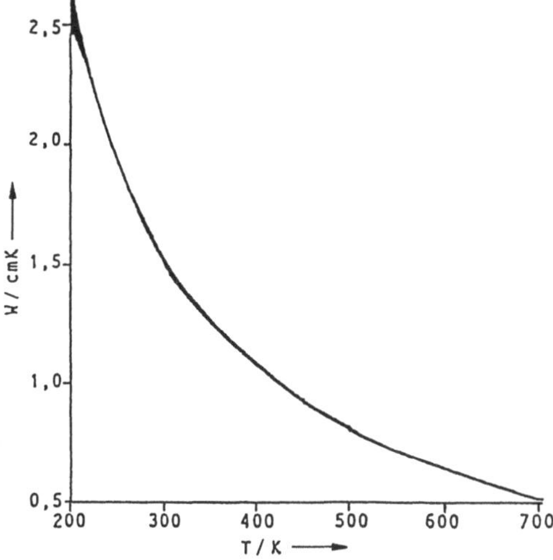


**Abb. 4.4.** Wärmeleitfähigkeit $\lambda$ von niedrig dotiertem* Silizium als Funktion der absoluten Temperatur *($N_D \leq 10^{18}/\mathrm{cm}^3$)

gilt der angegebene Verlauf nur für Werte $N_D \leq 10^{18}/\mathrm{cm}^3$; bei höheren Konzentrationen fällt der Wert um bis zu 20% ab.

Für die Berechnung von Wärmewiderständen bis zu Temperaturen von 750 K läßt sich der Kurvenverlauf recht gut geschlossen wiedergeben durch die Beziehung

$$\lambda_{Si}(T) = 1{,}5(T/300)^{-1{,}23}.$$

Auf zwei mögliche Sonderfälle soll noch hingewiesen werden:

- Für etwa nur selten auftretende Energiestöße läßt sich die Festigkeit des Siliziums bis an die Grenze der thermischen Eigenleitung nutzen (vgl. Abschn. 4.3.3, Abb. 4.14). Werden hierzu Wärmewiderstände berechnet, so sind die Teilwiderstände $r_{th}$ im thermodynamischen Netzwerk temperaturabhängig mit $r_{th}(T)$ anzusetzen.
- Im Temperaturbereich $-40 \leq T_j \leq 150\,^\circ\mathrm{C}$ ändert sich entsprechend der oben genannten Beziehung der Wärmewiderstand um einen Faktor zwei. Weisen nun etwa die beiden Teiltransistoren eines Stromspiegels stark unterschiedliche Verlustleistungen auf, so können durch diesen Effekt über der mittleren Chiptemperatur zwischen beiden Transistoren Temperaturdifferenzen von einigen K auftreten. Es entsteht ein zusätzlicher Temperaturgang des Übersetzungsverhältnisses.

In [4.21] sind elektrisches und thermisches Verhalten eines Bipolartransistors einschließlich der Einschwingphase berechnet und graphisch dargestellt. Die entwickelten numerischen Modelle für elektrisches und thermisches Netzwerk einschließlich ihrer Kopplung eignen sich gut als Basis für die Berechnung von Leistungs-IC mit modernen Simulatoren.

Zu bemerken ist noch, daß bei häufigen Energiestößen mit hohen Temperatursprüngen nicht der Siliziumkristall sondern die Al-Leiterbahnen zerstört werden. Infolge der stark unterschiedlichen Ausdehnungskoeffizienten werden sie im Umfeld einer Wärmequelle in elektrisch getrennte, in etwa gleichlange Teilstüke zerlegt. Ihre Standfestigkeit gegen diese Beanspruchung läßt sich erheblich steigern durch Verankern mittels in die Oberfläche eingebrachter Stufen bzw. Senken.

## 4.2 Abgleich-, Programmier- und Reparierverfahren

Die Absolutwerte der Parameter monolithisch integrierter Komponenten streuen extrem. „Matching" und „Thermal Tracking" [4.2] ermöglichen jedoch IC's mit hervorragenden Eigenschaften, sofern nicht Absolutwerte, sondern zueinander passende Verhältnisse schaltungsbestimmend sind. Forderungen an eine hohe Genauigkeit sind nur durch einen Abgleich des den Parameter bestimmenden Netzwerks zu erreichen. Wird auf der Scheibe abgeglichen, so lassen sich Matching und Thermal Tracking nutzen. Dieses Verfahren kann außerordentlich wirtschaftlich sein. Es erfordert jedoch große Sorgfalt, da falsch abgeglichene Teile meist erst nach der Montage, also Wochen später, als Schrott erkannt werden.

Wie in Absch. 1.2.2 erwähnt wurde, entstand bereits 1967 bei Bosch der Wunsch nach einem Spannungsabgleich auf der Scheibe aufgrund der Arbeiten des ITHE am Spannungsregler. Als geeignet dafür wurde ein Widerstandsnetzwerk mit einem Abgleich mittels Brennstrecken (Fusible Links) und einem binärcodierten Abgleichbereich erachtet. Da Dünnschichtwiderstände aus NiCr für monolithische Hybrid-IC's von Anfang an zum Stand der Technik [4.22] gehörten, war es naheliegend, dieses durch einen Stromstoß leicht zu verdampfende Material auch für Brennstrecken zu verwenden. Einmal entwickelt, lassen sich entsprechende Abgleichverfahren auch zum Programmieren [4.23] und Reparieren (Abschn. 1.4.2) von Analog- und Digital-ICs verwenden.

Anstelle von Brennstrecken zum Öffnen von Brücken wurde schon früh das „Zener-Zap Trimming" zum Bilden von Brücken [4.24] angewandt.

### 4.2.1 Abgleichverfahren und ihre Grenzen

Grundsätzlich lassen sich alle Bauelemente entweder im verpackten Zustand oder als Chip bei der Scheibenprüfung abgleichen.

Für den Abgleich verpackter Bauelemente sei als Beispiel aus dem Digitalbereich der bereits im Abschn. 1.2.5 genannte Uhren-IC SAJ300 genannt, dessen feinster Abgleichschritt 1,9 ppm [4.25] beträgt; mit dieser Schrittweite läßt sich ein Gangfehler von weniger als $\pm 1$ ppm erreichen.

Als Gegenstück im analogen Bereich diene ein Präzisionsinstrumentenverstärker [4.26], dessen Spannungsverstärkung und Gleichtaktunterdrückung praktisch nur von Spannungsteilern aus hochstabilen Dünnschichtwiderständen (NiCr) bestimmt wird, die mittels eines Lasers bei der Scheibenprüfung abgeglichen werden. Seine Spannungsverstärkung ist ohne diskrete Komponenten von außen auf die Werte 1 ± 0,05%, 100 ± 0,25%, 200 bzw. 500 ± 0,5% und 1000 ± 1% programmierbar. Die Gleichtaktunterdrückung (Common-Mode Rejection) $k_{CMR}$ liegt je nach der gewählten Verstärkung zwischen 70 und 110 dB.

Wird auf die programmierbare Verstärkung verzichtet, so lassen sich noch günstigerere Werte für Gleichtaktunterdrückung und Spannungsverstärkung erzielen [4.27]. Da jetzt für die beiden Größen nur je ein Widerstandsteiler erforderlich ist, können die Teiler auf ± 20 ppm genau getrimmt werden. Erreicht wurde bei Raumtemperatur eine Gleichtaktunterdrückung $k_{CMR}$ von 106 dB und ein Fehler der Spannungsverstärkung $F_U$ von $5 \times 10^{-5}$. Weiter verbesserte Versionen finden sich in [4.28], für die diese Werte im Temperaturbereich $-40\,°C \leq T_A \leq +85\,°C$ gelten.

Sind die Eigenschaften einer integrierten Schaltung nicht mehr nur allein von metallischen Dünnschichtwiderständen sondern auch von diffundierten Komponenten abhängig, so macht sich der Einfluß mechanischer Spannungen[2] auf deren Parameter bemerkbar [4.29, 4.30]. Die genannten Extremwerte lassen sich nicht mehr erreichen. Bei der Scheibenprüfung vorhandene mechanische Spannungszustände lassen such nämlich bei der Weiterverarbeitung wie Sägen, Die- und Drahtbonden nicht aufrechterhalten. Zu berücksichtigen ist, daß die Kontaktnadeln der Probecards die Chips mechanisch verspannen. Die dadurch verursachten Spannungen sind jedoch in einem Abstand $d \approx 100\,\mu m$ vom Auflagepunkt praktisch abgeklungen.

Was mit diffundierten Komponenten allein bei einem guten Layout machbar ist, sei am Beispiel des bereits genannten Spannungsreglers aufgezeigt: Wird auf dem Wafer auf etwa ± 0,15% abgeglichen, so fächert das Toleranzband durch die Montage etwa auf das Dreifache auf (3s-Werte), sofern der Chip spannungsfrei abgedeckt ist.

Diese Genauigkeit läßt sich noch etwa um bis zu einer Größenordnung steigern, wenn die Änderung des Spannungszustands durch die Montage reduziert wird, etwa durch Ansägen der Scheibe vor dem Abgleichen, evtl. noch kombiniert mit spannungsfreiem Diebonden.

Übliche Plastikgehäuse verursachen nicht nur beim Umspritzen und Aushärten, sondern auch bei allen nachfolgenden Temperaturwechseln sich stark ändernde mechanische Spannungen. Sie sind deshalb für Präzisions-IC im Kraftfahrzeug bei den dort herrschenden Temperaturhüben nicht geeignet.

Wird auf der Scheibe abgeglichen, so ist ein Chuck erforderlich, der örtlich keine zusätzlichen mechanischen Spannungen erzeugt. Übliche mit breiten Ringspalten sind nicht geeignet. Bewährt hat sich ein Chuck mit vielen feinen Bohrungen von etwa 0,5 mm Durchmesser.

---

[2] Meijer in [4.30]: „It can be concluded that mechanical stress may be the dominating factor limiting the accuracy of well-designed bandgap references and temperature transducers".

Verschiedene Methoden zum Abgleich bei der Scheibenprüfung sind in [4.2] speziell mit Lasern in [4.31] aufgeführt.

### 4.2.2 Abgleich in Stufen

Öffnen und Bilden von Brücken ermöglichen einen Abgleich in Stufen. Der Abgleichbereich soll einerseits hinreichend groß sein, um die ganzen Fertigungstoleranzen abzudecken, andererseits darf er aber wegen des Aufwands an Komponenten und Abgleichzeit, also den damit verbundenen Kosten nicht zu groß gemacht werden.

Startet man den Abgleich vom Rand des Toleranzbands, so erfordern nahezu alle Chips mehrere Schritte, um ins Zielgebiet zu kommen. Vorteihaft ist es deshalb, von der Mitte des Toleranzbands aus zu starten und nach beiden Seiten hin abzugleichen. Das Gros der Chips benötigt nur wenige Schritte, die im Mittel erforderliche Zeit für einen Abgleich reduziert sich beachtlich. Bei den heute üblichen Fertigungsstreuungen genügen etwa séchs Abgleichschritte für einen Restfehler von $\pm$ 0,1%.

Auf die Vielzahl von Verfahren, die inzwischen praktiziert werden, kann hier nicht im einzelnen eingegangen werden. Interessant ist der Versuch, die zum elektrischen Öffnen bzw. Bilden von Brücken mit Polysilizium als Material erforderliche Energie durch Bestrahlen mit Photonen weiter abzusenken [4.32].

*Abgleich durch Öffnen von Brücken*

Beispiele für Widerstands-Netzwerke mit Brücken B zum Öffnen sind in Abb. 4.5 wiedergegeben. Bei a sind $B_{abc}$ Schmelzbrücken, bei c sind die Brücken mittleels eines Laserstrahls zu öffnen. Wird wie eingangs erwähnt NiCr als Brückenmaterial verwendet, so sind die Brücken problemlos durch einen Stromstoß zu öffnen. Nach [4.2] ist auch Al mit einer Breite von $b \approx 5\ \mu$m und

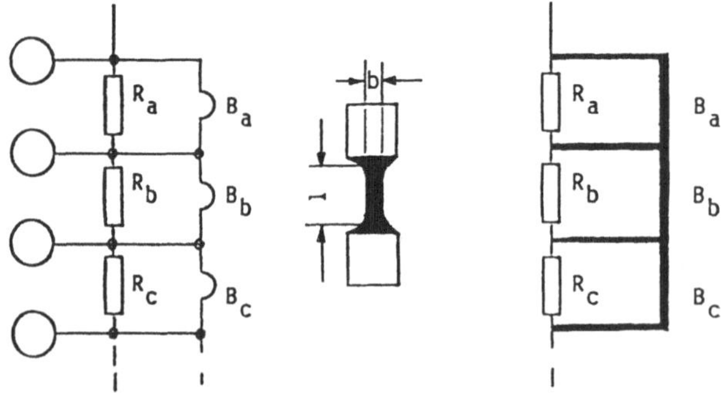


**Abb. 4.5a–c.** Abgleich von Widerstandsnetzwerken durch Öffnen von Brücken. **a** Brennstrecken als Brücken, die mittels eines stromstoßes geöffnet werden (fusible links). **b** Geometrie einer Brennstrecke für reguläre Al-Leiterbahnen. **c** Öffnen von Brücken mittels eines laserstrahls

einer Dicke von $d \approx 0,1\ \mu m$ geeignet. Beide Vorschläge erfordern jedoch, sofern sie sich nicht mit bereits anderweitig erforderlichen Prozeßschritten realisieren lassen, einen zusätzlichen Aufwand. Wünschenswert sind deshalb Brücken mit dem Standardmetall[3] des Prozesses. Die Erfahrung zeigt, daß dies möglich ist mit Brücken nach Abb. 4.5b bis zu Metalldicken $d \approx 5\ \mu m$, wenn das Verhältnis Länge $l$ zu Breite $b$ gewählt wird zu $l \geq 3b$, wobei der Steg etwas konkav ausgeführt ist, die Mitte also einen $\Delta$-Betrag schmäler ist als die Wurzel. Um das Abbrennen nicht zu behindern, sind im Layout passivierende Deckschichten über den Brennstrecken auszusparen.

Der Abbrennvorgang läuft etwa folgendermaßen ab: Einschalten des Abbrennstroms, steiler Stromanstieg, Schmelzen der Brücke, Einschnüren des Stegs, Aufreißen des Stegs, Bilden eines Lichtbogens mit einer Brennspannung $U_B \approx 8$ V, Verbrennen des Metalls zu seinem Oxid, Ende des Vorgangs nach $t \lessapprox 100\ \mu s$. Wird der Ablauf so geführt und die Spannung über der Brücke praktisch induktionsfrei auf das Niveau der Brennspannung geklammert, so werden bei richtiger Polung weder angeschlossene Komponenten[4] geschädigt, noch treten weggespratzte Metallkügelchen auf.

Bei modernen Prozessen ist im Layout darauf zu achten, daß die Brennstrecken auf Oxid ($SiO_2$) und nicht auf Nitrid ($Si_3N_4$) bzw. Oxinitrid angeordnet werden, da auf diesen Materialien als Unterlage der Abbrennvorgang schwieriger und nur mit einer noch höheren Anstiegsgeschwindigkeit des Stroms zu beherrschen ist.

Auch mit Laserstrahlen [4.2, 4.33] lassen sich allerdings bevorzugt dünne Brücken ($d \leq 1\ \mu m$) durch Verdampfen des Materials durchtrennen (Abb. 4.5c). Dickere Brücken sind nur mit mehr oder weniger großem Aufwand zu beherrschen. Da Lasersysteme sehr teuer sind, lassen sie sich nur in Sonderfällen einsetzen etwa dann, wenn wegen der mechanischen Verspannungen anschlußfrei abzugleichen ist. Über Ersparnisse an Chipfläche durch die fehlenden Anschlußpads lassen sie sich nicht amortisieren.

Bestehen die Brücken wie oben beschrieben aus dem Material der Leiterbahnen, so ergeben sich Brückenwiderstände etwa vom dreifachen des Quadratwiderstands. Damit ist vor dem Abbrennen $R_B < 100\ m\Omega$, danach $R_B \rightarrow \infty$. Solche Werte sind mit keinem anderen Verfahren zu erreichen.

### *Abgleich durch Bilden von Brücken*

Eingangs wurde schon darauf hingewiesen, daß Netzwerke durch Bilden niederohmiger Brücken abgeglichen werden können. In Abbildung 4.6 sind zwei Möglichkeiten aufgezeigt:

Wird den Widerständen $R_{abc}$ in Abb 4.6a jeweils eine Z-Diode $Z_{abc}$ parallelgeschaltet, so sind für Spannungen unterhalb der Z-Spannung deren Sperr-

---

[3] Geeignet ist Reinstaluminium und Aluminium mit üblichen Legierungszusätzen von Si, Cu, Ti oder dgl. Das Metall muß im entstehenden Lichtbogen zu einem hochisolierenden Oxid verbrennen.
[4] nicht nur Widerstände sondern beliebige Komponenten (z.B. ändern der Anzahl Einheitsemitter).

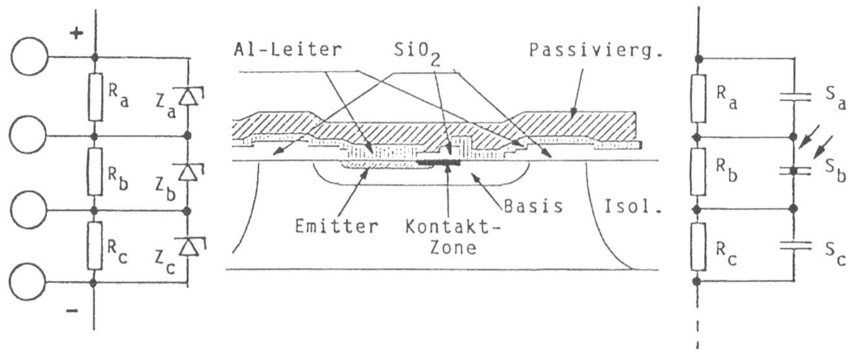


**Abb. 4.6a–c.** Abgleich von Widerstandsnetzwerken durch Bilden von Brücken. **a** Z-Diode, die mittels eines Stromstoßes durchgeschossen wird, als Brücke (zener-zapping). **b** Struktur der Z-Diode mit der sich bildenden Kontaktzone; **c** gegeneinander isolierte Leiterbahnbeläge, die mittels eines Laserstrahls durchverbunden werden

widerstände $R_{Zabc} \gg R_{abc}$. Unter der Wirkung eines Stromimpulses $I_Z$ in Sperrichtung mit $200 \leq I_Z \leq 400$ mA und einer Dauer der Größenordnung 100 ms (30–300 ms) wandert Aluminium aus dem Emitterkontakt in Richtung Basiskontakt. Es bildet sich eine niederohmige Kontaktzone aus. In der Z-Diodenstruktur von Abb. 4.6b ist diese eingezeichnet. Um eine niederohmige und damit stabile Verbindung zu erhalten, sollte die Kontaktzone wie in diesem Beispiel stets den Basiskontakt erreichen. Je nach Layout ist es vorteilhaft, den einzelnen Stromimpuls durch eine Folge kürzerer Impulse (etwa 10 mit einem Abstand von 10 ms) zu ersetzen. Das Verfahren liefert unter optimalen Bedingungen Restwiderstände $1 < R_K < 3\,\Omega$.

Um den notwendigen Impulsstrom zu erreichen, sind Spannungen bis zu 20 V erforderlich. Bei diesen Spannungen und der langen Dauer des Impulses können betroffene Komponenten geschädigt werden. An den niederohmigen Widerständen eines Abgleichnetzwerks stehen meist nur Spannungen von wenigen mV an. In diesem Fall ist die Z-Diode auch bei einer Beanspruchung in Durchlaßrichtung noch hinreichend hochohmig gegen den Widerstand des Netzwerks. Damit können entsprechend Abb. 4.7a zwei Z-Dioden mit ihren zu überbrückenden Widerständen in Reihe gegeneinander geschaltet werden [4.34]. Anstelle von drei Kontaktpads genügen zwei. Die Polarität des Trimm-Impulses bestimmt, welche der beiden Z-Dioden durchgeschossen wird.

Wie in Abb. 4.6c angedeutet lassen sich gegeneinander isolierte Leiterbahnbeläge auch mittels eines Laserimpulses verschweißen. Stehen Gate-Oxide und Polysilizium als Elektrodenmaterial zur Verfügung, so kann der Kontakt mittels eines Spannungsdurchschlags beispielsweise zwischen Polysilizium und einer Diffusionszone hergestellt werden [4.32, 4.35].

### *Abgleich durch Öffnen und Bilden von Brücken*

Sind die zu überbrückenden Widerstände sehr hochohmig, so sind Z-Dioden nicht geeignet. Hier kann es vorteilhaft sein, wie in dem bereits genannten

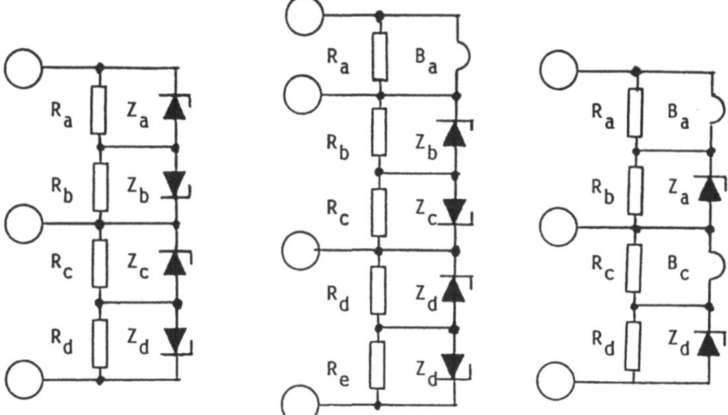


**Abb. 4.7a–c.** Abgleich von Widerstandsnetzwerken durch: **a** Gegeneinanderschalten von Z-Dioden; **b** die Kombination von gegeneinandergeschalteten Brennstrecken und Z-Dioden; **c** die Kombination von Brennstrecken und Z-Dioden

Beispiel [4.34, 4.36] Brennstrecken und Z-Dioden im Abgleichnetzwerk zu kombinieren, Abb. 4.7b.

Werden Brennstrecke und Z-Diode in Reihe geschaltet, so läßt sich ein Kontaktpad von drei einsparen: Während eine Kontaktzone einen typischen Stromimpuls von 300 mA und 100 ms Dauer benötigt, genügt für eine Al-Leiterbahnbrücke geringen Querschnitts ein Stromimpuls von weniger als 2 A/100 $\mu$s. Da die Kontaktzonen durch diesen kurzen Stromstoß nicht zerstört werden, dürfen Z-Diode und Brennstrecke hintereinander geschaltet werden. Stromniveau und Dauer des Impulses bestimmen, welches der beiden Elemente zerstört wird. Die Anordnung zeigt Abb. 4.7c. Es ergeben sich die drei Möglichkeiten:

- Die Brennstrecke ist geschlossen und die Diode offen (Ausgangszustand).
- Diode und Brennstrecke sind kurzgeschlossen.
- Die Diode ist kurzgeschlossen und die Brennstrecke offen.

Bei der Aufstellung des Abgleichprogramms ist diese Reihenfolge zu berücksichtigen. Erlaubt die angeschlossene Schaltung zum Öffnen der Brennstrecke einen Stromstoß in Durchlaßrichtung der Z-Diode, so läßt sich die gebildete Kontaktzone durch den dann parallelgeschalteten pn-Übergang entlasten.

### 4.2.3 Stetiger Abgleich von Widerständen

Wie in Abschn. 4.2.1 erwähnt, können Dünnschichtwiderstände auf der Oberfläche von integrierten Schaltungen mittels eines Lasers sehr exakt abgeglichen werden [4.27]. Abbildung 4.8a zeigt beispielhaft einen mittels eines L-Schnittes abgeglichenen Widerstand.

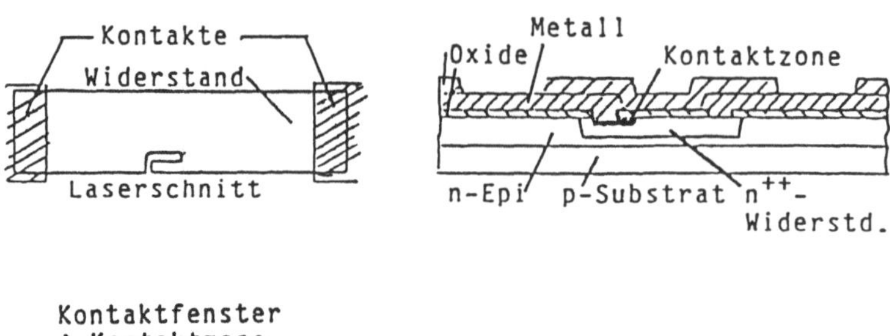


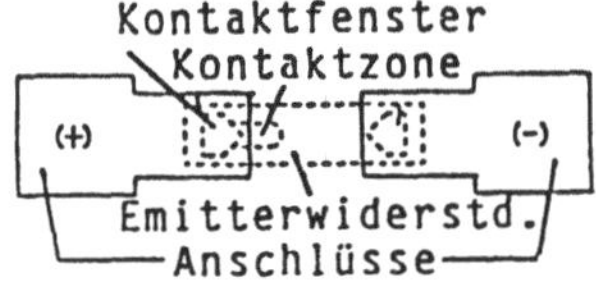


**Abb. 4.8a–c.** Stetiger Abgleich von Widerständen. **a** Laser Cutting eines Dünnschichtwiderstands mit L-Schnitt; **b** Metal Migration in einem diffundierten Emitterwiderstand vom Kontaktbereich aus (Struktur); **c** Draufsicht zu b

Diffundierte (Emitter-) Widerstände lassen sich stetig in ihrem Wert reduzieren [4.37]. Das Verfahren entspricht dem im vorigen Abschnitt beschriebenen „Zener Zapping". Unter einem Stromimpuls wandert Kontaktmetall in Richtung des Löcherstroms und verkürzt so den Abstand von Kontakt zu Kontakt. In Abbildung 4.8b ist die Struktur und in Abb. 4.8c die Draufsicht eines so abgeglichenen Emitterwiderstands dargestellt.

Erniedrigen eines Widerstandswerts mittels „Nachdiffundieren" durch Erwärmen einer eng begrenzten Widerstandszone auf hohe Temperaturen mit einem Laserstrahl wurde ebenfalls schon vorgeschlagen [4.31].

### 4.2.4 Programmier- und Reparierverfahren

Mit den in Abschn. 4.2.2 beschriebenen Möglichkeiten können im Leiterbahnnetzwerk vorhandene Verbindungen aufgetrennt oder neu gebildet werden. Sie eignen sich damit besonders zum Programmieren von Funktionen bei der Scheibenprüfung und generell zum Einschreiben von Daten in Speicher.

Durch die geringe Fehlerdichte moderner IC-Prozesse ist das Reparieren auf der Scheibe nur noch für umfangreiche (Digital-) Schaltungen [4.38] interessant. Für Leistungstransistoren, wie etwa den in 1.4.2 beschriebenen, lohnt sich bei den heutigen Ausbeuten der Aufwand zum Reparieren nicht mehr. Nach wie vor interessant sind jedoch Bauelemente, deren Zuverlässigkeit im Feld durch Ausheilen entstehender Defekte angehoben ist.

Leistungstransistoren, -dioden oder -thyristoren bestehen meist aus einer Vielzahl identischer Zellen. Ihre Daten ändern sich deshalb nicht nennenswert, wenn sich eine oder evtl. mehrere Zellen aus dem Verband lösen (siehe hierzu 4.4.3). Abbildung 4.9 zeigt zwei Beispiele von Transistorzellen, die sich bei einem Defekt selbsttätig aus dem Zellverband heraustrennen.

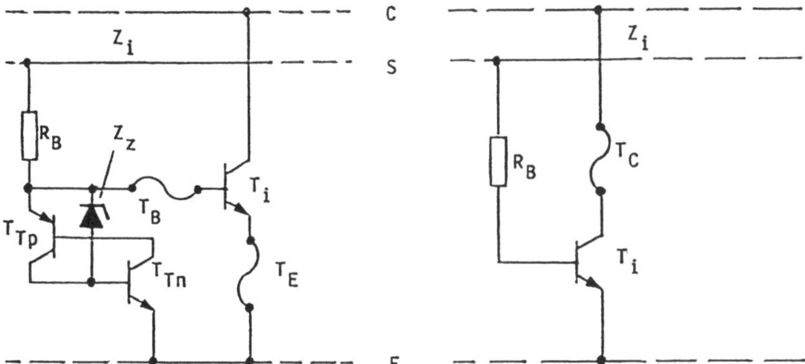


**Abb. 4.9a,b.** Aus einer Vielzahl Z ($Z \gtrless 8$) in etwa gleicher Zellen bestehender Leistungstransistor, dessen Zellen sich bei einem etwaigen Defekt selbstätig aus dem Zellverband heraustrennen. **a** Zelle eines Verbands mit gemeinsamem Kollektor; **b** Zelle eines Verbands mit gemeinsamem Emitter

Die Zellen des Transistors von Abb. 4.9a weisen alle einen gemeinsamen Kollektor auf. Sie lassen sich deshalb nur über ihre Emitterzuleitung abtrennen. Da bei einer zerstörten Zelle ($T_i$) Kollektor, Basis und Emitter durchverbunden sind, würde bevorzugt im ausgeschalteten Zustand des Transistors Strom vom Kollektor über die Basis und den Basiswiderstand $R_B$ auf die gemeinsame Steuerleitung aller Zellen fließen. Um dies zu verhindern, wird die Brennstrecke $T_B$ durchgebrannt: Steigt das Basispotential der Zelle $T_i$ über das Normale hinaus in Richtung Betriebsspannung an, so zündet der aus $T_{Tp}$ und $T_{Tn}$ bestehende Thyristor mittels $Z_z$. Der niedrige Arbeitswiderstand liefert hinreichend Strom zum Zerstören der Brennstrecke. Durch die geöffnete Brennstrecke entfällt der Steuerstrom von $T_i$, er kommt den intakten Zellen zugute. Kann von der Schaltung her der Widerstand $R_B$ durch eine Diode in Reihe ergänzt werden, so verhindert diese den Stromrückfluß auf die gemeinsame Basis; Brennstrecke und Thyristor können entfallen.

Besonders einfach läßt sich eine Zelle abtrennen, wenn wie in Abb. 4.9b die Emitter des Zellverbands durchverbunden sind. In diesem Fall reicht jeweils eine Brennstrecke $T_C$ in den Leitungen zu den Kollektoren der einzelnen Zellen aus. Diese Lösung kann bei linearen Leistungstransistoren sinnvoll sein, deren Chipfläche nicht durch den Strom sondern durch die Verlustleistung bestimmt ist. Ist $R_B$ hinreichend groß, genügt er allein zur Entkopplung, andernfalls ist eine Diode zu verwenden.

Wird zum Scheibenprüfen ein hinreichend leistungsfähiges Netzgerät verwendet, so trennen sich defekte Zellen selbsttätig ab. Da infolge der Fertigungsstreuung Transistoren mit beispielsweise bis zu 20% an abgetrennten Zellen die Forderungen des Datenblatts erfüllen können, ist im Prüfprogramm unbedingt die Anzahl fehlender Zellen (0, 1, 2, ...) festzulegen, ab der ein Chip aus Qualitätsgründen nicht mehr weiter verarbeitet werden darf. Bestehen verschiedene Qualitätsstufen, so lassen sich auch noch fertigmontierte Bauelemente bei der Endprüfung verlesen.

## 4.3 Leistungs-IC

Leistungsfähige Endstufen erlauben die geschlossene Integration ganzer Systeme wie etwa Spannungs- und Stromregler, bzw. Subsysteme wie die Elektronik zum Luftmassenmesser. Sie erfordern entsprechende Gehäuse und Montagetechniken, sie sollen fest sein gegen Second Breakdown und vieles andere mehr. Die im folgenden getroffene Auswahl ist subjektiv getroffen und unvollständig. Doch dürfte sie dem Schaltungsentwickler und Anwender einige nützliche Hilfen bieten.

### 4.3.1 Montage

Die Montage integrierter Schaltungen ist in [4.39] eingehend beschrieben, allerdings ohne auf die Vielzahl verschiedener Leistungsgehäuse einzugehen. Wer diese benötigt, kann sie unter anderem in der JEDEC-Norm [4.40] finden.

Aufgrund zunehmender Chipflächen und der kfz-bedingten hohen Anforderungen an die Temperaturwechselbeständigkeit in einem weiten Temperaturhub soll das in [4.39] Gesagte noch ergänzt werden:

Leistungs-ICs werden heute gelötet [4.39]. Für ICs mit Schaltendstufen, wie sie etwa die schon mehrfach erwähnten Spannungsregler aufweisen, liefern Gehäuse mit Stahlböden bereits einen hinreichend niedrigen Wärmewiderstand. Lineare Regler dagegen mit ihrer hohen Verlustleistung erfordern Kupfersubstrate, die mit einem fast doppelt so hohen Koeffizienten für die thermische Längenausdehnung als Stahl erheblich höhere Anforderungen an das Lotsystem stellen. Das in Tabelle 4.1 beschriebene neue Lot [4.41] hat sich hierfür als besonders beständig gegen Temperaturwechsel erwiesen.

Für Chips mit einer Fläche bis zu 20 mm$^2$ und einer üblichen Rückseitenmetallisierung CrNiAu läßt sich damit bei einer Lotdicke von ca. 50 $\mu$m eine hinreichend hohe Temperaturwechselfestigkeit erreichen. Um größere Flächen

**Tabelle 4.1.** Temperaturwechselfestes Lot aus vakuumgeschmolzenem SnCu3In0,5 zum Löten von Chips auf Kupfer

| | |
|---|---|
| Werkstoffeigenschaften: | |
| Liquidustemperatur: | 300 °C |
| Solidustemperatur: | 227 °C |
| Arbeitstemperatur: | 320 °C |
| Physikalische Eigenschaften | |
| Zugfestigkeit (Rm): | 33–35 N/mm$^2$ |
| Dehngrenze: | 20–22 N/mm$^2$ |
| Dehnung: | > 10% |
| Härte HV 0,1: | 98 |
| Spez, elektr. Leitfähigkt: | 88 kS/cm |
| Wärmeleitfähigkeit: | 0,58 W/cmK |

zu beherrschen, müßte die Lotdicke angehoben werden. Vorteilhafter ist jedoch eine Rückseitenmetallisierung mit dem System AlNiAu. Das gut wärmeleitende duktile Reinaluminium liefert bei einer Dicke $d_{Al} \approx 5\ \mu m$ und der gleichen Lotdicke von 50 $\mu$m bis zu Chipflächen von mindestens 35 $mm^2$ die Wechselfestigkeit. Darüberhinaus kann alternativ die Dicke des Aluminiums oder die des Lots weiter angehoben werden.

Als Kontaktierverfahren wird meist das Drahtbonden mit Drähten aus Aluminium angewandt. Da sich die Drähte beim Stromdurchgang erwärmen und dabei ausdehnen, atmen sie wegen ihrer geringen thermischen Trägheit u.U. im Takt des Stromflusses etwa einer Benzineinspritzung. Damit die Bondverbindungen während der Betriebsdauer des Fahrzeugs unter dieser Beanspruchung nicht abgeschert werden, ist beim Drahtbonden einerseits auf eine hinreichende Loophöhe [4.39] zu achten, andererseits darf die Belastung nicht zu hoch angesetzt werden. Hinreichend zuverlässige Bondverbindungen lassen sich mit den in Tabelle 4.2 angegebenen Grenzbelastungen in A für frei gespannte Bonddrähte erreichen. Erfaßt sind Drahtdurchmesser zwischen 50 und 200 $\mu$m und Bondlängen von 2 bis 10 mm.

Technologien mit nach unten herausgeführtem Kollektor [4.42], die auf der Kollektorseite keine Bondverbindungen benötigen, haben sich im Kraftfahrzeug bisher nicht durchsetzen können.

Ferner wird im Kraftfahrzeug die maximale Verlustleistung bis zu Kühlkörpertemperaturen gegen 100 °C gefordert. Für die Weiterverarbeitung der Bauelemente in Geräten ist oftmals ein besonders guter Wärmekontakt zum Kühlkörper erforderlich. Um diesen zu verbessern und auch in der Serie mit geringer Streuung sicherzustellen, wird der unvermeidliche Luftspalt mittels Wärmeleitpaste überbrückt.

In der Großserie ist es besonders bequem, einen Tropfen Wärmeleitpaste auf Bauelement oder Kühlkörper aufzutragen und dann bei beidseitiger Befestigung mit einer Doppelspindel die beiden Schrauben schnell anzuziehen. Da sich die Paste dilatant verhält, also einer Formänderung großen Widerstand entgegensetzt, kann sich die Grundplatte durchbiegen und dauerhalt verformen, der Spalt vergrößert sich und verschlechtert den Wärmekontakt. Darüberhinaus besteht die Gefahr, daß durch die spontane Durchbiegung Chips

**Tabelle 4.2.** Belastbarkeit von Bonddrähten aus Aluminium in A in Abhängigkeit vom Drahtdurchmesser $d$ und der Länge $l$ der Bondverbindung

| $l$/mm | 2 | 4 | 6 | 8 | 10 |
|---|---|---|---|---|---|
| $d$/$\mu$m | | | A | | |
| 50 | 1,6 | 1,1 | 0,9 | 0,7 | – |
| 75 | 2,3 | 1,6 | 1,4 | 1,0 | – |
| 100 | 3,8 | 2,7 | 2,3 | 1,7 | – |
| 125 | 5,6 | 3,9 | 3,0 | 2,5 | 2,1 |
| 150 | 8,1 | 5,.9 | 4,7 | 3,9 | 3,3 |
| 200 | – | 12 | 9 | 7,5 | 6,1 |

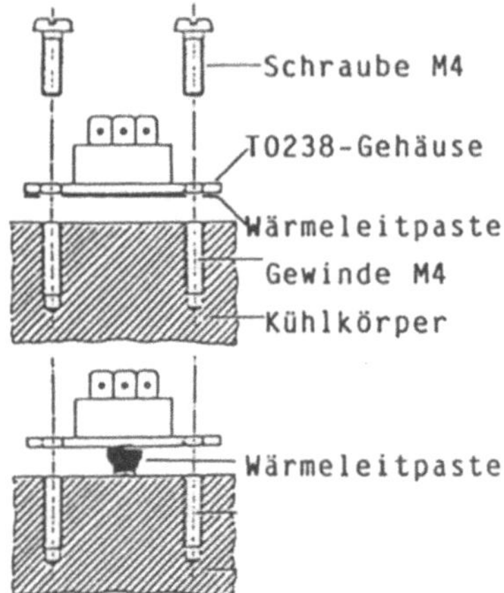


**Abb. 4.10a,b.** Leistungs-IC in modifiziertem Kunststoffgehäuse TO 238: Montieren auf Kühlkörper; Anziehen der Schrauben mit Doppelspindel schraubern. **a** Auftrag Wärmeleitpaste gleichmäßig (mit Stempel oder dgl.). *Richtig*; **b** Auftrag Wärmeleitpaste als Tropfen, *Falsch*.

brechen[5]. Dies ist besonders kritisch, da dabei die Leiterbahnen auf dem Chip noch nicht sofort reißen müssen, die Funktion somit über die Prüfung hinweg erhalten bleiben kann, und solche ICs erst nach einigen Betriebsstunden durch Temperaturwechsel im Fahrzeug ausfallen.

Um diesen Effekt sicher zu vermeiden, müßten die Schrauben sehr langsam angezogen werden, was im Labor ohne weiteres auch möglich ist. In der Serie ist es dagegen vorteilhafter und sicherer entsprechend Abb. 4.10 die Paste mit einem Stempel, im Siebdruck oder dgl. homogen aufzutragen. Gehäuse mit einseitiger Befestigung der Grundplatte verbiegen sich ebenfalls bei'raschem Festziehen der Schraube oder beim Nieten. Gebrochene Chips wurden dabei bisher nicht gefunden.

### 4.3.2 Darlington oder Transistor als Schalter

Darlingtons[6] mit zwei (Abb. 4.11a) aber auch mit mehr als zwei Transistoren findet man in Endstufen häufig als Schalter, da sie sich mit kleinen Basisströmen ansteuern lassen, also nur eine geringe Steuerleistung benötigen. Mit Transistoren läßt sich jedoch eine um bis zu 0,7 V niedrigere Sättigungsspannung erreichen. Bei einem 12 V Bordnetz stehen somit dem Verbraucher etwa 5% mehr Spannung zur Verfügung. Die Verlustleistung im Kollektorkreis sinkt, dafür steigt sie im Steuerkreis an. Aus dem Darlington wird die Schaltung nach Abb. 4.11b.

---

[5] Das Lot verhält sich ähnlich wie die Paste: Quasistatisch lassen sich die Grundplatten erheblich stärker deformieren, ohne daß Chips durchbrechen, das Lot hat dann Zeit zum Kriechen.

[6] Wird der Basisstrom des Eingangstransistors nicht auf moderate Werte begrenzt, so kann der Ausgangstransistor in Sättigung gehen; in diesem Fall wird die Basis-Emitterdiode des Eingangstransistors in Durchlaßrichtung gepolt; $B_{T1}$, $C$, $B_{T2}$ und $E_{T2}$ bilden einen Thyristor.

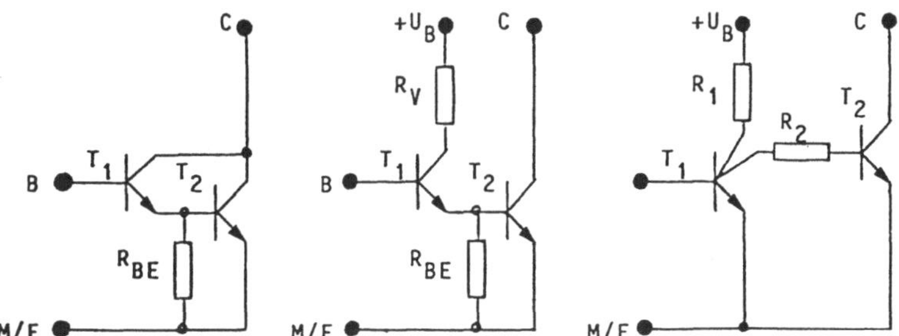


**Abb. 4.11a–c.** Drei Beispiele von Schalttransistoren: **a** Darlington, geringe Steuerleistung, hohe Sättigungsspannung; **b** Einfachtransistor angesteuert mittels Emitterfolger, hohe Steuerleistung, geringe Sättigungsspannung; **c** Einfachtransistor angesteuert mit einem Inverter (durch geeignete Dimensionierung von $R_1$, $R_2$ läßt sich eine von der relativen Einschaltdauer nahezu unabhängige Verlustleistung erreichen)

Vorteilhaft kann auch ein Inverter zum Ansteuern sein, da sich mit der einfachen Schaltung entsprechend Abb. 4.11c bei rein ohmschem Verbraucher durch geeignete Wahl der Widerstände $R_1$, $R_2$ in etwa gleiche Verlustleistung im ein- bzw. ausgeschalteten Zustand der Endstufe einstellen läßt. Bei Lasten mit induktiver Komponente wie Magnetventile, Erregerwicklungen oder Ähnlichem, die eine Freilaufdiode erfordern, kann durch Miteinbeziehen des Freilaufkreises weitgehend die Summe der Verluste egalisiert werden. Mit dieser Maßnahme läßt sich bei temperaturkritischen Leistungs-ICs eine von der relativen Einschaltdauer weitgehend unabhängige Chiptemperatur erreichen.

Für den Verbraucher ist demnach ein Einzeltransistor stets vorteilhafter als ein Darlington. Auf der Seite des Leistungs-IC sollte durch diese Umstellung die Gesamtverlustleistung nicht ansteigen. Dies ist immer dann der Fall, wenn

$$U_B/B_{TS} \leq U_{CED} - U_{CET} \qquad \text{ist, bzw. wenn}$$

$$B_{TS} \geq U_B/(U_{CED} - U_{CET}) \qquad \text{gemacht werden kann.}$$

Es bedeuten $U_B$ die Betriebsspannung, meist 14 V als Nennspannung des 12 V Bordnetzes, $B_{TS}$ die Stromverstärkung des Leistungstransistors in Sättigung und $U_{CED}$, $U_{CET}$ die Sättigungsspannungen von Darlington (D) bzw. Transistor (T).

Beispielsweise muß mit den Werten $U_B = 14$ V, $U_{CED} = 0{,}9$ V und $U_{CET} = 0{,}3$ V für den Leistungstransistor in Sättigung eine Stromverstärkung von

$$B_{TS} \geq 14/0{,}6 \geq 23 \qquad \text{gefordert}^7 \text{ werden.}$$

Die Sättigungsspannung des Bipolartransistors [4.1, 4.43] ist gegeben durch die Summe der Spannungen der daran beteiligten Terme: Spannung des inneren Transistors $U_i$ und der Spannungsabfälle im Kollektor- und Emitterbahnwiderstand

$$U_{CES} = U_i + R_C I_C + R_E(I_C + I_E);$$

[7] Selbst für den linearen Leistungstransistor des in 4.4.3 beschriebenen Stromreglers wurde $B_{TS} \approx 40$ bei $U_{CES} \approx 0{,}4$ V als Entwicklungsziel angesetzt und auch erreicht [4.44].

dabei ist die Spannung des inneren Transistors

$$U_i = U_T \ln \frac{1 + ü^{-1} \cdot B/B_{inv}}{1 - ü^{-1}},$$

wo $U_T$ die Temperaturspannung, $ü = B/B_S$ den Übersteuerungsfaktor bei Sättigung und $B_{inv}$ die Stromverstärkung des invers betriebenen Transistors bedeuten.

Für Übersteuerungsfaktoren $ü \gtrsim 2$ nimmt der nur mit seinem logarithmus naturalis eingehende Bruch Werte zwischen 50 und 150 an. Damit bleibt die innere Spannung unterhalb von $5U_T \approx 125$ mV. Da der Emitterbahnwiderstand in der Regel klein ist gegen den Bahnwiderstand des Kollektors, gilt es den „buried layer“[8] niederohmig auszuführen. Die oben mit $U_S = 0{,}3$ V angegebene und nur geringfügig temperaturabhängige Sättigungsspannung läßt sich mit einem „buried layer“ von 10 $\Omega$ bei relativ hohen Stromdichten im Emitter mit einer moderaten Chipfläche erzielen.

Bipolare Schalttransistoren sollten von ihrem Einsatz her nicht durch Second Breakdown gefährdet sein. Müssen sie jedoch dagegen gehärtet werden, so finden sich geeignete Methoden in Abschn. 4.3.3.

Bei MOS-Transistoren ist die zwischen Drain und Source liegende Restspannung nur vom erreichbaren Widerstand im eingeschalteten Zustand $R_{DSon}$ abhängig. Dieser läßt sich für ein gegebenes Layout durch Vergrößern der Chipfläche theoretisch beliebig verkleinern. Es gilt somit für das Gesamtkonzept „Arbeitskreis“ und „Leistungs-IC“ einen vernünftigen Kompromiß zwischen Funktion und Kosten zu finden. Dabei ist zu beachten, daß $R_{DSon}$ zwischen Raumtemperatur und $T_j = 150\,°C$ um einen Faktor zwei ansteigt.

### 4.3.3 Lineare Leistungsstufen

Lineare Leistungsstufen sind auf Verlustleistung hin auszulegen. Sie benötigen somit erheblich mehr Chipfläche als Schaltendstufen. Damit lassen sich u.U. weitere Komponenten wie Z-Dioden als Überspannungsschutz [4.44] ohne zusätzlichen, Flächenaufwand darin unterbringen. Da bei ihnen Strom und Spannung zu berücksichtigen sind, gewinnt die Festigkeit gegen Second Breakdown eine besondere Bedeutung. Während Power-MOS-Transistoren von Haus aus bis in den Bereich der Eigenleitung hinein keinen Second Breakdown aufweisen, ist bei Bipolartransistoren eine hohe Festigkeit durch entsprechende Maßnahmen sicherzustellen.

*Second Breakdown bei Bipolartransistoren*

Der „Second Breakdown“ ist in [4.20] als thermisches Phänomen beschrieben. Um die Neigung eines Transistors dazu zu reduzieren, muß die Verteilung

[8] Mit implantiertem Antimon lassen sich problemlos Quadratwiderstände $R_{\#} \leq 10\,\Omega$, mit Arsen und Niederdruck-Epitaxie auch noch $R_{\#} \approx 6\,\Omega$ darstellen.

des Emitterstroms auf die Emitterfläche bei hoher thermischer Belastung stabilisiert werden. Allgemein üblich wird dies durch Auflösen des großflächigen Transistors in eine Vielzahl kleiner Teiltransistoren und Gegenkopplungen durch Widerstände nach Abb. 4.12 in den Basisleitungen (a) oder den Emitterleitungen (b) der einzelnen Teiltransistoren erreicht. Beide Maßnahmen erhöhen die Sättigungsspannung des Transistors und zwar um so mehr, je effektiver sie sind. Zu beachten ist ferner, daß die Neigung zum Second Breakdown bei konstantgehaltener Verlustleistung mit zunehmender Kollektor-Emitterspannung auch zunimmt.

Werden die Widerstände in den Basisleitungen gemäß Abb. 4.12c durch (laterale) pnp-Transistoren mit ihrem sehr großen Innenwiderstand ersetzt [4.45], so läßt sich eine hinreichende Festigkeit gegen Second Breakdown ohne Verlust an Sättigungsspannung erreichen. Zweckmäßig ist, die pnp-Transistoren durch Emitterwiderstände zu stabilisieren und evtl. die Stromverstärkung der Teiltransistoren zu bremsen [4.46].

Eine Kombination von Schaltungen entsprechend Abb. 4.12a und 4.12b führt zu Zellen mit einem H-Emitter [4.47] und ähnlichen Konstruktionen, bei denen der Emitterwiderstand innerhalb der Basis liegt. Der Teiltransistor, dessen Emitter direkt mit „Masse" verbunden ist, wird durch einen erhöhten Basisvorwiderstand, der andere durch seinen Emitterwiderstand in der Festigkeit gegen Second Breakdown angehoben. Diese Lösungen bringen zwar eine deutliche Verbesserung gegenüber Standardtransistoren, sie erreichen aber nicht die Werte, die mit reinen Emitterwiderständen zu erzielen sind.

Für eine Anordnung nach Abb. 4.12a sind Basis-Pinchwiderstände [4.1] besonders geeignet [4.48]:

- wegen des Abschnüreffekts nimmt ihr Widerstand mit zunehmender Spannung $U_{CE}$ zu[9],

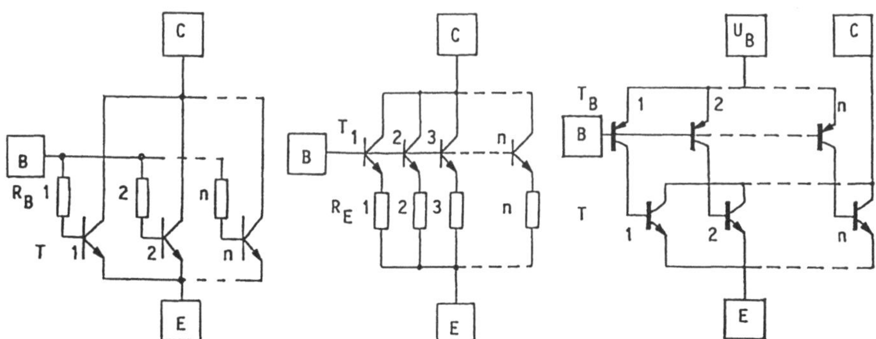


**Abb. 4.12a–c.** Unterteilen von Leistungstransistoren in eine Vielzahl von Einzeltransistoren mit geringer Emitterfläche und Widerständen zum Stabilisieren der Stromverteilung als Maßnahmen gegen Second Breakdown. **a** Widerstände in den Basiszuleitungen; **b** Widerstände in den Emitterzuleitungen; **c** Ersatz der Widerstände von (a) durch pnp-Transistoren

[9] Pinchwiderstände lassen sich als Parallelschaltung eines ohmschen Widerstands mit einem Junction-Feldeffekttransistor darstellen.

- durch die prozeßbedingte Kopplung mit Basis- und Emitterdiffusion nimmt ihr Widerstand mit zunehmender Stromverstärkung des Transistors zu,
- sie besitzen einen hohen positiven Temperaturkoeffizienten.

Abbildung 4.13a zeigt das Layout eines Ausführungsbeispiels. Die Emitterdiffusion des Pinchwiderstands ist in etwa quadratisch um den Basiskontakt geführt und mit diesem als dem positivsten Punkt verbunden. Um die Temperatur über der Transistorfläche zu homogenisieren, sind die Pinchwiderstände im Kern etwas hochohmiger als an den Rändern ausgeführt.

Sicherheit gegen Second Breakdown bis in den Bereich der Eigenleitung des Kollektorraums (der n-dotierten Epitaxieschicht) ist in der Schaltung nach Abb. 4.12b durch Widerstände in den Emitterleitungen zu erreichen. Hinweise für die Dimensionierung dieser Widerstände finden sich in [4.49].

Verfügt man von der Technologie her über eine entsprechend hoch dotierte Polysilizium-Ebene, so können die relativ niederohmigen Emitterwiderstände wie in Abb. 4.13b gezeigt flächesparend in dieser Ebene angeordnet werden [4.50]. Um keinen allzugroßen negativen TK verdauen zu müssen, sollte die Dotierung des Polysiliziums $n_p \gtrapprox 5 \cdot 10^{18}$ betragen [4.51].

Der in [4.50] beschriebene Transistor, der 530 Einzelemitter und einen resultierenden Emitterwiderstand $R_E = 150\,\mathrm{m}\Omega$ aufweist, ist für einen Kollektorstrom $I_C \leq 10$ A, eine Kollektoremitterspannung $U_{CE} \leq 80$ V und eine Verlustleistung $P = 90$ W bei Raumtemperatur ausgelegt. Seine dynamische Festigkeit gegen Second Breakdown liegt bei $U_{CE} \geq 35$ V und $I_C \geq 10$ A.

Bei Überlastung wird seine maximale Sperrschichttemperatur in *Emitternähe* ohne zeitliche Verzögerung begrenzt (nach Angabe auf $T_j \approx 230\,°\mathrm{C}$). Hierzu enthalten seine Zellen jeweils innerhalb der Basis einen Sense-Emitterstreifen zum Abtasten des Basisemitter-Potentials mit konstantem Strom. Wegen des exponentiellen Zusammenhangs zwischen Strom und Spannung übernimmt die wärmste Stelle den Sensestrom. Das erfaßte Potential wird mittels eines Operationsverstärkers ausgewertet. Dieser regelt den Basisstrom oberhalb der vorgegebenen Grenztemperatur ab und stabilisiert diese auf einem ungefährlichen Niveau.

Ohne zusätzlichen Technologieschritt lassen sich diese niederohmigen Widerstände mittels der Standard-Emitterdiffusion darstellen. Im Layout ist darauf zu achten, daß sie nicht in der Basis sondern entsprechend Abb. 4.13c in einem an Masse liegenden p-Gebiet in unmittelbarer Nähe des Emitters untergebracht werden. Durch ihren positiven Temperaturkoeffizienten nimmt ihr Wert mit zunehmender Chiptemperatur zu und damit auch die Gegenkopplung. Sie dürfen somit im Bereich der Arbeitstemperatur niederohmiger ausgeführt[10] werden, was der Sättigungsspannung entgegenkommt. Um einen zusätzlichen Meßwiderstand im Emitter und die damit verbundene weitere Zunahme der Sättigungsspannung zu vermeiden, wird das an den

---

[10] Bei einem üblichen TK von etwas über 0,2%/K beträgt die Widerstandszunahme bei einem $\Delta t$ von 400 K mehr als 80%.

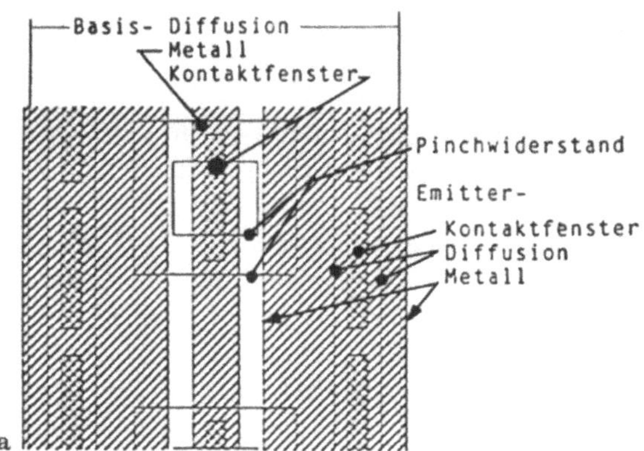


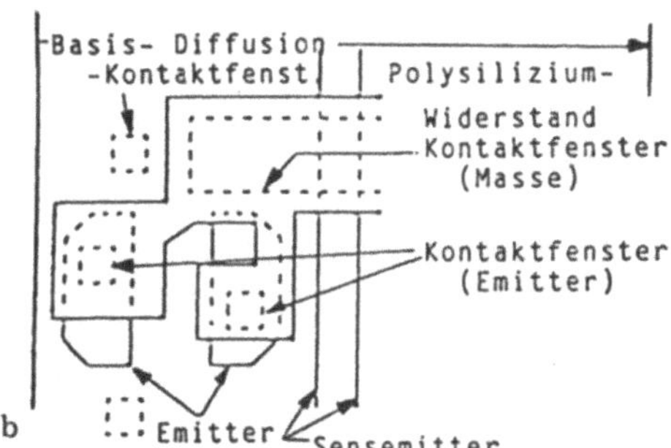


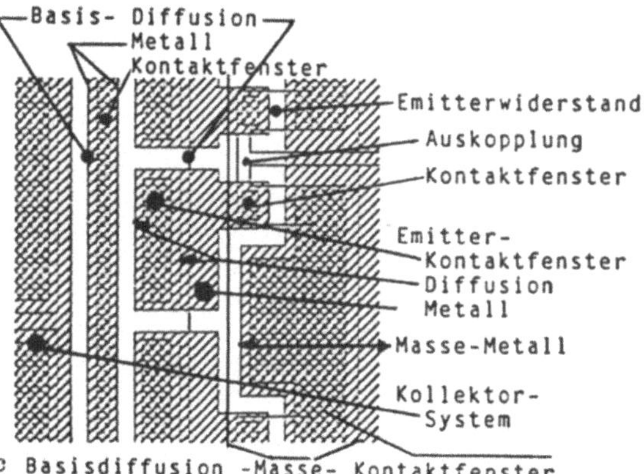


**Abb. 4.13a–c.** Layouts von drei verschiedenen Leistungstransistoren mit erhöhter Festigkeit gegen Second Breakdown. **a** Pinchwiderstände zwischen Basiskontakt und Emitter (Bosch: CJ63, CJ64); **b** Widerstände aus Polysilizium vor den Einzelemittern (NSC: LM12); **c** Darstellung der Widerstände vor den Einzelemittern mittels der Emitterdiffusion (Bosch: MD12, MD13)

Emitterwiderständen stehende Potential ausgekoppelt und als Regelgröße verwendet. Hierzu sind die Emitter paarweise spiegelbildlich angeordnet, ausgekoppelt wird mittels des gezeigten T-Glieds.

Die Zellen des Stromreglers sind aus Elementen wie in Abb. 4.13c zusammengesetzt. Ein Transistor für $I_{Cmax} = 28$ A enthält in 28 Zellen 1004 Einzelemitter. Sein Verhalten bei hohen Temperaturen läßt den Verlauf des Kolektorreststroms als Funktion der Gehäusetemperatur $[I_C(T_G)]$ in Abb. 4.14a erkennen. Um die Chiptemperatur nicht nennenswert über die Gehäusetemperatur hinaus anzuheben, wurde mit einer Pulsdauer von $t_p = 80\,\mu s$ gemessen. Die Spannung betrug dabei 20 V: Bei einer Gehäusetemperatur von 400 °C werden ca. 10 A erreicht. Wird der Strom etwas angehoben, so steigt die Spannung bis auf 28 V an, von wo ab die parallel liegenden Z-Dioden (Nennspannung 20 V bei Raumtemperatur) den Strom übernehmen. Der Transistor sperrt mindestens noch diese 28 V. Um ihn weiter in den Eigenleitungsbereich zu treiben, wurde die Pulsdauer auf $t_p = 300\,\mu s$ erhöht, und der Kollektorstrom als Funktion der gegen Masse anstehenden Spannung aufgenommen $[I_C(U_{CM})]$, die in etwa bestimmte Gehäusetemperatur ist als Parameter angegeben. Da sich der Kristall durch die Verlustleistung deutlich weiter erwärmt, werden die Kurven von rechts nach links durchlaufen. Die Steigung ist durch den Kreiswiderstand, d.h. durch den Innenwiderstand des Kennlinienschreibers bestimmt. Die höchste Pulsbelasung betrug 495 W (15 V/33 A) mit zunehmendem Strom sinkend auf 365 W (10 V/36,5 A). Der

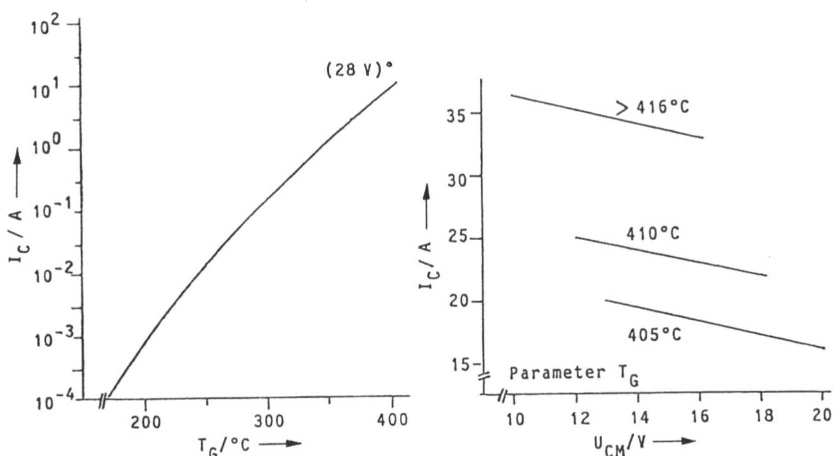


**Abb. 4.14a,b.** Kollektorreststrom eines Leistungstransistors nach Bild 4.13c mit 1004 Einzelemittern und einem Nennstrom $25 \leq I_C \leq 28$ A (MD12). **a** als Funktion der Gehäusetemperatur in linearlogarithmischem Maßstab bei einer Meßspannung $U_{CM} = 20$ V; singulärer Punkt: $T_G = 400$ °C, $U_{CM} = 28$ V (Spannung der parallelliegenden Z-Diodenelemente); Aufgenommen mit Tektronix Kennlinienschreiber und Pulsdauer $t_p$ 80 $\mu s$; **b** als Funktion der Spannung Kollektor gegen Masse in linearem Maßstab; Gehäusetemperatur $T_G$ als Parameter, aufgenommen mit Tektronix Kennlinienschreiber und Pulsdauer $t_p$ 300 $\mu s$; die Neigung entspricht in etwa dem Innenwiderstand des Kennlinienschreibers

Transistor hat diese Beanspruchung ohne Schäden überstanden: Anschließend bei Raumtemperatur gemessen, ergaben sich wieder die Ausgangswerte.

In der Praxis muß dieser Transistor voll durchgesteuert, die durch einen festgebremsten Motor entstehende Belastung bei der spezifizierten Obergrenze für die Betriebsspannung (16,5 V) so lange aushalten bis der Kollektorstrom (oberhalb einer Gehäusetemperatur von ca. 130 °C) thermisch abgeregelt wird. Um eine quasistationäre Belastung zu simulieren wird im Labor die Spannung $U_{CM}$ rechnergesteuert innerhalb von 5s linear auf den Maximalwert hochgefahren, dort für 5s festgehalten und dann in weiteren 5s wieder auf Null zurückgeholt. Das Ergebnis eines solchen Versuchs für ein nicht ganz einwandfrei gelötetes Exemplar MD12 ist in Abb. 4.15 wiedergegeben. Vier seiner 28 Zellen werden dabei thermisch überlastet und durch den in Abschn. 4.2.4 beschriebenen Mechanismus selbsttätig vom Zellverbund abgetrennt. Die jungfräulichen Kennlinien sind mit o, die nach dem Abtrennen der vier Zellen mit / gekennzeichnet.

Im Diagramm sind aufgetragen: Die Transferkennlinie $I_C(U_E)$, wobe $U_E$ die Spannung der Führungsgröße bedeutet, die Kollektorstromkennlinien $I_C(U_{CM})$ für den Sättigungs- und Lastbereich und die Stromaufnahme des Reglers $I_B(U_{CM})$. Der Spannungsmaßstab ist je nach Meßart mit einem Faktor 0,5 oder 2,0 zu multiplizieren.

Nach der Transferkennlinie (1) wird der Maximalstrom bei einer Eingangsspannung $U_E$ oberhalb von 5,2 V scharf auf $I_C \approx 27$ A begrenzt; für

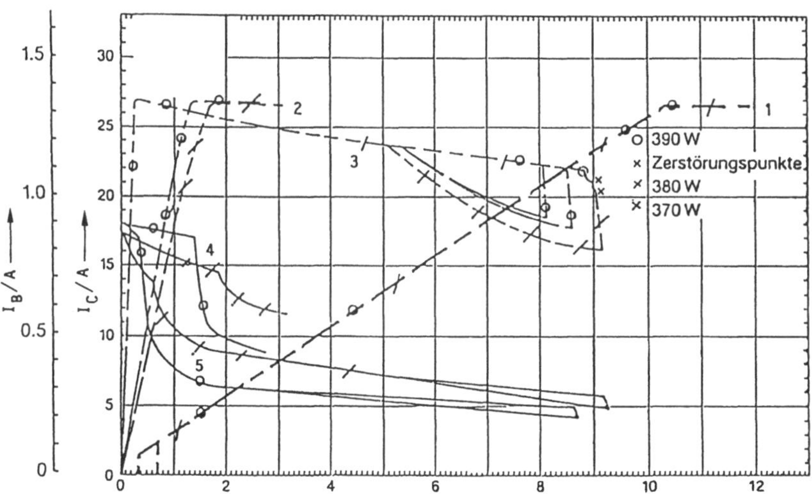


**Abb. 4.15.** $I_C(U_E)$, $I_C(U_{CM})$ und $I_B(U_{CM})$ Kennfelder eines MD12 mit 28 Zellen; ○ Verlauf in jungfräulichem Zustand, / Verlauf nach dem Verlust von 4 Zellen. *1* Transferkennlinie $I_C(U_E)$; Spannungsmaßstab $2 \cdot U_E$; *2* Sättigungskennlinie $I_C(U_{CM})$; Spannungsmaßstab $2 \cdot U_{CM}$; *3* Kollekstorstromkennlinien $I_C(U_{CM})$ für $I_{max}$; Spannungsmaßstab $0{,}5 \cdot U_{CM}$; ○ Verlauf mit zunehmender Spitzenlast; / Verlauf mit Maximallast; *4* Stromaufnahme $I_B$ der integrierten Schaltung bei einer Betriebsspanung $U_B = 14$ V; Spannungsmaßstab $2 \cdot U_{CM}$; *5* Stromaufnahme $I_B$ der integrierten Schaltung bei einer Betriebsspannung $U_B = 14$ V; Spannungsmaßstab $0{,}5 \cdot U_{CM}$

den Versuch wird deshalb mit $U_E = 7{,}5$ V angesteuert. Nach der Kennlinie für die Sättigungsspannung (2 o) beträgt diese zunächst $U_{CM} = 0{,}65$ V. Jetzt wird der Versuch gestartet und die Kennlinie $I_C(U_{CM})$ (3 o) bis 16,1 V durchlaufen, im zweiten Durchgang bis 17 V und im dritten bis 17,6 V. Wegen der (absichtlich) mit negativer Steigung verlaufenden Kennlinie fällt der Strom an diesem Punkt auf 22,1 A, was eine Verlustleistung von 390 W ergibt. Nach etwa zwei bis drei Sekunden greift die thermische Abregelung; zu spät für zunächst zwei, dann nochmals für weitere zwei Zellen, die paarweise bei 380 W, bzw. bei 370 W ausfallen. Nach dem Verlust dieser vier nicht hinreichend gekühlten Zellen wird die Kennlinie weiter regulär durchlaufen, jetzt mit / gekennzeichnet. Von nun an konnte (3/) noch mehrmals ohne weitere Verluste an Zellen bis zur Spitzenlast von 390 W gefahren werden.

Durch den Zellverlust ist die Sättigungsspannung von 0,65 auf 0,8 V angestiegen. Transferkennlinie und Maximalstrom blieben nahezu exakt[11] erhalten. Die Kurven (4) und (5) zeigen, daß die Stromaufnahme der Steuerschaltung $I_B(U_{CM})$ außerhalb des Sättigungsbereichs ansteigt.[12] Das Bauelement blieb jedoch voll funktionsfähig.

Im Laborversuch war die angegebene Spannung die Klemmenspannung am Bauelement. Bei einem Einsatz im Kraftfahrzeug hat die Spannung des Bordnetzes die genannten 16,5 V. Gleichstromwiderstand von Zuleitung und Motor bedingen einen Spannungsabfall von ca. 2,5 V, so daß sich ein noch größerer Sicherheitsabstand ergibt.

Ein Schutz durch stromstarke Leistungstransistoren mittels Durchschalten in Sättigung nach Abschn. 3.3.2 (Abb. 3.18) verbietet sich schon durch das erforderliche Stromniveau. Darüberhinaus ist wegen der Impedanz des Bordnetzes (Abschn. 3.2.2) weder Durch- noch Abschalten praktikabel. Dynamische Stabilität wäre nur mit einem zusätzlichen Aufwand an diskreten Komponenten zu erreichen. Eine hinreichende Festigkeit gegen Second Breakdown kombiniert mit einer thermischen Abregelung des Spitzenstroms stellt somit einen gangbaren Weg dar.

### 4.3.4 Dioden und Thyristoren

Als Leistungsdioden sind von den möglichen Diodenstrukturen in integrierter Technik [4.1] nur die Basis-Kollektorstrecken geeignet, obwohl sie die größte Sperrträgheit aufweisen [4.2]. Die Anode wird durch die Basis-, die Kathode durch die Kollektorzone gebildet. Da ihre Ausführung an den vorgesehenen IC-Prozeß gebunden ist, lassen sie sich von der Technologie her nicht optimieren. Ihre Eigenschaften sind nur vom Layout her zu beeinflussen. Abbildung 4.16

---

[11] Abweichungen bis zu $\pm$ 0,5% sind üblich.

[12] Die Reserven des Entwurfs sollen dem Kunden zugute kommen. Es dürfen deshalb nur völlig intakte Exemplare ausgeliefert werden, für die $I_C(U_{CM})$ neben der Sättigungsspannung ein weiteres Prüfkriterium bildet.

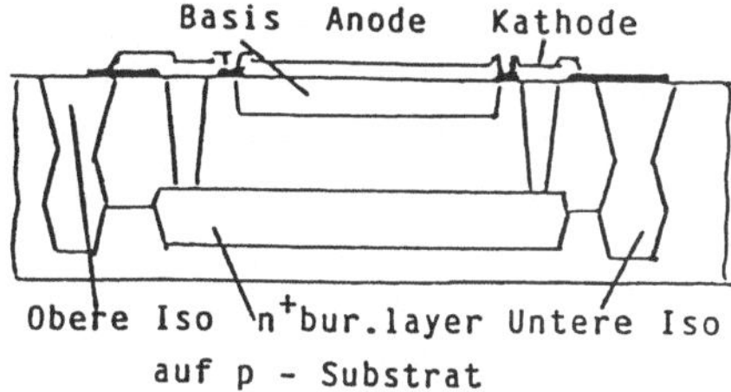


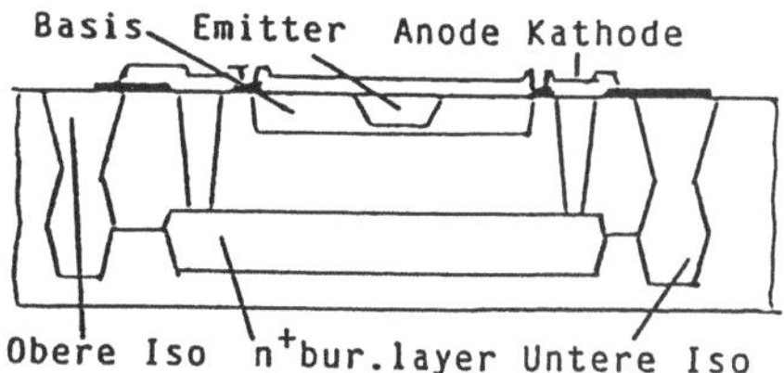


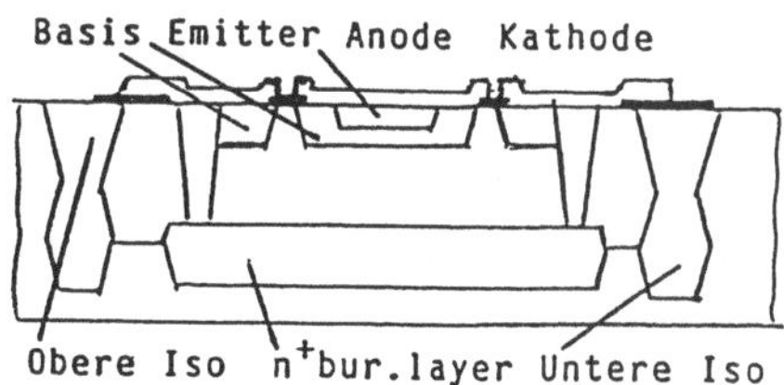


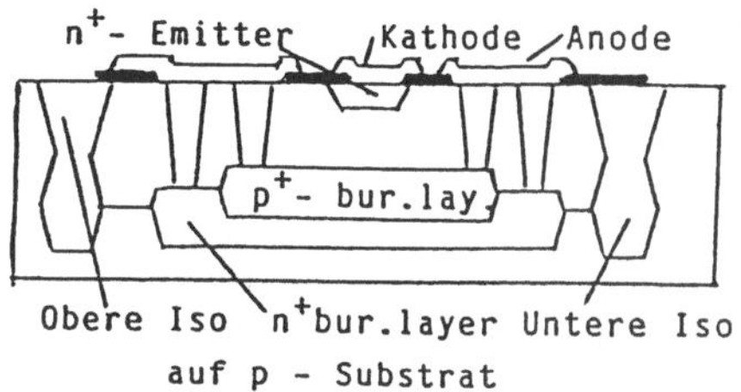


**Abb. 4.16a–d.** Strukturen und Schaltbilder von Leistungsdioden. **a** „Kollektordiode“: Sperrspannung $U_{Sa} \equiv U_{CB}$; hohe Stromverstärkung des parasitären Substrattransistors; **b** „Inverstransistor“: Sperrspannung $U_{Sb} \equiv U_{CES}$; reduzierte Stromverstärkung des parasitären Substrattransistors; **c** „Improved Diode“: Inverstransistor von b ergänzt mit einem pnp-Lateraltransistor, weiter reduzierte Stromverstärkung des parasitären Substrattransistors; **d** „Low Leakage Diode“: Extrem niedrige Stromverstärkung des parasitären Substrattransistors

zeigt anhand von Schnitten durch Strukturen vier verschiedene Möglichkeiten auf.

Leistungsdioden werden mit Stromdichten weit im Bereich der Hochinjektion betrieben. Ihr durch die Injektion von Minoritäten bestimmtes Trägheitsverhalten ist in [4.52] beschrieben. Wegen ihrer epitaxial-planaren Bauform gehören sie trotzdem im Vergleich mit diskreten Dioden zu den schnell schaltenden also im Durchlaßbereich relativ wenig Ladung speichernden Dioden. Da Löcher mit ihrer geringeren Beweglichkeit die Minoritäten bilden, schalten sie auch den beim Übergang vom Durchlaß- in den Sperrbereich auftetenden Ausräumstrom etwas langsamer ab wie Exemplare mit Elektronen als Minoritäten, wobei durch die laterale Ausdehnung der Diode der Abbau noch etwas weiter verzögert wird. Das *verzögerte* oder *schnelle* Abschaltverhalten ist in [4.53] beschrieben.

Basis-Kollektordioden bilden zusammen mit dem Substrat einen parasitären pnp-Transistor [4.2]. Seine Stromverstärkung $B_S$ wird, sofern die Anschlußdiffusion (Sinker S) zum buried layer geschlossen um die Anode geführt ist, allein von der Rekombinationsrate im buried layer bestimmt. Liegen Leistungsdioden etwa an Betriebsspannung, so wird der Substrattransistor das Substratpotential einerseits positiv anheben, andererseits eine zusätzliche Verlustleistung erzeugen. Je härter das Substrat an Masse angebunden ist, desto geringer wird der Potentialversatz und damit evtl. verbundene Störungen angrenzender Schaltungsteile, desto größer wird die zusätzliche Verlustleistung. Die Stromverstärkung $B_S$ ist deshalb einerseits von der Technologie her durch einen möglichst niederohmigen buried layer[13], andererseits vom Layout her in vernünftigen Grenzen abzusenken. Anhand der Kennlinien wird die Substratstromverstärkung noch erläutert werden.

Die reine Basis-Kollektordiode (Abb. 4.16a) weist zwar die größte Sperrträgheit und die höchste Substratstromverstärkung aller vier Diodentypen auf, ist dafür aber sehr robust. Bei einem Spannungsstoß oberhalb ihrer Durchbruchspannung kann sich die Raumladung noch in die Basis hinein ausdehnen, ohne daß die Diode dadurch gleich zerstört wird.

Wird jetzt in die Basiszone (Abb. 4.16b) ein Emitter eingebracht, entsteht ein im Durchlaßbereich invers betriebener Transistor. Hierdurch sinkt die Minoritätendichte im widerstandsmodulierten Anodenraum um den Faktor F der Stromverstärkung (etwa $2 \leq F \leq 5$), Sperrträgheit und Verstärkung des Substrattransistors nehmen ab. Dringt jetzt bei Überspannung die Raumladung bis an die dicht hinter dem Basis-Kollektorübergang liegende Emitterzone vor, so schaltet der Transistor durch, es fließt spontan hoher Strom, die Diode wird zerstört.

Der inversbetriebene Transistor (Abb. 4.16b) läßt sich nun durch Parallelschalten eines lateralen pnp-Transistors zur Anoden-Kathodenstrecke nach Abb. 4.16c zu einer „Improved Diode“ [4.54] weiter ergänzen. Während die Anode als Emitter für den pnp-Transistor dient, muß sein mit der Kathode verbundener Kollektor extra eingebracht werden. Die „Improved Diode“ erfordert mehr Chipfläche, dafür geht vor allem bei einem hochohmigen buried layer die Verstärkung des Substrattransistors stark zurück.

Moderne Bipolartechnologien haben eine Isolierungsdiffusion, die von einer *vergrabenen* p-Zone aus nach oben und von oben bis zu einem guten Kontakt mit dem von unten kommenden Teil getrieben wird, es gibt eine *untere* and *obere* Isolierung. Diese Technologie ermöglicht den grundsätzlich anderen in Abb. 4.16d wiedergegebenen Diodenaufbau: Von oben her kommend befindet sich anstelle einer als Anode dienenden Basiszone ein Emitter als Kathode. Die Anode wird jetzt von der auf dem $n^+$-buried layer aufsitzenden unteren Iso, mit $p^+$-buried layer bezeichnet, gebildet. Die *untere* Iso ist mittels der oberen Iso

[13] Durch einen niederohmigen buried layer sinkt nicht nur die Sättigungsspannung von Leistungstransistoren, bzw. die für sie erforderliche Chipfläche, er erlaubt auch Schaltungen mit Freilaufdioden, die andernfalls verboten sein müßten.

herausgeführt und mit dem $n^+$ buried layer verbunden. Anstelle des invers betriebenen npn-Transistors entsteht ein regulärer Transistor mit relativ geringer Basisweite, also mit hoher Stromverstärkung. Die Verstärkung des Substrattransistors nimmt bei dieser Type um mehrere Größenordnungen ab. Sie stellt deshalb von der benötigten Chipfläche her eine sehr günstige Lösung dar.

Die Kennlinien von Leistungsdioden sollen anhand der vier in Tabelle 4.3 niedergelegten Exemplare der Typen b, c und d interpretiert werden. Um sie besser miteinander vergleichen zu können, sind in Abb. 4.17 die Stromdichten $i$ in $A/mm^2$ als Funktion der Durchlaßspannung $U_D$ in V wiedergegeben. In Abb. 4.17a ist der Strom auf die Gesamtfläche der Dioden bezogen, in Abb. 4.17b die Anodenstromdichte $i_A$ für Dioden nach Abb. 4.16b, c, bzw. die Kathodenstromdichte $i_K$ für eine Diode nach Abb. 4.16d dargestellt. Zu den Dioden in Abb. 4.16a gab es keine Meßergebnisse mehr, diese entsprechen jedoch etwa denen der Inverstransistoren in Abb. 4.16b. Ergänzend zeigt Abb. 4.18 die zugehörige Stromverstärkung des parasitären Substtrattransistors als Funktion der Bruttostromdichte [$B_S$ ($i_D$)].

Nach Abbildung 4.17a hat die Ausführung mit dem Inverstransistor (Abb. 4.16b) die größte Steilheit, sie kann etwa bis zu Stromdichten von 4 $A/mm^2$ gefahren werden. Da die „Improved Diode“ (Abb. 4.16c) mit einem hohen Bahnwiderstandsanteil belastet die geringste Steilheit aufweist, wurde sie mit einem gefalteten Spannungsmaßstab wiedergegeben, auch die erreichte Stromdichte ist am niedrigsten. Etwas Neues stellt die Diode in Abb. 4.16d dar. Sie benötigt bei gleicher Stromdichte wie der Inverstransistor als Diode nur ca. 100 mV mehr Durchlaßspannung, läßt aber Stromdichten von mehr als 6 $A/mm^2$ zu.

Noch deutlicher werden die Verhältnisse, wenn die Stromdichten nicht mit den Bruttoflächen, sondern wie in Abb. 4.17b mit den Anoden-bzw. Kathodenflächen ermittelt werden. Während *b* bis zu 15 $A/mm^2$ geht, erreicht *c* mit 7 $A/mm^2$ nur die Hälfte; der Sonderfall *d* mit einem $n^+$-Emitter als Kathode dagegen läßt sich bis zu 120 $A/mm^2$ ausfahren.

Interessant dazu ist die Stromverstärkung des parasitären pnp-Substrattransistors $B_S$ ($i_D$) (Abb. 4.18): Die „Improved Diode“ liegt nahezu konstant bei etwas mehr als 3%; sie ist damit die schlechteste. $B_S$ von *b* steigt zwar mit der

**Tabelle 4.3.** Daten der Dioden zu den Meßwerten der Abb. 4.17 und 4.18 (Bruttoflächen: einschließlich Anschlußmetall; Nettoflächen: Grenzen durch Isolierungs-Diffusion gegeben)

| Diode nach Abb. 4.16: | | | b | b | c | d |
|---|---|---|---|---|---|---|
| Bruttofläche | $F_B$ | $mm^2$ | 1,25 | 1,3 | 3,0 | 0,6 |
| Nettofläche | $F_N$ | $mm^2$ | 1,1 | 1,1 | 2,2 | 0,3 |
| Anodenfläche | $F_A$ | $mm^2$ | 0,4 | 0,35 | 1,0 | --- |
| Kathodenfläche | $F_K$ | $mm^2$ | ------ | ------ | ------- | 0,04 |
| Betriebsstrom | $I_D$ | A | ·5 | 5 | 7 | 4 |
| Sperrspannung | $U_{KA}$ | V | 35 | 35 | 60 | 100 |
| Durchlaßspannung | $U_D$ | V | 0,93 | 0,95 | 2,1 | 1,2 |
| buried layer | $R_{\neq L}$ | Ω | 10 | 10 | 20 | 10 |

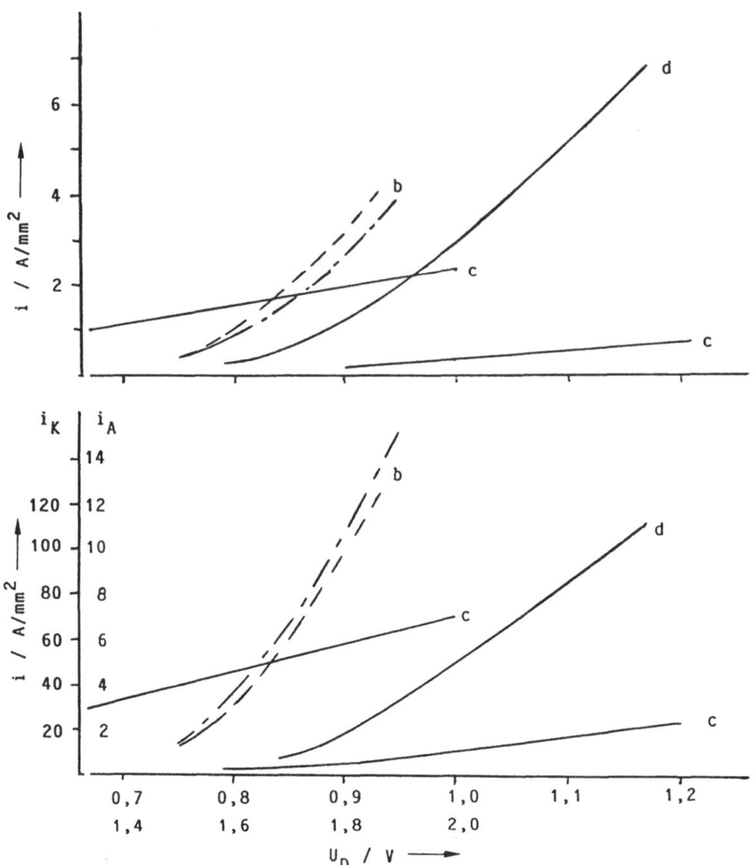


**Abb. 4.17a,b.** Stromdichte i in A/mm² als Funktion der Durchlaßspannung in V, gemessen an Musterdioden nach b, c, d; für c: Spannungsmaßstab gefaltet. **a** Bezogen auf die Gesamtfläche der Dioden, einschließlich der Flächen für Anschlußleitungen. **b** Bezogen auf die Anodenfläche allein (Basisdiffusion) bei b, c, bzw. auf die Kathodenfläche allein (Emitterdiffusion) bei d

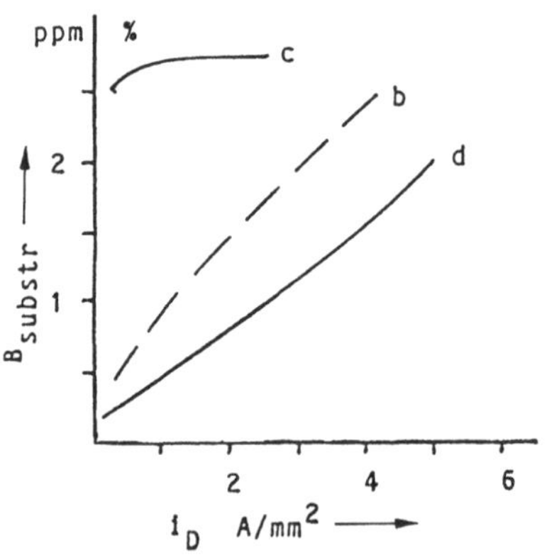


**Abb. 4.18.** Stromverstärkung B des parasitären Substrattransistors als Funktion der Stromdichte für Dioden nach b, c: Maßstab %, für d: Maßstab ppm

Stromdichte an, ist jedoch ohne den ergänzenden lateralen pnp-Transistor von *c* bei ihrer Grenzstromdichte noch etwas besser als diese. $B_S$ von *d* dagegen liegt um etwa vier Größenordnungen darunter, was eine Änderung des linearen Maßstabs von % in ppm erfordert.

Ursache für das bessere Abschneiden von *b* gegenüber *c* ist der mit $R_\square \leq 10\,\Omega$ relativ niederohmige buried layer, bei dem ein zusätzlicher Lateraltransistor lediglich die Bruttofläche vergrößern würde. Stehen nur buried layer im üblichen Bereich von 20–30 $\Omega$ zur Verfügung, so ist die „Improved Diode“ praktisch unerläßlich, da nach [4.54] ohne diese Lösung mit Substratstromverstärkungen $B_S \to 1$ zu rechnen ist.

Die Diode nach d wird zu recht als „Low Leakage Diode“ bezeichnet. Sie ist allerdings nur mit einem niederohmigen buried layer praktikabel. Erst bei Stromdichten oberhalb von $i_K = 120\ \text{A/mm}^2$ steigt auch bei ihr $B_S$ steil an.

Neben Leistungsdioden lassen sich auch -Thyristoren darstellen. Hierzu wird ein npn-Transistor in derselben Wanne mit einer lateral versetzten Basiszone als Anode zu einer pnpn-Struktur ergänzt. In Abbildung 4.19 sind unter a) das Schaltungssymbol eines Thyristors, unter b) seine Ersatzschaltung und unter c) ein Schnitt durch seine Struktur angegeben. Die Widerstände $R_1$ und/oder $R_2$ dienen als Basis-Emitterableitwiderstände des npn-Teiltransistors ($T_1$), bzw. des pnp-Teiltransistors ($T_2$). Sie können in die Struktur integriert sein, wie etwa $R_1$ in Abb. 4.20, oder aber außerhalb angeordnet sein. Auch Stromquellen, evtl. temperatur- und/oder stromverstärkungsabhängig, sind dafür geeignet. Art und Größe der Ableitung bestimmt:

- die maximal zulässige Sperrschichttemperatur,
- den Haltestrom,
- die maximal zulässige Anstiegsgeschwindigkeit der Anoden-Kathodenspannung des gesperrten Thyristors.

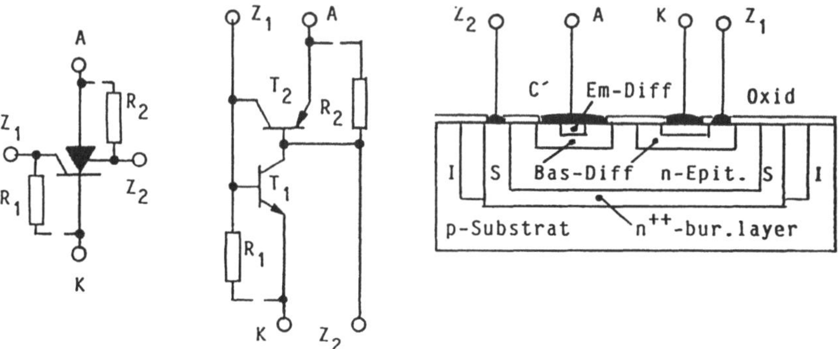


**Abb. 4.19a–c.** Monolithisch integrierter Thyristor. **a** Schaltungssymbol; A Anode. K Kathode, $Z_1$, $Z_2$ Zündelektroden; $R_1$, $R_2$ Ableitwiderstände; **b** Schaltung bestehend aus dem npn-Transistor $T_1$, pnp-Transistor $T_2$ und den möglichen Ableitwiderständen $R_1$ (Basis-Emitter $T_1$), bzw. $R_2$ (Basis-Emitter $T_2$); **c** Schnitt durch die Struktur; I Isolierungsdiffusion, S Anschlußdiffusion (Sinker). C′ $n^+$-Hilfskollektor in Anode

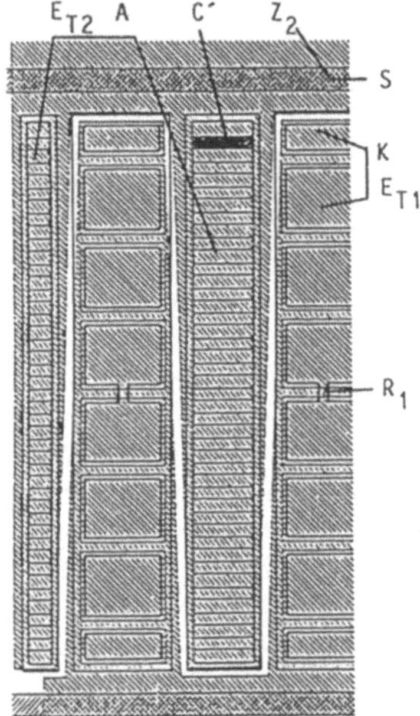


**Abb. 4.20.** Ausschnitt aus dem Layout eines lateralen Thyristors mit den Daten nach Tabelle 4.4; Bezeichnungen entsprechend Bild 4.19

**Tabelle 4.4.** Daten des Thyristors nach Bild 4.20

| | | | |
|---|---|---|---|
| Bruttofläche | $F_B$ | $mm^2$ | 1,0 |
| Nettofläche | $F_N$ | $mm^2$ | 0,71 |
| Anodenfläche | $F_A$ | $mm^2$ | 0,17 |
| buried layer | $R_\square$ | $\Omega$ | 10 |
| Betriebsstrom | $I_{D=}$ | A | 5 |
| Spitzenstrom | $\hat{i}$ | A | 15 |
| Haltestrom | $I_h$ | mA | $\leq 20$ |
| Sperrspannung | $U_{AK}$ | V | $\geq 40$ |
| Flußspannung (bei $I_{D=}$) | $U_D$ | V | $\leq 1{,}5$ |

Ebenso wie bei den Dioden kann die Anode durch den n-dotierten Hilfskollektor C' ergänzt werden, wodurch einerseits die Verstärkung des parasitären Substrattransistors sinkt, andererseits auch die Freiwerdezeit des Thyristors.

Der in Abb. 4.20 gezeigte Ausschnitt aus dem Layout eines Musterbeispiels läßt die einzelnen Komponenten erkennen. Der schwarz hervorgehobene Hilfskollektor C' wiederholt sich periodisch. Er bedecktz ca. 40% der Anodenfläche, der Grad der Bedeckung könnte falls erforderlich weiter angehoben werden. Die Daten des entsprechenden Thyristors sind in Tabelle 4.4 zusammengestellt.

In Abbildung 4.21 ist unter a) seine Anodenstromdichte $i$ ($A/mm^2$) als Funkiton der Durchlaßspannung $U_D$ (V) bezogen auf die Bruttofläche ($i_B$) bzw. die Anodenfläche ($i_A$) und unter b) die Stromverstärkung des parasitären

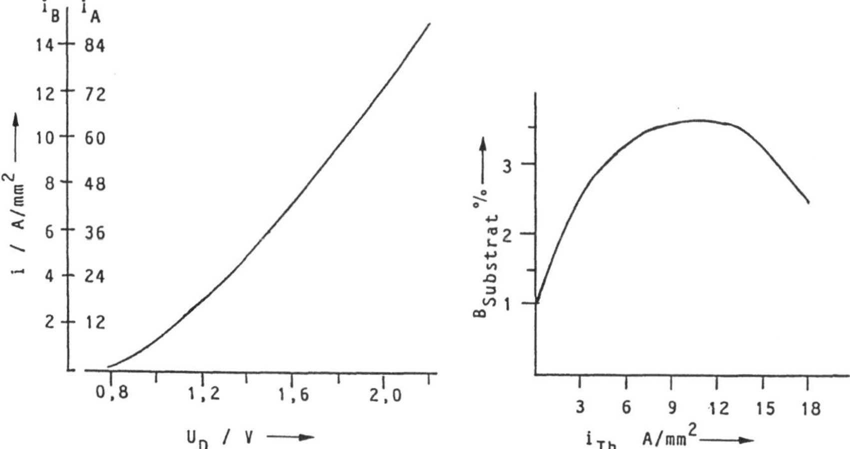


**Abb. 4.21a,b.** Kennlinien des Thyristors nach Tabelle 4.4. **a** Anodenstromdichte i [A/mm$^2$] als Funktion der angelegten Spannung $U_D$ [V] bezogen auf die Bruttofläche ($i_B$) bzw. auf die Anodenfläche ($i_A$); **b** Verstärkung B des parasitaren Substrattransistors als Funktion der Stromdichte $i_{Th}$ bezogen auf die Bruttofläche (bei Bezug auf die Anodenfläche ist der Strommaßstab mit dem Faktor 6 zu multiplizieren)

Substrattransistors als Funktion der Bruttostromdichte eingetragen. Wie zu erwarten war, lassen sich hohe Stromdichten, bezogen auf die Anodenfläche bis zu 90 A/mm$^2$, mit einer Durchlaßspannung um 2,2 V erreichen. Die Substratstromverstärkung $B_S$ deckt sich im unteren Bereich der Stromdichte mit der Diode *b* von Abb. 4.18, nimmt dann mit weiter steigendem *i* immer schwächer zu, um oberhalb 12 A/mm$^2$ wieder abzunehmen. Trotzdem steigt der Substratstrom bis zu den aufgenommenen 18 A/mm$^2$ ( $\equiv i_A = 108$ A/mm$^2$) noch weiter an. Die Abnahme der Steilheit von $B_S(i)$ bei etwas größeren Stromdichten kommt dadurch zustande, daß immer größere Flächenbereiche im Inneren des Thyristors in Sättigung gehen.

Auf die prozeßabhängigen Sperrträgheiten von Dioden und Freiwerdezeiten von Thyristoren wird im folgeunden eingegangen.

*Freilaufkreise*

Werden induktive Lasten geschaltet, so ist der beim Abschalten entstehende induktive Stromstoß mittels einer *Freilaufdiode* $D_F$ abzufangen. In Abbildung 4.22 sind dazu vier Beispiele angegeben:

a) Der „Low Side Switch" ist wegen der parasitären Diode $D_P$ zwischen Substrat und Kollektorwanne von $T_1$ nicht verpolfest auszuführen. Als Freilaufdiode $D_F$ eignen sich grundsätzlich alle in Abb. 4.16 dargestellten Strukturen. Wegen der geringen Verstärkung $B_S$ des parasitären Substrattransistors ist die „Low Leakage Type" (Abb. 4.16d) jedoch besonders vorteilhaft.

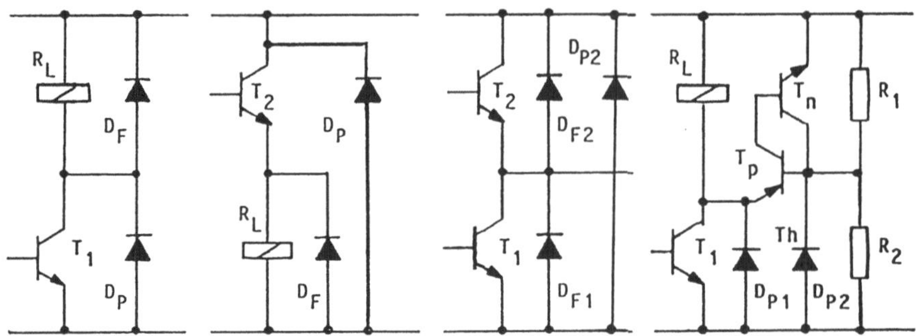


**Abb. 4.22a–d.** Verschiedene Anordnungen von Freilaufkreisen zum Schalten induktiver Lasten; Bezeichnungen: $T_1$ „Low Side Switch"; $T_2$ „High Side Switch"; $D_F$ Freilaufdiode; $D_p$ parasitäre Substratdiode; Th Thyristor aus den Transistoren $T_p$ (pnp) und $T_n$ (npn); $R_L$ induktive Last und $R_1$, $R_2$ Widerstandsteiler zum Erzeugen des Zündpotentials. **a** „Low Side Switch"; wegen $D_P$ nicht verpolfest; **b** „High Side Switch"; wegen $D_P$ nicht verpolfest; **c** Halbbrücke mit „Low Side Switch" und „High Side Switch"; grundsätzlich nicht verpolfest; **d** „Low Side Switch"; durch Thyristorfreilauf verpolfest

b) Auch der „High Side Switch" ist wegen der parasitären Diode $D_P$ zwischen Substrat und Kollektorwanne von $T_2$ nicht verpolfest. Freilaufdioden nach Abb. 4.16a, b, c haben grundsätzlich eine Substrat-Kollektordiode parallel, die bei der Beanspruchung in Flußrichtung Minoritäten ins Substrat injiziert (vgl. hierzu Abschn. 3.1). Bei der „Low Leakage Diode" (Abb. 4.16d) gehört dagegen die Kollektorwanne zur Anode und liegt somit auf Massepotential. Das Problem der Injektion von Minoritäten in das Substrat ist mit dieser Type also ideal gelöst.

c) Die Halbbrücke ist ebenfalls nicht verpolfest. Als Freilaufdiode $D_{F1}$ kann bereits die Substrat-Kollektordiode von $T_1$ fungieren. Sie injiziert jedoch Minoritäten ins Substrat und zwar auch dann noch, wenn eine zusätzliche Diode wie etwa die „Low Leakage Diode" parallelgeschaltet würde. Die Probleme sind in [4.55] umrissen. Dort wird die Substratdiode durch einen n-Kollektor zu einem lateralen npn-Substrattransistor ergänzt (siehe Abb. 3.1), der mittels der injizierten Minoritäten über eine Hilfsschaltung die Ansteuerung von $T_2$ verhindert, sobald der Ausgang der Halbbrücke unter Null geht. Enthält der Chip nur einen OP wie in [4.55], der in diesem Fall nicht mehr funktionieren muß, so ist diese Lösung ideal. Müssen dagegen Schaltungsteile auch dann funktionstüchtig bleiben, so kann evtl. die „Low Leakage Diode" im Freilauf zusammen mit einem im Layout von $T_1$ weit entfernten Massekontakt[14] schon ausreichen. Darüberhinaus wird auf den Abschn. 3.1 verwiesen. Für die Freilaufdiode $D_{F2}$ gilt das unter a) Gesagte.

---

[14] Es kommt darauf an, zwischen Masseanschluß und dem unter $T_1$ liegenden Substrat einen möglichst großen Widerstand unterzubringen, damit der zu klammernde Strom so weit als möglich von der parallelliegenden Freilaufdiode getragen wird.

d) Der „Low Side Switch" von a) läßt sich verpolfest ausführen, wenn anstelle der Diode $D_F$ ein symmetrischer Thyristor Th etwa nach Abb. 4.20 verwendet wird. Wird die Steuerelektrode $Z_2$ an den Widerstandsteiler $R_1$, $R_2$ angeschlossen, so fließt Zündstrom bereits bevor seine Anode positiv gegen die Kathode geworden ist. Der Thyristor kommutiert so sauber wie eine Diode. Selbstverständlich läßt er sich auch fremd steuern: Bei einem getakteten System kann er während des Stromflusses als Freilauf dienen, um am Ende der Stromflußzeit gesperrt zu werden. Damit wird anschließend eine Klammerung auf höherem Spannungsniveau ermöglicht, wodurch sich das Magnetfeld erheblich schneller abbauen läßt.

Die ganze Problematik mit „Minoritäten" und „Majoritäten" im Substrat ließe sich durch eine Oxidisolation [4.2] umgehen, sofern dieser komplizierte Prozeß von den Kosten her zu verkraften wäre. Neuerdings scheinen Ansätze in dieser Richtung zu marktfähigen Produkten geführt zu haben [4.56].

Ein Thyristor nach Abb. 4.19 mit Sperrschichtisolation ist zur Illustration des Prozesses in Abb. 4.23 wiedergegeben. Alle anderen Komponenten lassen sich ebenfalls darstellen. Sie befinden sich dann soweit erforderlich in eigenen oxidisolierten Wannen.

*Sperrträgheit und Freiwerdezeit*

Die verschiedenen Definitionen von Sperrträgheit und Freiwerdezeit, sowie die Meßmethoden dazu sind in nahezu allen Datenbüchern – Dioden und Thyristoren – einschlägiger Hersteller zu finden.

Die Schalttransistoren $T_1$, $T_2$ in Abb. 4.22 sind nun sehr viel schneller als die im Freilauf verwendeten Dioden bzw. Thyristoren. Weist ein Lastkreis wie etwa das Erregerfeld eines Drehstromgenerators eine große Induktivität auf, so ist der Strom am Ende der Freilaufphase nahezu so groß wie an ihrem Anfang. Wird jetzt der Transistor eingeschaltet, so fließt ein Kommutierungsstrom in Sperrichtung, der mehr oder weniger schlagartig abreißt, sobald die in der Freilaufdiode gespeicherte Ladung abgebaut ist. Trotz der Löcher als Minoritäten ist die Änderungsgeschwindigkeit des Abrißstroms so groß, daß das angeschlossene Leitungssystem angeregt wird und Störungen bis in den UKW-Bereich hinein erzeugt werden (vgl. hierzu Abschn. 2.2.1). Außerdem bricht durch die Änderungsgeschwindigkeit des Kommutierungsstroms über der Induktivität der Zuleitung die Betriebsspannung des integrierten Systems selbst ein, so daß auch seine eigene Funktion gestört sein kann. Die Anstiegsgeschwindigkeit des Transistorstroms muß deshalb begrenzt werden. Erfahrungs-

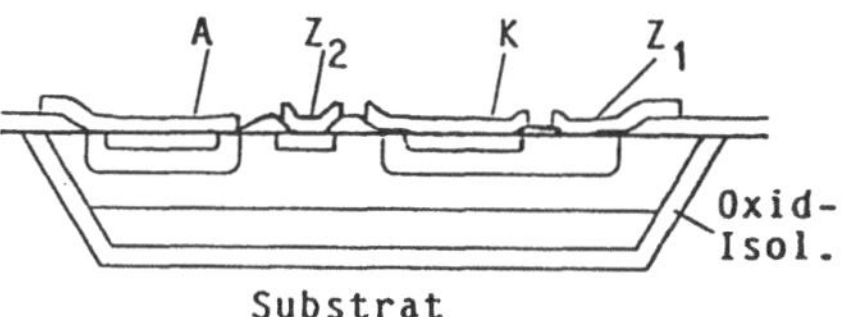


**Abb. 4.23.** Lateraler Thyristor mit Oxidisolation zur Unterdrückung des parasitären Substratstroms (entsprechend Bild 4.19)

gemäß liegt die Anstiegsgeschwindikeit in der Größenordnung von 1 A/$\mu$s (0,3 A/$\mu$s $\leq$ d$i$/d$t$ $\leq$ 3 A/$\mu$s); dies gilt auch für einen Thyristor als Freilaufdiode nach Abb. 4.22d.

Wird ein Thyristor jedoch fremdgesteuert, um das Magnetfeld der Induktivität bei erhöhter Spannung rascher abzubauen, so kann er aus seiner Stromflußphase heraus nicht sperren. Er muß gemessen an der Periodendauer zuerst durch kurzzeitiges Einschalten des Transistors $T_1$ ausgeräumt[15] werden. Dies ist im Logikplan zu berücksichtigen. Dazuhin ist die Anstiegsgeschwindigkeit der Spannung seiner Auslegung anzupassen, da er andernfalls durch kapazitive Verschiebeströme zünden kann.

Auch der beim Abschalten des Transistors in den Schaltungen nach Abb. 4.22 entstehende Spannungsanstieg kann zu steil sein und Störungen verursachen. Um diese zu vermeiden, genügt es meist, die Anstiegsgeschwindigkeit der Spannung auf die Größenordnung von 3 V/$\mu$s (1 $\leq$ d$u$/d$t$ $\leq$ 10) zu begrenzen.

### 4.3.5 Zenerdioden

Leistungs-Zenerdioden als Schutzelemente gegen Überspannungen (Abschn. 3.3.2, Abb. 3.17) benötigen viel Fläche. Es kann deshalb vorteilhaft sein, sie in mehrere kleinere Teildioden aufzuspalten. Dabei sind die Sperrschichttemperaturen der Teildioden über ihre Bahnwiderstände zu homogenisieren. Neben den unterschiedlichen Widerständen der Zuleitungen lassen sich so auch unterschiedliche Wärmewiderstände ausgleichen.

Handelt es sich um eine bipolare Z-Diode und sind deren Teildioden im Zug einer Leitung angeordent, so ergeben sich die in Abb. 4.24a dargestellten Verhältnisse. Steht der bereits im Abschn. 4.3.4 beschriebene Prozeß mit unterer und oberer Isolierungsdiffusion zur Verfügung, so läßt sich die Durchbruchspannung zwischen buried layer und der darüber angeordneten unteren Isolation relativ eng toleriert auf $U_Z \approx 20$ V einstellen. Diese Spannung liegt recht günstig, da die Diode mit ihrem positiven Temperaturkoeffizienten (ca. 0,11%/K) die Spannung eines Bordnetzes im Boosterbetrieb mit 24 V (Abschn. 2.2.1) aushält. Abbildung 4.24b zeigt den Schnitt durch ein solches Einzelelement. Um den Bahnwiderstand zu erhöhen, sind Widerstandselemente aus den niederohmigen Diffusionszonen ($n^+$, $p^+$) geeignet, dabei ist darauf zu achten, daß sie nicht durch parallele Diodenstrecken überbrückt sind.

Der in [4.44] beschriebene Stromregler enthält acht Teilelemente in drei Typen, von denen sechs identisch, alle acht jedoch mit unterschiedlichen Bahnwiderständen ausgeführt sind. In Abbildung 4.25 ist $U_{K1}$ der Stromverlauf der Klemmenspannung des ersten und $U_{K8}$ der des achten und letzten Elements.

---

[15] Der Thyristor ist ausgeräumt, sobald $T_1$ Einschaltstrom und Sättigunsspannung erreicht hat; die Freiwerdezeit wird somit von der Schaltung her und evtl. dem zulässigen Störspektrum bestimmt.

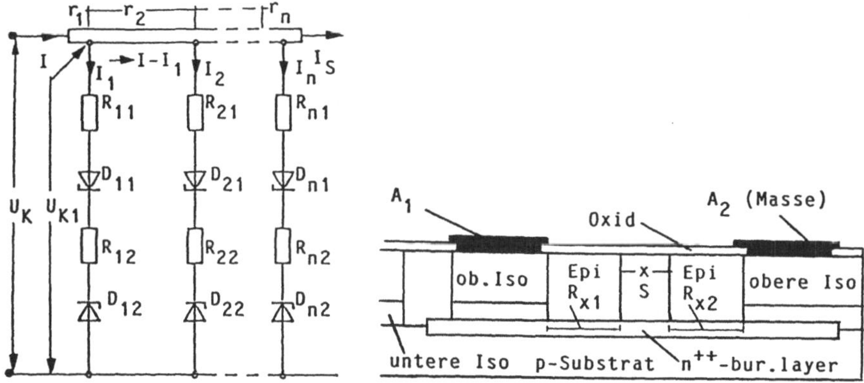


**Abb. 4.24a,b.** Klammerschaltung mit bipolarer Leistungs-Z-Diode; Anordnung mehrerer Diodenelemente über den Chip entlang eines Leitungszuges verteilt mit Kompensation der Leitungswiderstände. **a** Ersatzschaltung; **b** Struktur eines Diodenelements

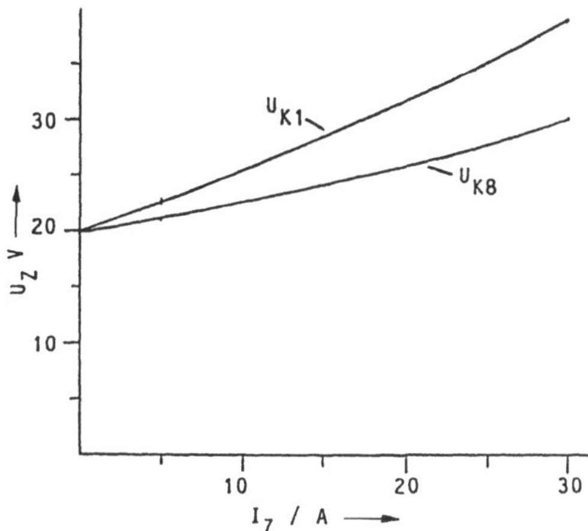


**Abb. 4.25.** Kennlinien $U_Z(I_Z)$ einer Z-Diode entsprechend Bild 4.24; $U_{K1}$ Potentialverlauf des ersten, $U_{K8}$ des achten und letzten Diodenelements gegen Masse (Lage der Diodenelemente in Bild 4.29 angegeben)

Die Spannungsdifferenz zwischen beiden Kurven entspricht dem Spannungsabfall auf dem Leitungszug. Dieser bipolare Z-schutz vermag Lastabschaltungen nach dem ISO-Normimpuls (Abb. 2.10) mit $\hat{u} \geq 60$ V, $R_i = 2\ \Omega$, $t_r \geq 5$ ms und $T \leq 400$ ms standzuhalten.

Da sich der zentrale Bordnetzschutz mit Z-Dioden heute immer mehr durchsetzt, müssen dezentrale Z-Dioden wie die oben beschriebene mit einem hinreichend großen Innenwiderstand versehen werden, damit sie bei einem Load Dump keinen zu großen Anteil übernehmen und überlastet werden.

## 4.4 Schaltungsbeispiele

### 4.4.1 Bandgapreferenz mit reduziertem Temperaturgang

Bandgapreferenzen als Spannungsnormale sind weit verbreitet. Insbesondere hat sich die nach Brokaw [4.57] durchgesetzt, die in den Lehrbüchern [4.1, 4.2] beschrieben ist. Diese Referenzen weisen jedoch grundsätzlich den Temperaturgang der Bandgapspannung des Siliziums auf, der im interessierenden Temperaturbereich in etwa parabelförmig verläuft, exakt jedoch [4.58] zu entnehmen ist.

Die Grundschaltung des Kernes einer Bandgapreferenz ist in Abb. 4.26a wiedergegeben. Nun wird in [4.59] mathematisch abgeleitet, daß sich der parabelförmige Verlauf in zweiter Ordnung einfach dadurch korrigieren läßt, daß entsprechend Abb. 4.26c der Widerstand $R_2$ ersetzt wird durch die Reihenschaltung $R_{21}$, $R_{22}$, wobei $R_{21}$ dengleichen kleinen Temperaturkoeffizienten wie $R_1$, $R_{22}$ dagegen einen großen linearen TK besitzt. Entsprechend wird vorgeschlagen, für $R_1$, $R_{21}$ Dünnschichtwiderstände aus NiCr und für $R_{22}$ einen mit der Emitterdiffusion erzeugten Widerstand zu verwenden. Eine Korrektur nächst höherer Ordnung läßt sich mit einem Korrekturwiderstand $R_{22}$, dessen TK neben dem linearen Term noch einen quadratischen aufweist, erreichen.

Dieser Vorschlag verlangt Dünnschichtwiderstände, somit einen zusätzlichen Prozeßschritt. Es läßt sich zeigen, daß man eine Korrektur zweiter Ordnung auch dann erhält, wenn der TK der Widerstände $R_1$, $R_{21}$ einen linearen Term entsprechend der Emitterdiffusion, $R_{22}$ dagegen neben dem linearen noch einen quadratischen Term entsprechend der Basisdiffusion aufweist. Wie gering die Korrektur ist, läßt sich daran erkennen, daß $R_{22}$ nur etwa 5–6% des Wertes von $R_2$ ausmacht.

Die gleiche Korrektur läßt sich entsprechend Abb. 4.26b durch Aufspalten von $R_1$ in $R_{11}$, $R_{12}$ erreichen, wenn für $R_{11}$, $R_2$ die Basis- und für die Korrektur

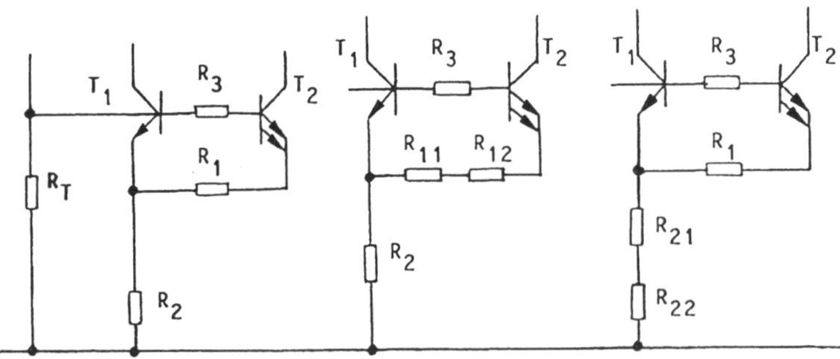


**Abb. 4.26a–c.** Kompensation des parabelförmigen Temperaturverlaufs der Bandgap-Spannung durch Einfügen eines Widerstandselements $R_{12}$ bzw. $R_{22}$ in den Teiler $R_1, R_2$, das in einer Standarddiffusion mit anderem quadratischem Term des Temperaturkoeffizienten ausgeführt ist. **a** Grundschaltung nach Widlar; **b** $R_{11}$, $R_2$ mit Basis-, Kompensation $R_{12}$ mit Emitterdiffusion; **c** $R_1$, $R_{21}$ mit Emitter-, Kompensation $R_{22}$ mit Basisdiffusion

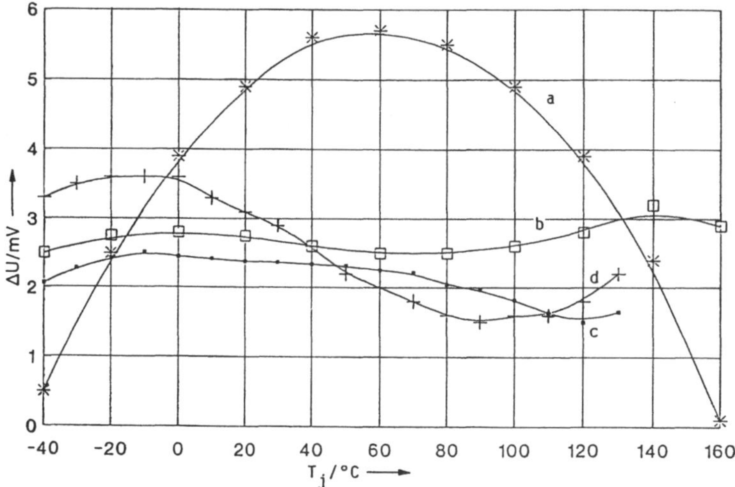


**Abb. 4.27a–d.** Drift $\Delta$U der Bandgap-Spannung in mV als Funktion der Sperrschichttemperatur $T_j$: **a** in etwa parabelförmiger Verlauf ohne Kompensation; **b** optimierter Verlauf nach Bild 4.22c (berechnet), **c**, **d** gemessener Verlauf an abgeglichenen Mustern nach b)

$R_{12}$ die Emitter-Diffusion verwendet wird. Präziser ist jedoch die Lösung nach Abb. 4.26c.

Das Ergebnis für eine Schaltung nach Abb. 4.26c mit regulär diffundierten Widerständen ist Abb. 4.27 zu entnehmen. Dort ist der Temperaturverlauf der Abweichung $\Delta u(T)$ in mV bezogen auf die Bandgapspannung von etwa 1,25 V im Bereich $-40 \leq t_j \leq +160\,°C$ eingetragen; a zeigt den Verlauf ohne Kompensation, b die berechnete optimale Korrektur und c, d die Meßwerte von zwei mittels „fusible links" besser als $\pm 0{,}1\%$ auf den Nennwert abgeglichenen Mustern.

Der Vergleich von a mit c,d läßt erkennen, daß der Temperaturverlauf der Muster gegenüber einer Schaltung ohne Korrektur um etwa eine halbe Größenordnung zurückgegangen ist. Das mit minimalem Aufwand Erreichte ist erfahrungsgemäß für Anwendungen im Kraftfahrzeug ausreichend, meist auch dann, wenn mit $\pm 0{,}2\%$ etwas weniger genau abgeglichen wird.

Eine Präzisionsreferenz mit höherem Schaltungsaufwand und Laserabgleich [4.60] liegt nicht sehr viel günstiger als der theoretische Wert nach b. In [4.61] ist eine Schaltung mit einer noch weitergehenden Kompensation beschrieben, deren Verfasser aber auf die Abhängigkeit der Referenzspannung von in der Regel unvermeidbaren mechanischen Verspannungen hinweisen (vgl. hierzu auch Abschn. 4.2.1) und so die Lösung in Frage stellen.

### 4.4.2 Stromregler für Gebläsemotoren

Schaltungsteile von Stromreglern für Gebläsemotoren sind bereits mehrfach erwähnt worden. Ihre Blockschaltung ist in Abb. 4.28 und das Layout der

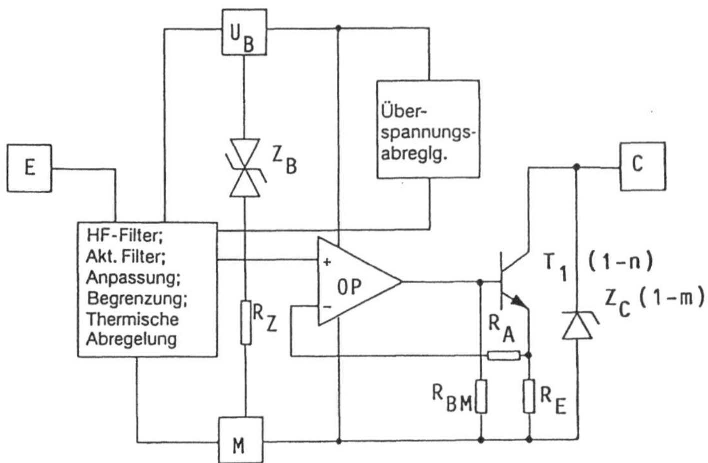


**Abb. 4.28.** Blockschaltbild der linearen Stromregler MD12, MD14. Anschlüsse: M Masse, $U_B$ Bordnetz, E Führungsgröße (Stromniveau), C Kollektor; Baugruppen: $Z_B$ bipolarer Z-Schutz mit Innenwiderstand $R_Z$, $T_1$ Teiltransistoren (n > 1000); $R_A$ Auskopplung $U_{RE}$, $R_E$ Gegenkopplungs- und Meßwiderstand für Regelkreis, $R_{BM}$ Ableitwiderstand Basis-Masse (1x/Zelle), OP Operationsverstärker mit Leistungsausgang, $Z_C$ unipolarer Z-Schutz Kollektor-Masse ($m \approx n/2$)

größten Type (MD14) in Abb. 4.29 wiedergegeben. Die einzelnen Teile sind in der Legende zu den Bildern beschrieben.

**Tabelle 4.5.** Auszug aus den Daten der Stromregler MD12 und MD14

| Type: | | MD12 | MD14 |
|---|---|---|---|
| Nennstrom | $T_G$ + 25 °C: | $25 \leq 28$ | $30 \leq 32$ A |
| ($U_E$ = 5,0 V) | $T_G$ − 40 °C: | $25 \leq 28$ | $30 \leq 32$ A |
| | $T_G$ + 95 °C: | $24 \leq 28$ | $29 \leq 32$ A |
| Verlustleistung | $N_V$ | 100 | 120 W |
| ($-40 \leq T_G \leq 95$ °C) | | | |
| Restspannung | $U_{CM}$ | $\leq 0{,}7$ | $\leq 0{,}75$ V |
| ($U_B \geq 5{,}5$ V; $I_C$: 24/29 A) | | | |
| Betriebstemperatur | | $-40 \leq T_G \leq 95$ °C | |
| Betriebsspannung | | $10 \leq U_B \leq 16{,}5$ V | |
| Reststrom | | $I_C \leq 1$ mA | |
| ($U_B$ = 0 V; $U_{CM}$ = 13 V) | | | |
| Leistungsbegrenzung (typisch) | | $T_j$*155 °C | |
| * am Meßort außerhalb der Endstufe, entspricht $T_G \gtrapprox 125$ °C | | | |

Ein Auszug aus den Daten der Typen MD12 und MD14 ist in Tabelle 4.5 zusammengestellt. Die Restspannung $U_{CM}$ Kollektor gegen Masse setzt sich aus der Sättigungsspannung der Endstufe und dem Spannungsabfall am Emitterwiderstand zusammen. Um eindeutig zu messen, muß der Meßstrom dabei etwas ($-1$ A) unterhalb des unteren Grenzwertes für den Maximalstrom liegen.

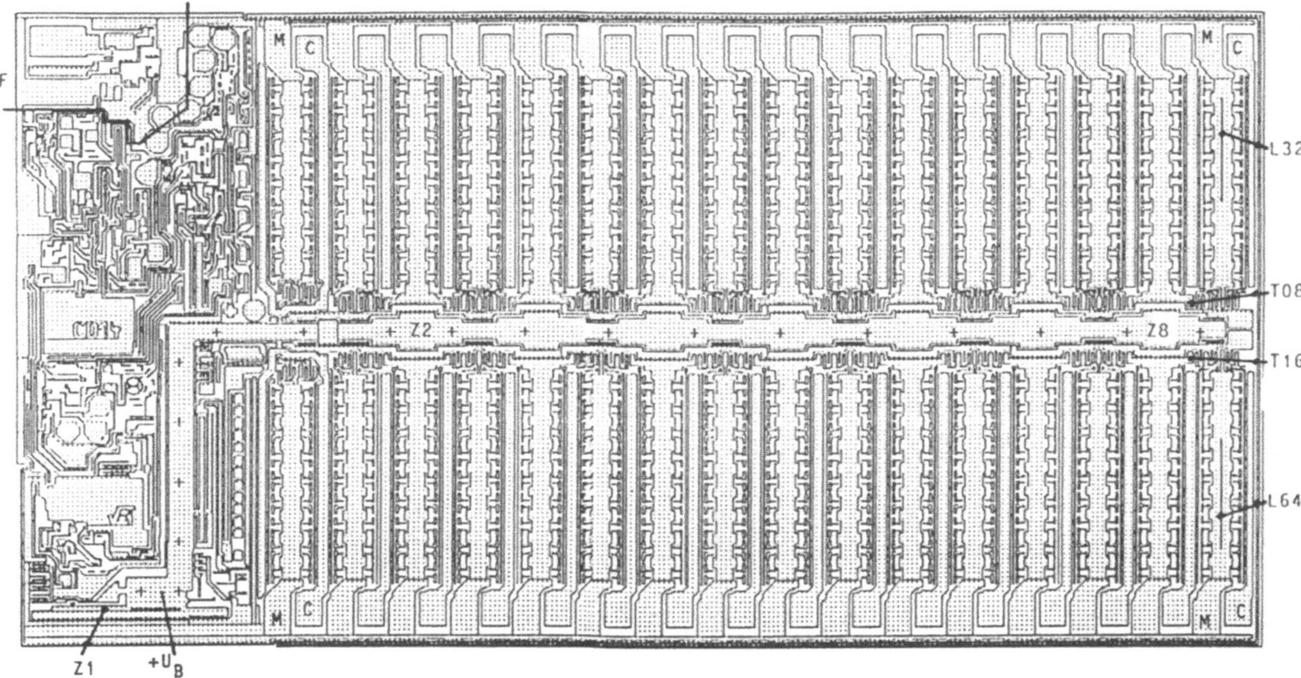


**Abb. 4.29.** Layout des linearen Stromreglers MD 14 (Bosch) für Gebläsemotoren mit einem Nennstrom 31 A ± 1 A. EF: HF-Filter am Eingang; Z1-Z8: Z-Dioden über Betriebsspannung; T01-16: Endstufentreiber; L01-64: Halbzellen der Leistungsstufe; + + + : Versorgungsspange $+U_B$; M: Masse-, C: Kollektoranschlüsse

Damit sich die Motoren ohne zusätzlichen Spannungsverlust an zwischengeschalteten Kontakten an das Bordnetz anschließen lassen, wurde die zusätzliche Batterieentladung im Stillstand des Fahrzeugs durch die Endstufe auf $\leq 1$ mA festgelegt. Der Regler ist hinreichend stör- und zerstörfest gegen leitungsgeführte und eingestrahlte Störgrößen.

Abbildung 4.30 zeigt den Regler auf einen leistungsfähigen Kühlkörper montiert, mit dem sich bei einer Geschwindigkeit der Kühlluft von $v_L \leq 3$ m/s ein spezifischer Wärmewiderstand von $r_{th} \approx 25$ Kcm$^2$/W erreichen läßt. Dieser Kühlkörper ist in der Technik von Ladeluftkühlern ausgeführt; hier hat sich demnach auch einmal ein Stück Fahrzeugtechnik zur Elektronik hin bewegt.

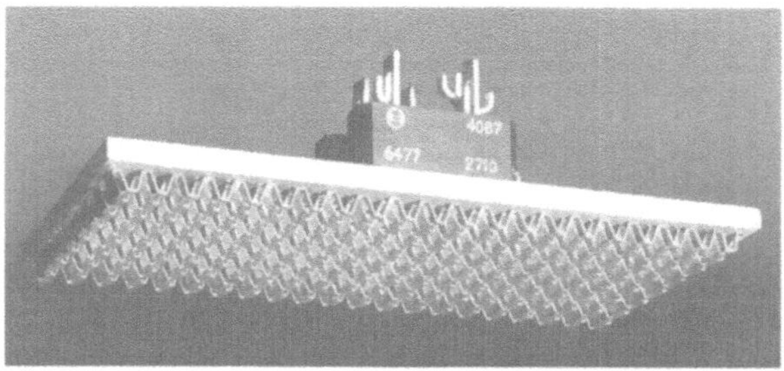

**Abb. 4.30.** Stromregler MD 12 in einem modifizierten Gehäuse TO 238 auf einen leistungsfähigen Kühlkörper montiert

### 4.4.3 Spannungsversorgung für Mikroprozessoren

Um beim Kaltstart den Verbrauchern noch genügend Spannung anzubieten, sind „Very Low Voltage Drop"-Regler erwünscht. In Bipolartechnik sind deshalb laterale pnp-Transistoren als Stellglieder eingesetzt. Wegen ihrer niedrigen Transitfrequenz lassen sich Regelkreise jedoch dynamisch nur sehr schwer beherrschen. MOS-Leistungstransistoren in N-Kanaltechnik erscheinen wegen ihrer hohen Transitfrequenz weit überlegen, sofern mittels einer Ladungspumpe eine über der positiven Betriebsspannung liegende Gatespannung erzeugt wird. Für die Spannungsreferenz und die Steuerschaltungen des Reglers bietet die Bipolartechnik Vorteile. Moderne BiCMOS-Prozesse erlauben beide Techniken auf einem Chip miteinander zu verbinden.

Die Spannungsversorgung, deren Blockschaltung in Abb. 4.31 und deren Layout in Abb. 4.32 abgebildet ist, stellt einen gelungenen Versuch in dieser Richtung dar.

Der Regler liegt direkt am Bordnetz ($U_B$). Er soll den ISO-Normimpulsen nach den Abb. 2.7, 8, 9 und 11 standhalten und verpolfest sein. Hierzu wird sein Spannungseingang mit einem hinreichend leistunsfähigen Transistor in positiver und negativer Richtung geklammert und dem restlichen Regler ein mit

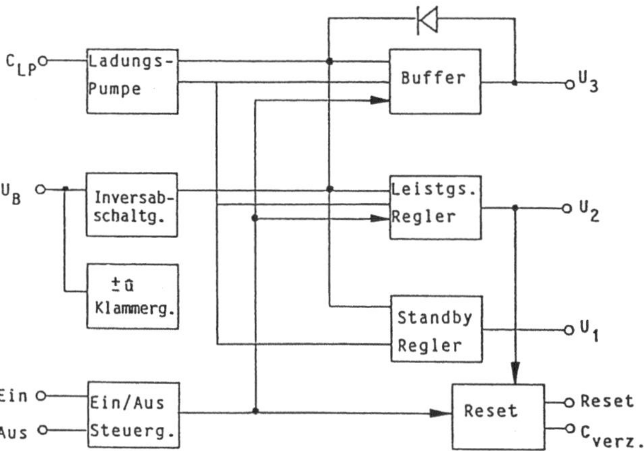


**Abb. 4.31.** Blockschaltbild einer Spannungsversorgung für Mikroprozessoren im Kraftfahrzeug; ausgeführt in einem modernen BiCMOS-Prozeß

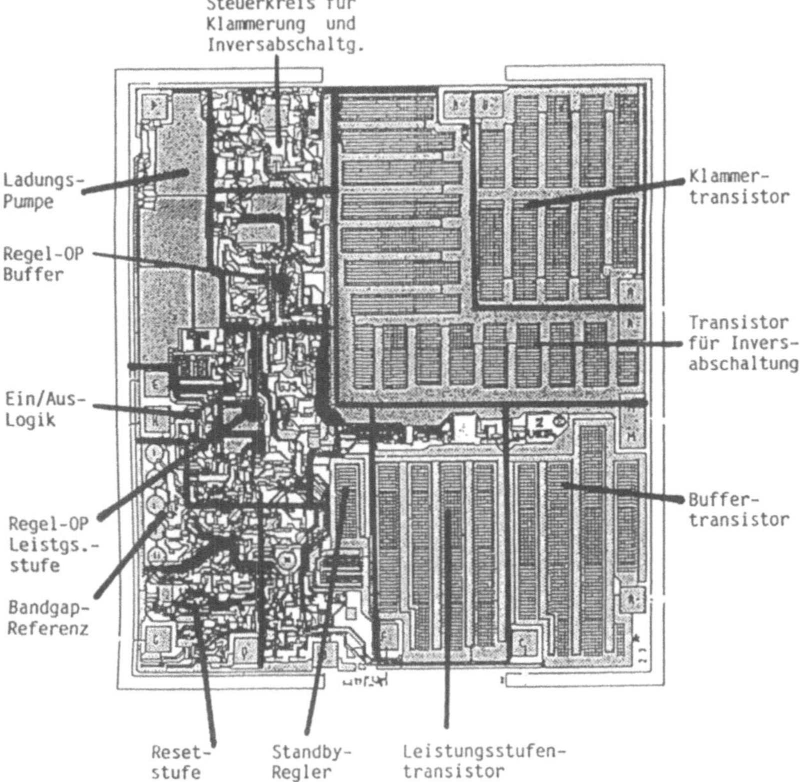


**Abb. 4.32.** Layout der Spannungsversorgung für Mikroprozessoren mit Lage der Blöcke

**Table 4.6.** Kurzschluß- und verpolfeste Spannungsversorgung für Mikroprozessoren

| | | | |
|---|---|---|---|
| Betriebsspannung | $U_B$ | V | 6 – 26 |
| Störspannungsbegrenzung | $\hat{u}$ | V | + 40/ – 20 |
| | $\hat{i}$ | A | + 6/ – 8 |
| Standby-Strom | $I_S$ | $\mu$A | ≤ 750 |
| Standbyregler: | | | |
| Ausgangsspannung | $U_1$ | V | 5 ± 6% |
| Ausgangsstrom | $I_1$ | mA | 4 |
| Leistungsregler: | | | |
| Ausgangsspannung | $U_2$ | V | 5 ± 3% |
| Ausgangsstrom | $I_2$ | mA | 750 |
| Buffer | | | |
| Ausgangsspannung | $U_3$ | V | 12 |
| Ausgangsstrom | $I_3$ | A | 1 |
| Spannungsverlust | $U_{drop}$ | V (0,5A) | < 1 |

„Inversabschaltung“ bezeichneter Transistor vorgeschaltet. Diese „Inversabschaltung“ verhindert die Entladung ausgangsseitiger Kondensatoren, entsprechend der Lösung nach Abb. 3.20 für die bipolare Schaltung. Obwohl durch diese Lösung stets zwei Transistoren zwischen Bordnetz und entsprechendem Ausgang in Reihe geschaltet sind, konnte der Spannungsverlust $\Delta u \leq 1$ V gehalten werden.

Insgesamt sind drei Regelkreise vorgesehen:

- Der Standby-Regler: An ihn sind die Speicher angeschlossen. Er liefert einerseits den nötigen Strom zum Umprogrammieren während des Betriebs, andererseits genügen ihm bei stehendem Motor Ströme im $\mu$A-Bereich, um die Speicherinhalte zu sichern.
- Der Leistungsregler: Er versorgt die spannungskritischen Rechnerschaltungen, er ist nur bei eingeschalteter Zündung aktiv.
- Der Buffer: Er liefert für andere weniger kritische Schaltungen eine Sapnnung von 12 V, bzw. etwa ein Volt unter der Spannung des Bordnetzes, ebenfalls nur im Betrieb des Fahrzeugs.

Weitere Schaltungsblöcke sind die vom Zündschloß her betätigte Ein/Aus-Steuerung, die Ladungspumpe und eine Resetschaltung mit extern einstellbarer Verzögerung, um bei einer Störung der Stromversorgung die Rechner in die Ausgangsstellung zu versetzen.

Die Daten dieser Spannungsversorgung sind in Tabelle 4.6 zusammengestellt. Das Layout läßt die Lage der einzelnen Komponenten erkennen. Die Leistungstransistoren sind als N-Kanaltransistoren ausgeführt, der Rest ist bipolar.

### 4.4.4 Chopperstabilisierte Operationsverstärker

Die Bipolartechnik ermöglicht beispielsweise Operationsverstärker mit kleiner Offsetspannung, die sich durch Abgleichen auf dem Chip weiter reduzieren läßt.

Darüberhinaus haben sich Bauelemente in dieser Technik als hinreichend stabil erwiesen, um ein Fahrzeugleben von ca. zehn Jahren zu überdauern. Lineare MOS-Schaltungen haben diesen Stand heute noch nicht erreicht und dürften ihn auch nur schwer erreichen können, da wesentliche Eigenschaften von der Oberfläche her und nicht wie bei der Bipolartechnik vom Volumen her bestimmt werden.

Auch Elektronenröhren sind nicht stabil. Es wurden deshlab schon früh Schaltungen zur Kompensation ihrer Nullspannung entwickelt: die „chopperstabilisierten Verstärker". Bereits in [4.62][16] sind hierzu zwei Prinzipien aufgeführt:

1. Taktung im Signalpfad: Die Taktfrequenz $f_T$ bestimmt die obere Grenzfrequenz $f_g$ dieser Verstärker zu $f_g \approx 0{,}3 f_T$; die angeführten Beispiele hatten je nach Aufgabe Taktfrequenzen bis zu 20 kHz.
2. Lösungen mit großer Bandbreite und niedriger Taktfrequenz: Schaltungen mit kleiner Offsetspannung und hoher Bandbreite lassen sich nach Williams und Goldberg realisieren durch die Kombination von direkt gekoppelten Verstärkern im Signalpfad mit getakteten zum Gewinnen der erforderlichen Korrekturspannungen. Entsprechend ist im Signalpfad ein Hauptverstärker vorgesehen, dessen temperatur- und zeitabhängige Offsetspannung mittels eines zusätzlichen getakteten „Nullungsverstärkers" korrigiert wird. Frequenz und Phasengang sind jetzt wie üblich durch den Hauptverstärker gegeben. Die genannten Beispiele hatten Taktfrequenzen von 50 Hz bzw. 193 Hz.
   Für die Korrekturpotentiale der Offsetspannungen von Haupt- und Nullungsverstärker ist jeweils ein Speicherkondensator erforderlich, deren Entladezeitkonstanten $\tau_E$ hinreichend groß gegen die Periodendauer $1/f_T$ sein müssen; praktisch ist $\tau_E \gg 1/f_T$.

Schon früh wurde das erste Prinzip auf integrierte MOS-Verstärker übertragen [4.63]. Weitergehende Schaltungen dazu, mit Angaben zu dem durch die Taktung wesentlich bestimmten Frequenzgang für die Taktfrequenzen 16 KHz und 128 KHz finden sich in [4.4].

Ein MOS-IC nach dem zweiten Prinzip (Taktfrequenz: 40 Hz, Entladezeitkonstanten $\tau_E = 39$ s!) ist in [4.64] beschrieben.

Probleme dieses Prinzips sind eine mögliche Intermodulation zwischen Signal- und Taktfrequenz, die in unmittelbarer Umgebung der Taktfrequenz zu Verstärkungs- und Phasenfehlern führen kann, sowie die relativ große „Overload Recovery Time". Verbesserte Operationsverstärker [4.65, 4.66] haben Schaltungsteile, um die Intermodulation weitgehend zu kompensieren und die Ausgangsspannung bei Übersteuerung zu klammern, womit sich die „Overload Recovery Time" verkürzen läßt.

---

[16] Im Literaturverzeichnis hierzu sind Originalararbeiten zu den Röhrenverstärkern nach 1 und 2 angegeben.

Auf die Schaltungen soll hier nicht eingegangen werden, sie sind der einschlägigen Literatur zu entnehmen. Um den Stand der Technik bezüglich der Offsetspannungen heutiger Operationsverstärker zu dokumentieren, sind in Tabelle 4.7 Auszüge aus den Daten von zwei Bipolar- und drei chopperstabilisierten CMOS-Typen einander gegenübergestellt:

- Offsetspannung im Anlieferungszustand:
  Die $\pm$ 1 mV für den $\mu$A741 sind nur typische Werte. Doch lassen sich in der Serie gezielt noch $\pm$ 15 mV bei guter Ausbeute ohne abzugleichen erreichen, mit Abgleich sicher $\pm$ 0.5 und auch noch $\pm$ 0,2 mV; die $\pm$ 0,14 mV des auf dem Chip abgeglichenen LT1125 entsprechen in etwa dieser Aussage. Die Familie enthält erheblich enger selektierte Typen. Eine Auswahl ist jedoch bei kraftfahrzeugspezifischen Entwicklungen kaum möglich, für die Ränder der Verteilung fänden sich keine Abnehmer.
  Die chopperstabilisierten Verstärker liegen weit darunter bei Werten, die der Präzisionsmeßtechnik vorbehalten sind. Die Prüfung in diesen Bereichen ist nicht einfach, da Thermospannungen im Leitungssystem nicht mehr zu vernachlässigen sind.
- Temperaturdrift:
  Die Drift bipolarer Verstärker ist hinreichend klein vor allem dann, wenn sie abgeglichen sind; die chopperstabilisierten liegen zwar weit draunter, bringen damit aber kaum einen Gewinn.
- Langzeitdrift:
  Selbst wenn die Verstärker nur in einer Richtung driften, würden sich beim $\mu$A741 als dem schlechtesten in zehn Jahren nur 120 $\mu$V ergeben, beim LT1125 dagegen weniger als 40 $\mu$V, bessere Werte sind praktisch nicht erforderlich.

**Tabelle 4.7.** Vergleich der Spezifikationen von Operationsverstärkern in Bipolar- und MOS-Technik (Prinzip 2)

| Technologie | | Bip. | Bip. | C-MOS | C-MOS # | C-MOS |
|---|---|---|---|---|---|---|
| Type: | | $\mu$A 741 | LT 1125 | TLC 2652A | LTC 1050 | TLC 2654 |
| $U_{Offset}$ | $\pm \mu V$ | 1000 | 140* | 0,5 | $\leq$ 5 | $\leq$ 10 |
| Drift: Temp. | $\pm \mu V/K$ | 20 | 1,5 | 0,003 | $\leq$ 0,05 | $\leq$ 0,3 |
| Zeit | $\pm \mu V/M$ | 1 | 0,3 | 0,003 | | $\leq$ 0,05 |
| | $\pm \mu V/M^{0,5}$ | – | -- | ---- | 0,05 | ---- |
| Verstärkung | dB | 106 | 140 | 150 | 160 | 135 |
| Taktfrequenz | Hz | --- | --- | 450 | 2.500 | 10.000 |
| Overld Recov Time | ms | --- | --- | 40 | 3 | 35 |

* auf dem Chip abgeglichen, Größtwert der Familie
\# integrierte Speicherkondensatoren

*Zusammenfassung*

Übliche Operationsverstärker in CMOS-Technologie mit einer Offsetspannung bis zu $\pm$ 30 mV und Driften in ähnlicher Größe sind für viele Anwendungen nicht ausreichend. Zwar schießen die hier aufgeführten chopperstabilisierten in Bezug auf den Einsatz weit über das Ziel hinaus, doch lassen sich sicher in der Kraftfahrzeug-Elektronik konkrete Aufgaben vorteilhaft mit Verstärkern nach einem der gezeigten Prinzipien lösen. Dabei ist zu berücksichtigen, daß die Verstärker durch überlagerte Störspannungen weit übersteuert werden können, und die mit dem zweiten Prinzip verbundene „Overload Recovery Time“ diese Lösung dann u.U. verbietet.

## Literatur zu Kapitel 4

4.1. Rein, H.-M., Ranfft, R.: Integrierte Bipolarschaltungen. Berlin, Springer 1980
4.2. Grebene, A.B.: Bipolar and MOS analog integrated circuit design. New York, Wiley & Sons 1984
4.3. Gray, P.R., Meyer, R.G.: Analysis and Design of Analog Integrated Cricuits. New York; Wiley & Sons 1984
4.4. Allen, P.E., Holberg, D.R.: CMOS Analog Circuit Design. New York, Holt, Rinehart and Winston Inc. 1987
4.5. Holland, B., Pippenger, D.: Single-chip linear regulator handles 125-V 1/O differential. Electronic Design, Sept. 17, 1981, pp. 129–133
4.6. Wuidart, S.: Intelligente Leistungsschalter für Automobilanwendungen. Elektronik Informationen Nr. 3 - 1988, S. 61/62
4.7. Paparo, M.: VB020: Single-Chip-Lösung für elektronische KFZ-Zündsteuerung. Elektronik Informationen Nr. 5–1988, S. 4 und 62–65
4.8. DMOS-Schalter in Motorbrücke integriert. Elektronik Praxis Nr. 2–1991, S. 41–49
4.9. Baliga, B.J. (Ed.): High Voltage Integrated Circuits. New York, N.Y.: IEEE Press 1988
4.10. Engl, W.L. (Ed.): Process And Device Modeling. Amsterdam: Elsevier Science 1986
4.11. Selberherr, S.: Analysis and Simulation of Semiconductor Devices. Wien: Springer 1984
4.12. Spiro, H.: Simulation integrierter Schaltungen durch universelle Rechnerprogramme. München: Oldenburg 1985
4.13. Gummel, H.K., Poon, H.C.: Bell System Technical Journal 49 (1970), p. 827
4.14. SABER MANUAL. Beaverton: ANALOGY Inc. 1989
4.15. Cae, Grenzgänger: Simulation and Analyse von Schaltungen und Systemen. Jacob, L., President von Analogy im Gespräch. Elektronik Praxis Nr. 24–1991
4.16. Seifart, M.: Analoge Schaltungen. Berlin: VEB Verlag Technik 1988, Kap. 10
4.17. Van Staa, P., Claus, P., Kienzler, R.: Die Bedeutung leistungsfähiger Bauelementmodelle für die rechnergestützte IC-Entwicklung. GME-Fachbericht 3, S. 31–38 (Vorträge der GME-Fachtagung zum VDE-Kongreß 88 am 18 u. 19. Okt. 1988)
4.18. Kienzler, R., van Staa, P., Schmid, E.: DC-Großsignalmodelle integrierter Bipolartransistoren. ntz Archiv, Bd. 10 (1988) H. 9, S. 237–246
4.19. Maycock, P.D.: Thermal Conducitivity of Silicon, Germanium, III-V Compounds and Alloys. Technical Report, Corporate Research & Engineering Marketing Intelligence, 1 Febr. 1966
4.20. Sze, S.M.: Physics of Semiconducter Devices (Sec. Ed.). New York: John Wiley & Sons 1981
4.21. Latif, M., Bryant, P.R.: Network Analysis Approach to Multidimensional Modeling of Transistors Including Thermal Effects. IEEE Transcations On Computer-Aided Design Of Integrated Circuits And Systems, Vol. CAD-1, No. 2, April 1982
4.22. Ehlbeck, H.W.: Festkörperschaltkreise in Hybridtechnik. Frequenz, Bd. 18/1964/Nr. 5, S. 177

4.23. Birkner, J.: High Speed/Low Cost Fuse Link Arrays Compete With 74 LS TTL. Dokumentation zum 8. Internationalen Kongress Mikroelektronik, München, 13.-15.11.1978, S. 55–59
4.24. Erdi, G.: A Precision Trim Technique for Monolithic Analog Circuits. IEEE Journal Of Solid-State Circuits, Vol. SC-10, No. 6, Dec. 1975
4.25. Integrierte Schaltungen für die Konsumelektronik, SAJ 300 R. Freiburg: Intermetall Halbleiterwerk der Deutsche ITT Industries GmbH, Datenbuch 1977/78, S. 112–115.
4.26. Precision Instrumentation Amplifier AD624. Norwood: Analog Devices, Linear Products Databook, pp. 4–49/60
4.27. Stitt, R.M.: Präzisionsdifferenzverstärker mit integrierten Beschaltungswiderständen. Elektroniker Nr. 2/1987, S. 73–78
4.28. Dual/Quad Low Noise, High Speed Precision OP Amps LT1124/LT1125. Linear Technology, Preliminary Juli 1991
4.29. Middelhoek, S., Audet, S.A.: Silicon Sensors. London: ACADEMIC PRESS LIM. 1989, pp. 105–128
4.30. Meijer, G.C.M.: Integrated Cricuits and Components for Bandgap References and Temperature Transducers. Delft: Dissertation an der Technischen Hochschule 1982, p. 18
4.31. Parker, D.L.: Laser Production Applications In Microelectronics. Industrial Laser Handbook (Annual Review Of Laser Processing)
4.32. Photon-Assisted Programming Technique For Polysilicon Fuses And Anti-Fuses. IBM' Technical Disclosure Bulletin Vol. 27, No. 10A (March 1985)
4.33. Process And Structure For Laser Fuse Blowing. IBM' Technical Disclosure Bulletin Vol. 31, No. 12 (May 1989)
4.34. Halbleitersensoren Mit Offset-Kompensation (Beschreibung des Temperatursensors LM35). Markt und Technik, 5. Okt. 1984
4.35. Szluk, N.J., Metz, W.A., Miller, G.W., Moll, M.M.: Process for Forming A Fuse Programmable Read-Only-Memory Device. Europapatent 0262 193 vom 24.07.91 (Anmeldung 16.03.87; US-Priorität 31.03.86)
4.36. Hrassky, P.: Abgleicheinrichtung. Deutsches Patent 38 13319 vom 4.02.93 (Anmeldung 20.04.88); SGS-Thomson Microelectronics GmbH, D 8018 Grafing
4.37. Vyne, R.L.: Method for Resistor Trimming By Metal Migration. Europatent 0197 955 vom 16.05.90 (Anmeldung 09.09.85; US-Priorität 18.10.84); Motorola Inc., Schaumburg, IL 60196 (US)
4.38. Smith, R., Chlipala, J., Bindels, J., Nelson, R., Fischer, F. and Mantz, T.: Laser Programmable Redundancy And Yield Improvement In A 64K DRAM. IEEE J. of Solid-State Circuits, Vol. SC-16, No. 5, Oct. 1981, pp. 506–514
4.39. Hacke, H.-J.: Montage Integrierter Schaltungen. Berlin: Springer 1987
4.40. Standard Outlines For Semiconductor Devices. Washington D.C.: JEDEC, JEDEC Publication No. 95 (erscheint jährlich)
4.41. Datenblatt für SnCu3InO, 5. Demetron Information
4.42. Nelson, C.: New process boosts current levels of monolithic voltage regulator. Electronics, June 30 1981, pp. 111–113
4.43. Filensky, W., Beneking, H.: New Technique For Determination Of Static Emitter And Collector Series Resistances Of Bipolar Transistors. Electronics Letters Vol. 17 (1981), No. 14, pp. 503, 504
4.44. Conzelmann, G.: Monolithisch integrierte Stromregler für den Gebläsemotor mit Nennströmen bis zu 30 A. VDI Berichte Nr. 819, 1990, S. 731–734
4.45. Villa, F.F.: Improved Second Breakdown of Integrated Bipolar Power Transistors. IEEE Trans. Electron Devices, vol. ED-33, Dec. 1983, pp. 171–1976
4.46. Villa, F.F.: Leistungstransistor mit verbesserter Sicherheit gegen zweiten Durchbruch. DE OS 37 43 204 vom 14.07.88 (Anmeldung 19.12.87; Priorität IT 22899/86) SGS Microellectronica S.p.A., Catania, IT
4.47. Murari, B.: Power Integrated Circuits: Problems, Tradeoffs and Solutions. IEEE J. Solid-State Circuits, vol. SC-13, Juni 1978, pp. 307–319
4.48. Widlar, B.J.: Kontrollierter zweiter Durchburch in bipolaren Leistungstransistoren. ≫ und-oder-nor + steuerungstechnik ≫ 5/1983, S. 20–24
4.49. Arnold, R.P., Zoroglu, D.S.: A Quantitative Study of Emitter Ballasting. IEEE Transaction on Electron Devices, Vol. ED-21, No. 7, July 1974, pp. 385–391
4.50. Widlar, R.J., Yamatake, M.: A Monolithic Power OP Amp. IEEE J. Solid-State Circuits, vol. 23, No. 2, April 1988, pp. 530–532

4.51. Hughes, D.W.: Polycrystalline Silicon Resistors for use in Integrated Circuits. Solid State Technology, May 1987, pp. 139–143
4.52. Müller, R.: Dioden. Springer 1973, S. 20–24
4.53. Caroll, E.: Dioden: Soft oder Snappy. in Markt und Technik Nr. 28 vom 11.7.1986, S. 68
4.54. Murari, B.: Power Integrated Circuits: Problems, Tradeoffs and Solutions. IEEE J. Solid-State Circuits, vol. SC-13, Juni 1978, pp. 315, 316
4.55. Widlar, R.J.: Controlling Substrate Currents in Junction-Isolated IC's. IEEE Journal of Solid-State Circuits, Vol. 26, No. 8 (Aug. 1991), pp. 1090–97
4.56. Arlt, B.: Blitz geschützt, Spannungsfeste Smartpower (Bericht). Elektronik Praxis Nr. 2, 23. Jan. 1992, S. 40–46
4.57. Brokaw, A.: A Simple Three-Terminal IC Band-gap Reference. IEEE Journ. of Solid-State Circuits, Bd. SC-9, Nr. 6, Dec. 1974
4.58. Tsividis, Y.P.: Accurate Analysis' of Temperature Effects in $I_c$–$V_{BE}$ Characteristics with Application to Bandgap Reference Sources. IEEE Journ. of Solid-State Circuits, Bd. SC-15, Nr. 6, Dec. 1980, pp. 1076–1084
4.59. Brokaw, A.P.: Geregelte Spannungsquelle. DE 3001552 vom 11.5.1989 (Anmeldung 17.1.80; Priorität US 4014 vom 17.01.1979), Analog Devices Inc., Norwood, Mass., US
4.60. Palmer, C.R., Dobkin, P.C.: A Curvature Correlcted Micropower Voltage Reference. In Dig. Techn. Papers, ISSCC, Febr. 1981, pp. 58, 59
4.61. Meijer, G.C.M., Schmale, P.C., van Zalinge, K.: A New Curvature-Corrected Bandgap Reference. IEEE Journ. of Solid-State Circuits, Bd. SC-17, Nr. 6, Dec. 1982, pp. 1139–1143
4.62. Keßler, G.: Der Gleichspannungs-Röhrenverstärker III, Modulationsschaltungen. Archiv für Technisches Messen (ATM) Z 634–10, Lieferung 204, Jan. 1953
4.63. Poujois, R., Baylac, B., Barbier, D., Ittel, J. M.: Low Level MOS Transistor Amplifier Using Storage Techniques. Digest of Techn. Papers IEEE Int. Solid-State Circuits Conf., Febr. 1973, pp. 152–153
4.64. Coln, M.C.W.: Chopper Stabilization of MOS Operational Amplifiers Using Feed-Forward Techniques. IEEE Journal of Solid-State Circuits, Vol. SC-16, No. 6, Dec. 1981, pp. 745–748
4.65. Zatzkowski, H.: Die Funktionsweise von chopperstabilisierten Operationsverstärkern. Elektronik 12, 13.6.1986, S. 103–106
4.66. Goacher, S.: Keine Drift mit chopperstabilisierten OPVs. Elektronik Informationen Nr. 12–1989, S. 86–89

# 5 Sensorelektronik

Beim klassischen Ottomotor wurde der Zündzeitpunkt an Drehzahl und Last des Motors im Zündverteiler mittels des Fliehkraftstellers und der Unterdruckdose [5.1] angepaßt. Auf heute bezogen waren somit „Sensor" und „Aktor" konstruktiv vereint, was teilweise auch für Bordinstrumente wie etwa Tachometer und Kilometerzähler zutraf.

Mit dem Einzug der Elektronik ins Kraftfahrzeug wurden in steigendem Maße geeignete Sensoren gefordert, und lösungsbedingt Sensor und Aktor getrennt. Das in Abschn. 1.1.1 (Abb. 1.3) beschriebene transistorisierte Zündsystem läßt diesen Weg erkennen.

Durch den Übergang von der analogen zur digitalen Datenverarbeitung Mitte der 70er Jahre wurden anstelle der analog arbeitenden Sensoren solche mit digital verarbeitbaren Ausgangssignalen interessant. Studien zu frequenzanalogen Sensoren etwa bei Bosch und anderen [5.2] waren vor allem wegen ihrer hohen Querempfindlichkeit nicht erfolgreich. Statt der gewünschten Meßgröße dominierten bei wirtschaftlich tragbaren Konzepten eben Temperatur und mechanische Spannungen. Lösungen entsprechend dem auf der Sensor'83 gezeigten Höchstpräzisions-Druckmesser mit einem Quarzresonator [5.3] und druckabhängiger Frequenz waren einfach zu teuer.

Ausgeführt wurde zunächst nur ein Sensorverstärker mit frequenzanalogem Ausgang zum Umwandeln von Änderungen eines Widerstands, einer Induktivität oder Kapazität in eine entsprechende Frequenz. Abbildung 5.1 zeigt die vom ITHE der RWTH-Aachen für Bosch entwickelte Schaltung, Abb. 5.2 das dazugehörende Layout. Um eine hohe Grenzfrequenz sicherzustellen, wurde die Schaltung ohne pnp-Transistoren realisiert.

Mit dem raschen Aufkommen leistungsfähiger Analog-Digitalwandler [5.4] erübrigten sich frequenzanaloge Sensoren. Der so gewonnene Freiheitsgrad ermöglichte, gestellte Aufgaben mit dem jeweils optimalen physikalischen Prinzip zu lösen. Grundlagen und Ausführungsbeispiele hierzu finden sich in der Fachliteratur [5.5–7]. Sensoren für Kraftfahrzeuge sind in [5.8] aufgelistet. Die Wirkungsweise des in der LH-Jetronik verwendeten Massendurchflußmessers auf Hitzdraht-bzw. Heißfilmbasis ist in [5.9] beschrieben.

Werden die fehlerbehafteten Sensordaten analog weiterverarbeitet, so lassen sie sich im nachgeschalteten Verstärker linearisieren und korrigieren [5.5–7, 10, 11]. Die digitale Signalverarbeitung dagegen ermöglicht notwendige Korrekturen in Form von Kennfeldern vollständig in programmierbaren Speichern

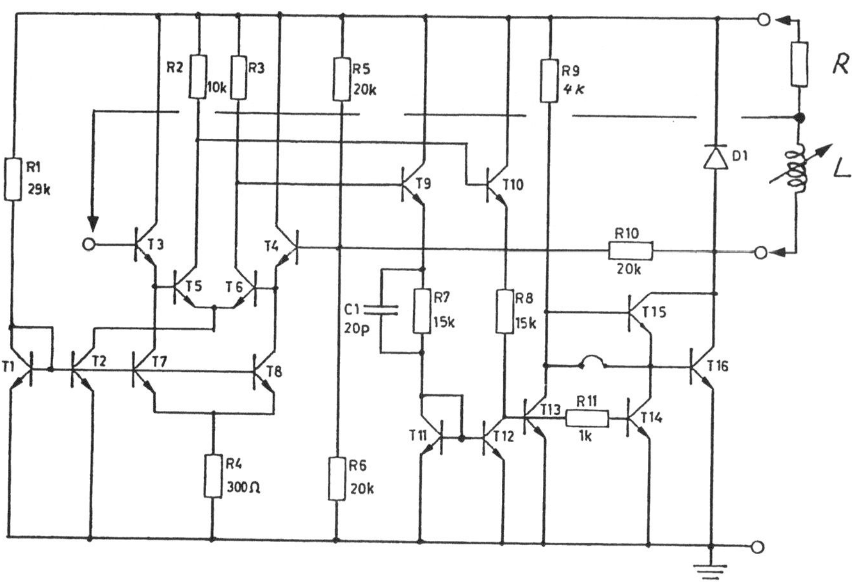


**Abb. 5.1.** Schaltung des Universalgebers CG 20 mit R/L-Beschaltung (Bosch, Entwurf: ITHE 1976)

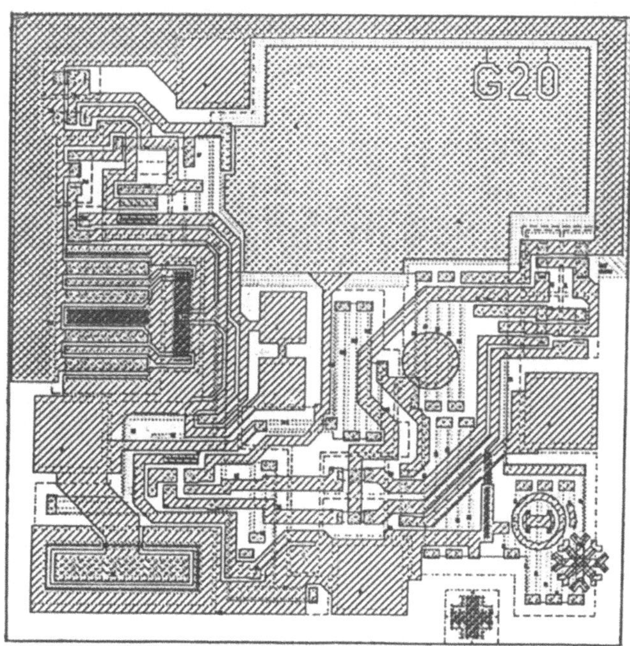


**Abb. 5.2.** Layout des Universalgebers CG 20

abzulegen [5.5–7, 12, 13]. Dies ist die einzige praktikable Methode, um fertig verpackte auf Lager liegende Sensoren zu programmieren, und sie so schnell an betriebsbedingt sich ändernde Forderungen anzupassen. Entsprechend geht die Natur vor, wie etwa um die stark fehlerbehaftete Linse des Auges in einem über mindestens drei Jahre andauernden „Lernvorgang" vom exakt abbildenden Zentrum her nach Außen hin zu korrigieren[1] [5.14].

In Abbildung 5.3 sind vier Prinzipien zur Signalkorrektur von Drucksensoren dargestellt. Im analogen Bereich läßt sich der Temperaturgang des Sensors mittels der R-Netzwerke in Stufen nach Abschn. 4.2.2 (Abb 5.3a), bzw. stetig nach Abschn. 4.2.3 (Abb. 5.3b) korrigieren. In der Anordnung nach Abb. 5.3c wird das Trimmen substituiert durch Niederlegen des Temperaturgangs in einer Tabelle (PROM), deren Ausgang den Verstärkungsfaktor des Signalverstärkers beeinflußt. Die Temperatur muß damit als digitales Signal vorliegen, wozu ein Analog-Digitalwandler geringer Auflösung genügt.

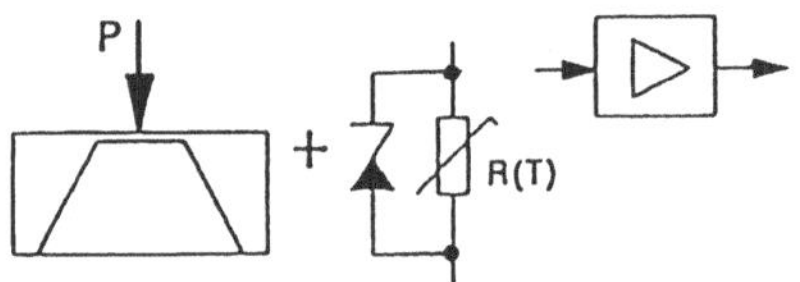

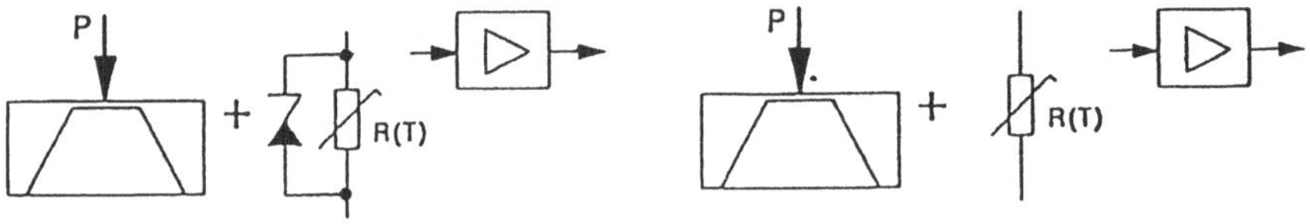

a Korrigieren der temperaturabhängigen Sensorkennlinie mittels des in Stufen trimmbaren R-Netzwerks (Zener-Zapping)

b Korrigieren der temperaturabhängigen Sensorkennlinie mittels des stetig trimmbaren R-Netzwerks (Laser-Cutting)

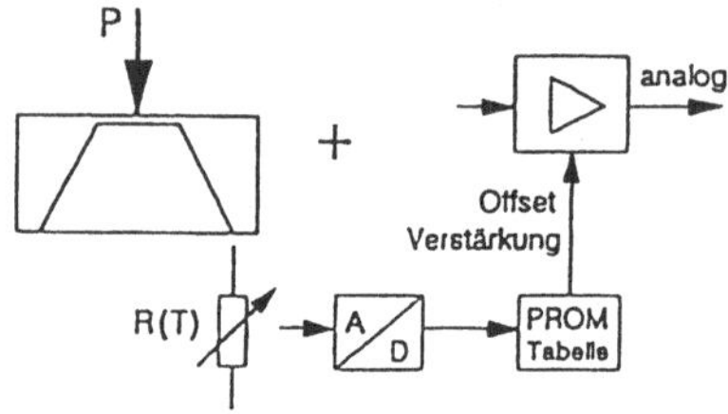


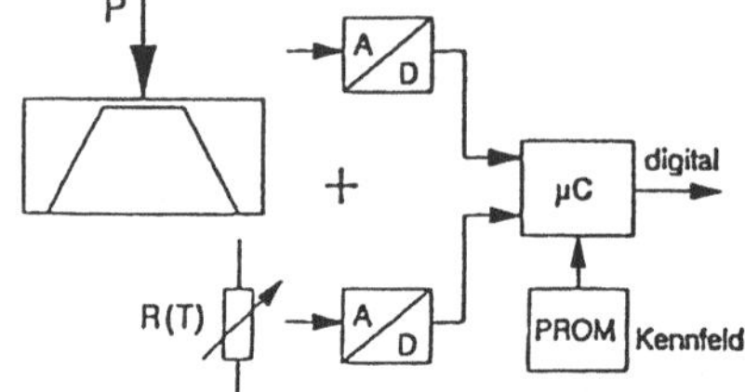


c Korrigieren der temperaturabhängigen Sensorkennlinie über eine in einem PROM niedergelegte Tabelle zum Steuern des Signalverstärkers

d Linearisieren der Sensorkennlinie und korrigieren ihres Temperaturgangs im digitalen Bereich mittels p-T-Kennfeld (PROM) und Mikrocomputer (µC)

**Abb. 5.3.** Prinzipien zur Korrektur von Sensorsignalen am Beispiel eines Drucksensors. a, b, c Möglichkeiten bei analoger Signalverarbeitung; d Rein digitale Signalverarbeitung

[1] Als „PROM" steht eine Matrix mit mehreren hundert Millionen Neuronen bereit, in die durch das Sehenlernen mittels sich bildender Synapsen das zur Korrektur erforderliche „Kennfeld" nach und nach eingeschrieben wird. Der Vorgang führt zu einer Verbesserung der Sechschärfe um einen Faktor Hundert und macht so *Sehen* überhaupt erst möglich!

Der nächste Schritt führt zur rein digitalen Signalverarbeitung nach Abb. 5.3d. Hier wird neben der Temperatur- auch die Sensorkennlinie digitalisiert. Die am Ausgang gewünschte Funktion $U_S(P, T)$ wird dann mittels des Mikrocomputers berechnet, wozu das in dem programmierbaren Speicher abgelegte Kennfeld herangezogen wird.

Schon früh wurde erkannt, daß sich Silizium nicht nur für einige Sensorprinzipien eignet, sondern auch als Substratmaterial vorteilhaft ist. Entsprechend wurde die monolithische Integration von Sensor- und Auswerteelektronik als Entwicklungsziel beschrieben [5.15–17]. Werden die Sensorsignale (Abb. 5.3d) im Sensor digital verarbeitet, so lassen sich darüberhinaus weitere Funktionen wie etwa programmierbare analoge Filter in „Switched-Capacitor-Technik“, CAN-Schnittstellen (S. Abschn. 8.1) oder dergleichen in den Sensor integrieren. Eine optische Datenübertragung mit Lichtwellenleitern ermöglicht Sensoren unter extremen Umgebungsbedingungen störungsfrei zu betreiben [5.18]. Da die Strecke vom Sensor zum Steuergerät keine optischen Abzweige enthält, entfallen die in Abschn. 8.7 angesprochenen Stoßstellenprobleme.

In den folgenden Abschnitten werden einige Sensorprinzipien aufgezeigt, die sich monolithisch integrieren lassen. Monolithische Foto- und Gassensoren sind noch nicht im Karftfahrzeug zu finden, sie werden deshalb nicht berücksichtigt, obwohl schon Gassensoren in Silizium-Planartechnik entwickelt werden [5.6, 7].

Für den Einsatz im Kraftfahrzeug sollen Sensoren nicht nur hinreichend genau sondern ohne Nacheichung austauschbar sein. Es ist anzustreben, daß sie sich selbst überwachen und einen Ausfall melden.

Mit Silizium als Wandlermedium lassen sich folgende Meßrößen erfassen:

1 Temperaturen mittels der Durchlaßspannung von pn-Übergängen oder diffundierten Widerständen
2 Magnetfelder mittels Hallgeneratoren oder Multikollektor transistoren
3 Drücke und Beschleunigungen über die Silizium-Mikromechanik mittels des piezoresistiven Effekts

Werden zu den IC-Prozessen kompatible Prozeßschritte mit einbezogen, so läßt sich die Palette erweitern:

4 Temperaturen mittels metallischen Dünnschichtwiderständen aus Aluminium (etwa für Leiterbahnen), Nickel, NiCr oder dgl. und thermoelektrischer Effekte (Seebeck)
5 Magnetfelder mittels magnetoresistiver Widerstände aus binären bzw. ternären Aufdampfschichten (Fe, Ni, Co)
6 Drücke und Beschleunigungen über die Mikromechanik mittels veränderbarer Kondensatoren, insbesondere zusammen mit Wafer-Bondtechniken Silizium gegen Pyrexglas, bzw. Silizium gegen Silizium.

## 5.1 Temperatursensoren

Integrierte Schaltungen im Kraftfahrzeug arbeiten im Temperaturbereich $-50\,°C \leq T_j \leq +175\,°C$. In diesem Bereich sind Temperatursensoren aus monokristallinem Silizium nach dem Prinzip des Ausbreitungswiderstands (Spreading Resistence Methode) [5.5–7] gebräuchlich, die sich mit den üblichen Technologien nicht monolithisch integrieren lassen. Hierzu werden bevorzugt pn-Übergänge mit ihrer temperaturabhängigen Durchlaßspannung in Schaltungen nach dem Transistorprinzip verwendet. Es ergeben sich die beiden zueinander dualen Möglichkeiten:

a Betrieb des Sensors mit konstanter Spannung ($R_i \to 0$). Sein Strom $I_S$ ist eine Funktion der Sperrschichttemperatur, es gilt $I_S = f(T_j)$ [5.5–7, 19]

b Betrieb des Sensors mit konstantem Strom ($R_i \to \infty$), Jetzt ist die an seinen Klemmen stehende Spannung eine Funktion der Sperrschichttemperatur, es gilt $U_S = f(T_j)$ [5.6, 7, 20]

Selbstverständlich lassen sich aus dualen Schaltungen nach a und b auch solche ableiten, die beim Betrieb mit konstanter Betriebsspannung eine temperaturabhängige Ausgangsspannung liefern. Ein Ausführungsbeispiel in C-MOS-Technik mit einem $TK = 9{,}5$ mV/K ist in [5.21] beschrieben. Dünnschichtsysteme sind in vielseitiger Form monolithisch integrierbar [5.6].

Nach Abschn. 2.1.1 ist die Spannung des Bordnetzes durch Forderungen von Batterie und Verbrauchern bestimmt, was einen negativen *TK* des Spannungsreglers für den Generator bedingt. Das einfachste Gesamtsystem ergibt sich, wenn man den Regler in den Generator hineinbaut und die Temperatur seiner Ansaugluft als Referenz verwendet. Der Temperatursensor ist dann Bestandteil des Reglers. Soll dagegen die Spannung „sinnvollerweise" von der Temperatur der Batterie her bestimmt werden, ist eigens ein Temperatursensor erforderlich. Diese Sensoren müssen in sich kompatibel und mit jedem beliebigen Regler kombinierbar sein, erfordern einen relativ exakten Abgleich. Da zunächst nur kleine Stückzahlen zu erwarten waren, wurden sie auf verschiedene Kundenwünsche hin programmierbar ausgeführt. Abbildung 5.4 zeigt die Schaltung des CH 21 (Bosch) nach dem Prinzip b mit 22 zu öffnenden Brücken und Abb. 5.5 seine Kennlinie I(U) [5.20][2]. Damit der Sensor nicht zerstört wird, wenn er versehentlich mit $+U_B$ verbunden wird, muß sein Strom oberhalb des Arbeitsbereichs begrenzt werden. Die Kennlinie zeigt deshalb die drei Abschnitte:

- Anlaufgebiet A–B
- Arbeitsbereich B–C
- Bereich der Strombegrenzung C–D,

mit $I_S$, $U_S$ ist der Arbeitspunkt bezeichnet. Daten und Abgleichbereich sind in Tabelle 5.1 zusammengestellt.

[2] Entsprechend des Prinzips b müßte $U(I)$ dargestellt sein, im Bereich der Strombegrenzung gilt jedoch $I(U)$.

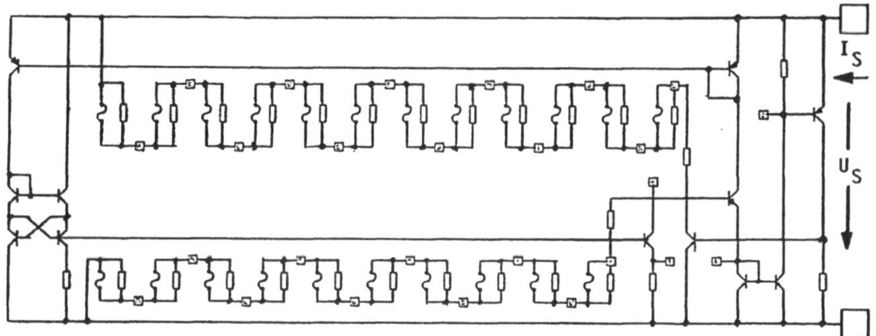


**Abb. 5.4.** Schaltung des programmier- und abgleichbaren Temperatursensors CH 21 (Bosch)

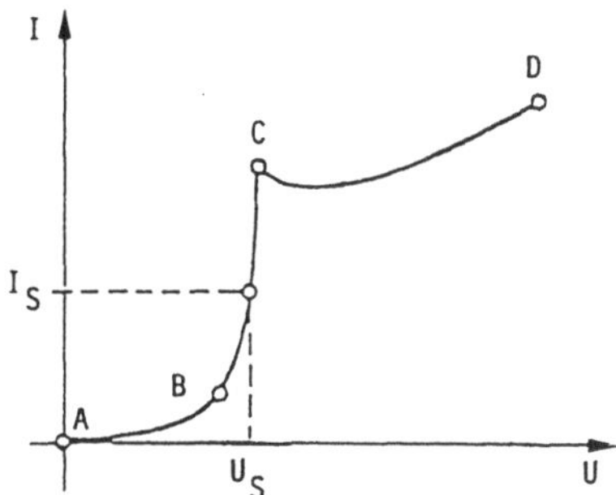


**Abb. 5.5.** Kennlinie I(U) des Temperatursensors CH 21

**Tabelle 5.1.** Daten und Abgleichbereich des Temperatursensors CH 20

| | | |
|---|---|---|
| Nennwerte im Arbeitspunkt: | | |
| Strom | $I_S$ | 900 $\mu$A |
| Spannung (25 °C) | $U_S$ | 2.830 ± 4 mV |
| Innenwiderstand | $R_{iS}$ | 200 $\Omega$ ($\Delta U_S/\Delta I_S$) |
| Temp.koeffizient | $TK_S$ | 3.530 ± 100 $\mu$V/K, für TG > 25 °C |
| | | 3.640 ± 210 $\mu$V/K, für TG < 25 °C |
| Einstellbereich: | | |
| Spannung (25 °C) | | $2 < U_S < 4$ V |
| Temp.koffizient | | $-5 < TK_S < -2{,}5$ mV/K |
| Grenzwerte: | | |
| Spannung | $U_{gS} \leq 20$ V | |
| Strom | $I_{gS} \leq$ 5 mA | |

## 5.2 Magnetfeldabhängige Sensoren

Bewegen sich Ladungsträger in einem Magnetfeld, so wirkt auf sie orthogonal zur Magnetfeld- und Stromrichtung eine Lorentzkraft. Die Ladungsträger werden ausgelenkt, es baut sich ein elektrisches Querfeld auf, bis zwischen Kraft im elektrischen Feld und Lorentzkraft ein Gleichgewicht herrscht. Einerseits wird durch die länger werdenden Stromfäden der Widerstand der Anordnung vergrößert, andererseits läßt sich mittels zweier Elektroden das Potential des Querfelds als dem „Magnetfeld proportionale Hallspannung" abgreifen. Von beiden Effekten wird für die monolithische Integration nur der Halleffekt genutzt und zwar bevorzugt in Form von „Hallgeneratoren", aber auch Magnetotransistoren sind möglich. Die Vorgänge sind umfassend in [5.5–7] beschrieben.

Wie schonerwähnt sind dünne ferromagnetische Stromleiter, die als „magnetoresistive Widerstände" unter dem Einfluß eines Magnetfelds ihren Wert erhöhen, für integrierte Magnetfeld-Sensoren geeignet.

### 5.2.1 Hallsensoren

Hallgeneratoren und ihre Probleme sind in [5.6,7] zu finden. Darin werden die Vorteile integrierter Lösungen hervorgehoben, denn nur diese ermöglichen über das Matching, Offset und Temperaturgänge weitgehend zu korrigieren und zu kompensieren.

Monolithisch integrierte Hallsensoren sind seit längerem bekannt. Bereits 1972 wurde bei Bosch versucht, einen Hall-IC von Micro Switch anstelle eines Kontaktunterbrechers bzw. induktiven Gebers in Zündverteilern einzusetzen[3]. Ab Mitte 1978 wurden Zündverteiler erstmalig mit Hall-ICs ausgerüstet und mit einem passenden Zündschaltgerät serienmäßig angeboten [5.22].

Die kfz-spezifischen Forderungen, wie etwa Lage und Temperaturstabilität der Arbeitspunkte, EMV- und Temperaturwechselbeständigkeit konnten zunächst nur unbefriedigend erfüllt werden. Auch die maximale Sperrschichttemperatur mit anfangs $T_j = 100$ und später 150 °C war für den Einzatz im Zündverteiler knapp, dabei sollten Radsensoren von Antiblockiersystemen sogar bis 200 °C temperaturfest sein. Um diese Sperrschichttemperatur zu verifizieren, wurde zeitweilig daran gedacht, Hall-ICs mit GaAs-Substraten zu entwickeln [5.23]. Neue Konzepte ermöglichten, die gesteckten Ziele mit dem billigeren Silizium zu erreichen.

In Tabelle 5.2 sind anhand eines Datenauszungs moderne Hall-ICs [5.24, 25] dem ersten von 1972 [5.26] gegenübergestellt. Wie diese Tabelle zeigt, erlauben heutige Technologien, Layouts und Schaltungen die gestellten Forderungen weitgehenst mit Silizium abzudecken.

Im älteren Konzept des bipolaren TLE 4904F wird der fertigungsbedingte Offset eines Hallgenerators und der spätere Einfluß mechanischer Spannungen durch Parallelschalten [5.6] von vier Hallgeneratoren kompensiert. Die Schaltung ist temperaturkompensiert, die magnetischen Schaltpunkte sind auf dem Chip abgeglichen [5.27]. In Abbildung 5.6 ist die Blockschaltung dieses Sensors, in Abb. 5.7 eine Beschaltung zum Erreichen der EMV-Festigkeit im Kraftfahrzeug wiedergegeben. Ein Farbfoto des Chips ist in [5.27] enthalten.

---

[3] nach firmeninternen Unterlagen des Verfassers.

**Tabelle 5.2.** Entwicklungsstand von integrierten Hallsensoren aufgezeigt anhand von Auszügen aus den Datenblättern der Typen 1SS1 (Micro Switch), TLE490F (Siemens) und HAL 104 (Intermetall)

| Fertigungsjahr | | 1972 | 1991 | 1992 |
|---|---|---|---|---|
| Type | | 1SS1 | TLE490F | HAL 104 |
| Betriebsspannung | V | $4{,}5 \leq U_B \leq 5{,}5$ | $4{,}5 \leq U_B \leq 24$ | $4{,}5 \leq U_B \leq 12$ |
| Sperrschichttemp. | °C | $-40 \leq T_j \leq 100$ | $-40 \leq T_j \leq 150$ | $-40 \leq T_j \leq 150$ |
| Magnetische Parameter: | | | | |
| Induktion ein | mT | $25 \leq B_{ein} \leq 80$ | $33 \leq B_{ein} \leq 39$ | $B_{ein} \leq 20$ |
| aus | mT | $15 \leq B_{aus} \leq 70$ | $23 \leq B_{aus} \leq 29$ | $2{,}5 \leq B_{aus}$ |
| Hysterese | mT | $10 \leq \Delta B \leq 30$ | $7 \leq \Delta B \leq 14$ | $1{,}0 \leq \Delta B \leq 2{,}7$ |
| Absolutwerte für Funktion, jedoch nich spezifiziert: | | | | |
| Betriebsspannung | V | $4{,}5 \leq U_B \leq 9{,}0$ | $-40 \leq U_B \leq 27$ | $-0{,}3 \leq U_B \leq 13{,}5$ |
| Sperrschichttemp. | °C | $-40 \leq T_j \leq 125$ | $-40 \leq T_j \leq 150$<br>$T_j \leq 170^a$<br>$T_j \leq 210^b$ | $-40 \leq T_j \leq 150$<br><br>$(T_j \leq 200)$ |

Für: [a] 1000, [b] 40 Studen

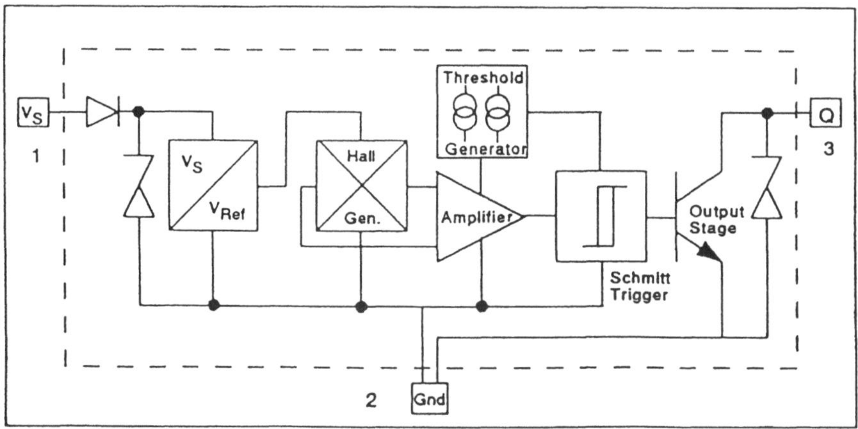


**Abb. 5.6.** Blockschaltung des unipolaren Hallsensors TLE 4904F (Siemens)

Durch die in Abb. 5.7 angegebene Beschaltung mit drei diskreten Komponenten, einem Widerstand von ca. 300 $\Omega$ und zwei Kondensatoren mit je 4,7 nF, wird die elektromagnetische Verträglichkeit (EMV) des Sensors in Bezug auf die Prüfimpulse 1–5 nach DIN 40839, Teil 1 und gegen hochfrequente Einstrahlung nach Abschn. 2.2.2 erreicht. Die Prüfimpulse 1-3b entsprechen den Abb. 2.7–2.9 im Abschn. 2.2.1 mit der dort angegebenen Amplitude und Dauer. Für den Prüfimpuls 5, Abb. 2,10, gilt + 120 V, 400 ms; (der Prüfimpuls 1.4 fordert – 7 V über 20s, er ist im Buch nicht abgebildet).

Eine elegante jedoch von der Zahl der benötigten Schaltungskomponenten her aufwendige Möglichkeit, den Offset eines Hallgenerators unabhängig von seiner Ursache zu beseitigen, ist in [5.7] angedeutet. Neuerdings ist es gelungen,

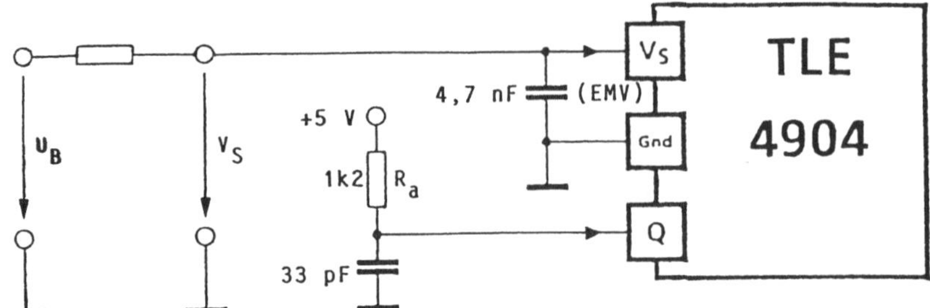


**Abb. 5.7.** Betrieb des unipolaren Hallsensor TLE 4904F im Kraftfahrzeug; Beschaltung zum sicherstellen der EMV-Festigkeit

diese „Smart-Sensor-Technik" mittels eines CMOS-Prozesses in Serienprodukte umzusetzen [5.28]:

Vertauscht man Stromfluß- und Meßrichtung periodisch – mit hinreichend hoher Frequenz – miteinander, so ergibt sich bei einer der beiden Richtungen die Summe aus Hall- und Offsetspannung ($U_1$), bei der anderen die Differenz ($U_2$). $U_1$ und $U_2$ bilden jeweils eine Halbperiode des Ausgangssignals. Wird jetzt $U_1$ und $U_2$ addiert, so erhält man das offsetfreie Hallsignal als Gleichspannung, deren Polarität die Feldrichtung angibt. Die Offsetspannung erscheint als überlagerte Wechselspannung, die wegzufiltern ist.
Wird $U_1$ und $U_2$ dagegen subtrahiert, so ersheint die Offsetspannung als Gleichspannung und das Hallsignal als Wechselspannung. Ein phasensynchroner Gleichrichter liefert dann wieder das offsetfreie Hallsignal mit einer der Feldrichtung entsprechenden Polung. Beide Verfahren sind bezogen auf das Ergebnis gleichwertig.

Die Familie HAL 100... HAL 104 beruht auf diesem Prinzip; getaktet wird mit ca. 120 – 160 kHz. Die relativ eng tolerierten magnetischen Schaltpunkte sind nicht mehr durch Abgleichen erreicht worden, sondern durch ein das Matching nutzendes Schaltungsprinzip der „Selbstkompensation" [5.29] und eine Fertigung mit engen Toleranzen. Darüberhinaus bleiben durch dieses Prinzip die Hall-ICs bis zu Sperrschichttemperaturen von 200 °C funktionsfähig. Die erforderliche EMV-Festigkeit ist mittels diskreter Komponenten sicherzustellen.

## 5.2.2 Magnetotransistoren

Magnetotransistoren in Bipolar- und MOS-Technik [5.7] sind als laterale Strukturen mit zwei Kollektoren üblich, von denen je nach Feldrichtung der eine oder der andere mehr Strom zieht.

Besonders interessant erscheint der MOSFET Magnetotransistor:

Die Hallspannung eines Hallgenerators ist umgekehrt proportional zur Dicke seiner aktiven Schicht, die im Hall-IC durch die Dicke der Epitaxie fest vorgegeben ist. Wird nun anstelle der Epitaxie der Kanal eines MOS-Transistors verwendet, so läßt sich dessen Dicke über die Gate-Sourcespannung verändern und so die Empfindlichkeit des Hallgenerators elektrisch um eine halbe bis ganze Größenordnung verstellen [5.7].

### 5.2.3 Magnetoresistive Widerstände (Nickel-Eisen)

Der Widerstand $R$ eines langen dünnen Streifens aus magnetoresistivem Material ist aufgrund der magnetischen Anisotropie eine Funktion von Feldstärke $H$ und Winkel $\Phi$ zwichen Stromflußrichtung und Magnetfeld in der Streifenebene, $R = \mathrm{f}(H, \Phi)$ [5.30]. Er ist minimal bei senkrechter ($R_{\perp}$), maximal bei paralleler ($R_{\parallel}$) Orientierung des Magnetfelds zur Stromflußrichtung und eine stetige Funktion der Feldstärke $H$ bis zum Erreichen eines Maximalwerts $R_{max}$ bei der Sättigungsfeldstärke $H_S$. Oberhalb von $H_S$ bleibt $R_{max}$ konstant. Der Linearitätsfehler bis zu $0{,}5 R_{max}$ beträgt weniger als 1%, so daß sich mit diesen Widerständen auch Magnetfelder vermessen lassen. Für die Winkelabhängigkeit gilt: $\Delta R/R_{\parallel} = [R - R_{\perp})/R_{\perp}]\cos^2\Phi$.

Mit den heute üblichen binären, bzw. ternären Legierungen lassen sich geometrieabhängig Sättigungsfeldstärken in einem Bereich von etwa zwei Größenordnungen ($300 \leq H_S \leq 30\,000$ A/m) einstellen, und maximale Widerstandsänderungen $\Delta R_{\perp max}/R$ zwichen 2% und 4% im Frequenzbereich bis zu einigen MHz erreichen. Magnetoresistive Widerstände sind somit wesentlich empfindlicher als Hallgeneratoren. Anwendungen in der Meßtechnik sind in [5.31] beschrieben.

Für monolithisch integrierte MR-Sensoren sind Vollbrücken mit je zwei um 90° gedrehten Widerstandszweigen üblich. In [5,32] wird ein Sensor vorgestellt, dessen Sättigungsfeldstärke $H_S$ oberhalb 2600 A/m (33 Oe) und Empfindlichkeit bei 2,5% liegt.

Abbildung 5.8 zeigt das ähnlich angeordnete Layout einer Studie von Bosch [5.33] mit umfassenden Korrekturen und einem Nullabgleich auf dem Chip für Temperaturen $-40\,°C \leq T_j + 200\,°C$, ($H_S \approx 2500$ A/m; $\Delta R_{\parallel max}/R \approx 2\%$).

## 5.3 Silizium-Mikromechanik

Anfangs der 70er-Jahre begann man, Fertigungsmethoden der Mikroelektronik auf mechanische Systeme zu übertragen [5.34] und die Technologie für Sensoren und Aktoren voranzutreiben. In [5.35] ist der Stand der Entwicklung

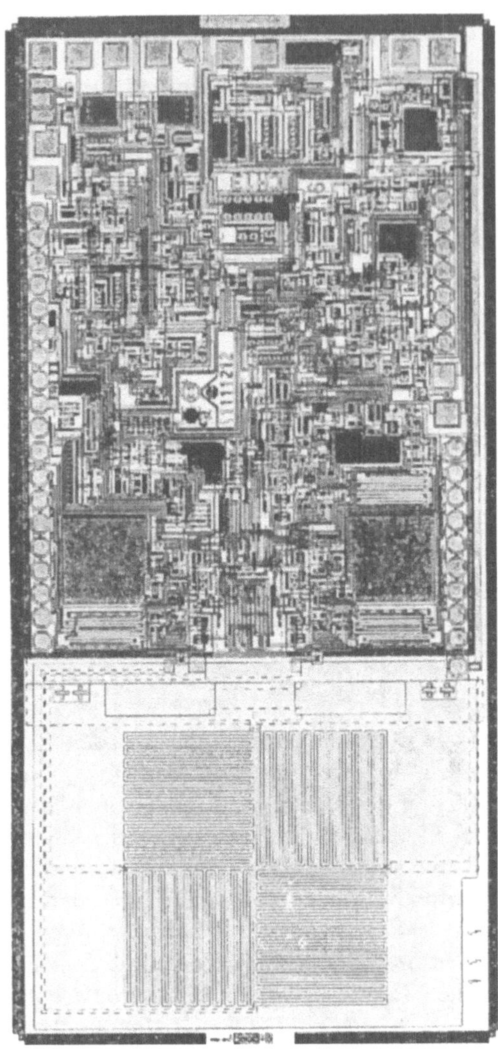

**Abb. 5.8.** Layout eines magnetoresistiven Sensors in Dünnschichttechnik mit integriertem Verstärker $F = 18\ mm^2$ (Studie von Bosch)

bezogen auf das Jahr 1982 unfassend dargestellt; die Automobilhersteller zeigen sich interessiert [5.36]. Die integrierte Signalaufbereitung ist schon immer als Entwicklungsziel genannt worden. Es erscheinen zunächst einfache Sensoren auf dem Markt [5.17, 5.37]. Die Integration von mechanischen Komponenten mit elektrischen Schaltungen ist wegen der zu fordernden Kompatibilität der Prozesse [5.38] nicht ohne weiteres zu beherrschen.

Mikromechanische Bauelemente finden sich in der bereits genannten Literatur [5.5 7]. Wesentliches ist dem Standardwerk von Heuberger [5.38], Nützliches [5.39, 40] zu entnehmen.

An dieser Stelle sollen wenigstens einige der Schlüsseltechnologien erwähnt werden:

1 die naßchemische Tiefenätztechnik mit anisotropen und isotropen Ätzverfahren,
2 die Ätzstopp-Verfahren, und
3 die Scheibenverbindungstechniken.

Zu 1:
Angaben zu den Ätzraten anisotroper und isotroper naßchemischer Verfahren finden sich in [5.38]. Die Ätzrate beim anisotropen Ätzen wird vor allem durch die Kristallorientierung[4] bestimmt.

Zu 2:
Der Ätzstopp an einer vergrabenen $p^+$-Schicht ist nicht kompatibel zur integrierten Schaltungstechnik. Hier läßt sich die Ätzung an einem aktiven pn-Übergang stoppen [5.38, 41]. Auch ohne pn-Übergang ist exaktes Ätzen möglich: Nach [5.51] unterscheiden sich bei einer elektrolytischen Ätzung mit einer Spannung von ca. 8 V die Ätzraten von $n^+$- und $n^-$-dotiertem Silizium um drei Größenordnungen. Die Ätzung wird genau an der Grenze zum $n^-$-dotierten Silizium hin, also an der Epitaxie gestoppt.

Zu 3:
Eine Mikromechanik ohne Scheibenverbindungstechnik ist kaum denkbar. Anodisch gebondet werden Siliziumscheiben direkt mit niedrigschmelzenden Borglasscheiben (Pyrexglas) bzw. Silizium- mit Siliziumscheiben und einer Zwischenschicht aus Borglas bei einer Temperatur von 400 °C [5.35, 38, 41]. Wegen des hohen Gehalts an Alkali (Na)-Ionen ist diese Verbindungstechnik evtl. kritisch. Statt der Glasschichten werden auch thermisch gewachsene Oxidschichten verwendet [5.38]. Allerdings werden dann Sintertemperaturen von 1100–1200 °C benötigt. Temperaturen von $T \geq 580$ °C erlaubt das Aluminium-Legierverfahren [5.6] mit einer ca. 6 $\mu$m dicken Zwischenschicht aus aufgedampftem Aluminium. Für fertig prozessierte Elemente mit ihren Al-Leiterhahnen ist diese Temperatur zu hoch, hierfür

[4] [5.35] enthält die Strukturen der drei Ebenen – 110, 100 und 111- des Siliziums und die dazugehörenden Ätzbilder einschließlich eines isotropen Ätzbilds.

eignet sich das schon in [5.6] erwähnte und in [5.42] favorisierte Gold-Legierverfahren, das bei der Schmelztemperatur des AuSi-Eutektikums von 370 °C [5.43] extrem feste und dichte Verbindungen gewährleisten soll.

Integrierte Schaltungen werden mit Phosphorglas gegen Alkali (Na)-Ionen immunisiert. Ist ein Auftrag von Phosphorglas nicht möglich, kann das Wandern von Na-Ionen nach [5.37] verhindert werden: In die Oberfläche wird eine Channelstopperschicht implantiert und auf den Chip eine Abschirmung in Form einer metallisch leitenden Deckschicht aufgebracht, die auf Substratpotential zu legen ist.

### 5.3.1 Drucksensoren

Monolithische Drucksensoren für Absolut- und Differenzdrücke werden mit piezoresistiven oder kapazitiven Meßwandlern ausgeführt. Die Grundlagen für Membranen mit piezoresistivem Wandler finden sich in [5.5, 6] mit kapazitivem Wandler dazu in [5.7]. Weil $n^-$-dotierte Membranen sich besonders genau ätzen lassen, wird die in ihrer Dicke gut beherrschbare Epitaxie des IC-Prozesses dazu benutzt.

Mit anderem physikalischen Hintergrund sind auch die Durchlaßspannung von pn-Übergängen und der Drainstrom von MOS-Transistoren druckempfindlich [5.7], somit ließen sich damit Drucksensoren darstellen.

In Tabelle 5.3 ist der gesamte Druckbereich für im, Kfz eingesetzte Aggregate zusammengestellt. Der Druckbereich erstreckt sich vom Öl- und Kraftstoffpegel bis zum Einspritzdruck eines direkt einspritzenden Dieselmotors von 3 hPa bis zu 100 MPa, also über 5 1/2 Größenordnungen jeweils für den Endwert der Anzeige.

**Tabelle 5.3.** Druckbereiche einiger kraftfahrzeugspezifischer Aggregate in logarithmischem Maßstab (in Pascal)

| Druck/Pa | |
|---|---|
| $10^8$ | Diesel-Einspritzdruck |
| | Direkteinspirtzmotoren |
| – | Kammermotoren |
| $10^7$ | Hydraulik |
| – | Verdichter von Klimaanlagen |
| $10^6$ | |
| – | Reifendruck |
| $10^5$ | atmosphärischer Luftdruck |
| – | Saugrohrdruck |
| $10^4$ | |
| – | |
| $10^3$ | |
| – | Kraftsoff- und Ölpegel |

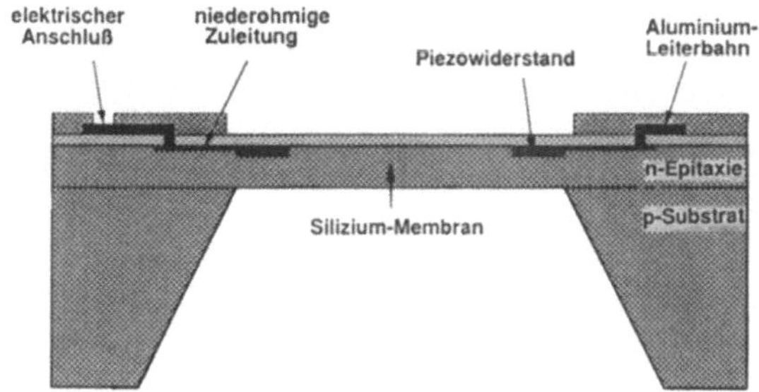


**Abb. 5.9.** Querschnitt eines mikromechanischen Drucksensors mit einer Membrane aus Silizium und integriertem piezoresistivem Wandler

Nicht nur die Brückenwiderstände mit ihrem Offset sondern auch die Empfindlichkeit der Druck/Spannungswandlung ist temperaturabhängig. Geeignete Kompensationsschaltungen finden sich in [5.6, 44, 45].

Der Querschnitt eines piezoresistiven Drucksensors nach [5.41] ist in Abb. 5.9 wiedergegeben. Eine rein planare Technolgie, also mit einer nicht herausgeätzten sondern auf der Oberfläche mit Polysilizium aufgebauten Membran und kapazitivem Meßprinzip ist in [5.46] zusammen mit einer CMOS-Auswerte- und Kompensationsschaltung beschrieben. Erwähnenswert ist, daß die Membrane bei Überlast an der Gegeneletrode anliegt und so erheblich überlastbar ist.

### 5.3.2 Beschleunigungssensoren

Im Kraftfahrzeug werden Beschleunigungssensoren als Crash-Sensoren für Air-Bag und Gurtstraffer, als Klopfsensoren für das Motormanagement und zur Detektion von Karosserieschwingungen für eine sichere und komfortable Fahrwerksregelung eingesetzt. Neben der Grundeinheit der Beschleunigung $b$ (m/sec$^2$) wird häufig auch die Erdbeschleunigung $g$ als Bezug gewählt ($1g \equiv 9{,}81$ m/sec$^2$).

Der mechanische Teil eines Beschleunigungssensors besteht aus einem schwingungsfähigen System mit einem Freiheitsgrad bestehend aus einer trägen Masse, die an einer Feder aufgehängt ist und einem Dämpfungsglied. Das System besitzt eine Eigenfrequenz $f_R$. Es ist direkt brauchbar im Frequenzbereich $0 < f < f_R$. Dabei wird die unerwünschte Resonanz entweder mechanisch mit Öl gedämpft, oder elektrisch im Zug der Signalverarbeitung mittels eines Tiefpasses.

Hier sind piezoresistive und kapazitive Wandler üblich, deren Prinzip in den [5.41] entnommenen Abb. 5.10 und 5.11 wiedergegeben ist. Eine Aufnahme des kapazitiven Sensors mit dem Rasterelektronenmikroskop zeigt Abb. 5.12, das plastisch die „Tiefenätztechnik“ erkennen läßt.

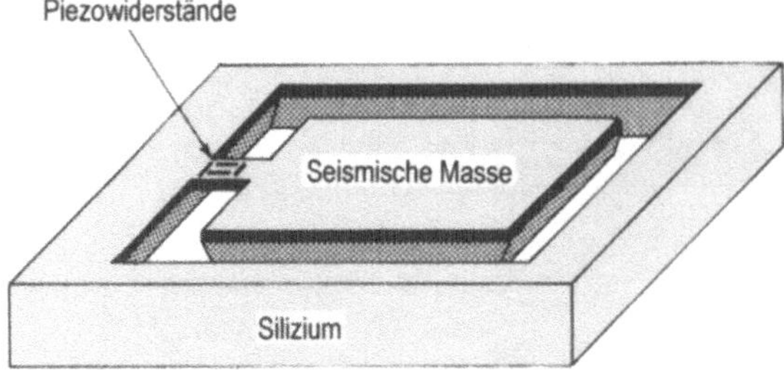


**Abb. 5.10.** Ansicht eines mikromechanischen Beschleunigungssensors mit seismischer Masse und piezoresistivem Wandler

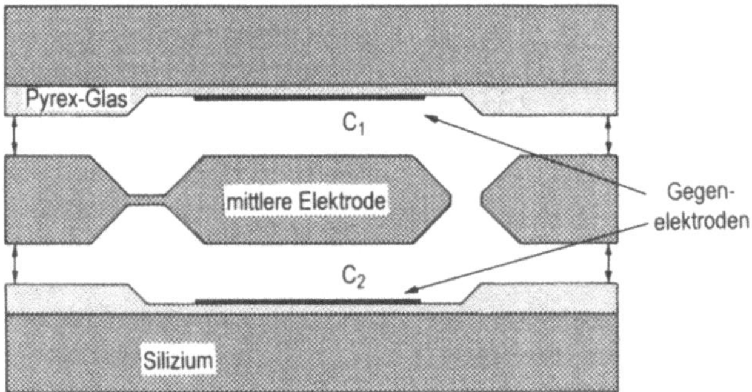


**Abb. 5.11.** Querschnitt eines mikromechanischen Beschleunigungssensors mit kapazitivem Wandler und seismischer Masse als Mittelelektrode

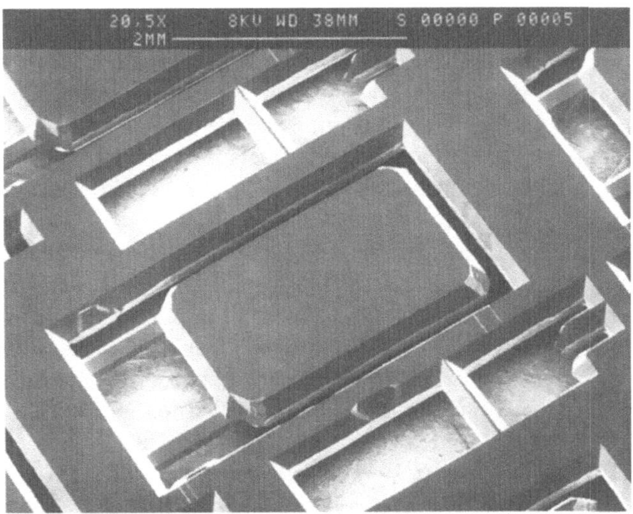


**Abb. 5.12.** Aufnahme der Mittelelektrode eines kapazitiven Beschleunigungssensors nach Bild 5.11 mit dem Rasterelektronenmikroskop (seismische Masse $1{,}44 \times 2{,}2$ mm$^2$)

Grundlagen und Ausführungsbeispiele sind in [5.6, 38] enthalten, in erstem auch ein Sensor mit dielektrischem Biegebalken.

Wichtig ist für die Betriebssicherheit, Risse in den gegen Überlast empfindlichen Biegebalken zu erkennen bzw. zu vermeiden. Die Type SAA 50 von Texas Instruments besitzt hierzu eine „Integritäts-Prüfschleife" in Form einer metallischen Leiterbahn, die über bruchgefährdete Stellen geschleift ist und eine Beschädigung des Sensors durch Unterbrechung des Pfads meldet. Beim Sensor nach Abb. 5.11 wird ein Bruch durch die beidseitige Begrenzung der Amplitude vermieden. Eine andere interessante Lösung ist in [5.47] beschrieben. hier wird die auf den Biegebalken einwirkende Beschleunigungskraft elektrostatisch kom pensiert, so daß die Auslenkung A stets in der näheren Umgebung von Null bleibt. Die damit erreichte Stoßfestigkeit ist größer als der 40fache Nennwert, hier läßt ein von außen aktivierbarer Selbsttest Beschädigungen rechtzeitig erkenen.

### 5.3.3 Ausblick

Sensoren mit frequenzanalogem Ausgang sind für die digitale Datenverarbeitung wünschenswert. Der Analog-Digitalwandler könnte somit entfallen. Sind die frühen Bemühungen an der Querempfindlichkeit solcher Sensoren gescheitert, so dürften künftig mikromechanische Lösungen mehr und mehr möglich werden.

Bereits 1984 wurden zu Mikroprozessoren kompatible Sensoren mit $I^2L$-Ringoszillatoren untersucht [5.48], die Änderungen der Durchlaßspannung von Dioden (Temperatur) bzw. des Werts von Widerständen (Druck) in eine Frequenzänderung transformieren.

Eine neue Klasse von Sensoren [5.49] wandelt mittels schwingungsfähiger Zungen, Membranen oder Brücken die Größen Temperatur, Druck, Kraft, Feuchtigkeit oder dgl. direkt in eine Frequenzänderung um. Hierher gehört auch der Carrier-domain magnetic-field sensor [5.7], dessen Frequenz oberhalb eines Grenzwerts direkt proportional zum einwirkenden Magnetfeld ist.

Wie die bisherigen Arbeiten zeigen, ist es nicht einfach, Sensoren auf dieser Basis fertigungstechnisch zu beherrschen. Querempfindlichkeiten lassen sich etwa durch Ändern des mechanischen Spannungszustands von Silizium durch Dotieren mit Bor oder Germanium bzw. von Dielektrika durch Implantieren von He-lonen [5.38] beseitigen.

Mikromechanische Aktoren als IC dürften mehr und mehr an Bedeutung für das Kraftfahrzeug gewinnen, obwohl die Standardliteratur [5.38, 50] hier noch keine Anhaltspunkte gibt. Geeignet sind vor allem elektrostatische und thermomechanische Kräfte. Ein Beispiel für einen „elektrostatischen" Aktor ist der am Ende des vorherigen Abschnitts beschriebene Beschleunigungssensor, eines für thermomechanische Kräfte die Zunge mit Bimetallcharakter von [5.51]. Auch elektromagnetische Kräfte lassen sich nutzen, wie das mit einer diffundierten Flachspule arbeitende Mikroventil zeigt [5.52].

# Literatur zu Kapitel 5


5.1. Bosch: Autoelektrik, Autoelektronik am Ottomotor. Düsseldorf: VDI 1987, S. 108/09

5.2. Klasche, G.: Die Elektronik im Auto - eine Bestandsaufnahme. Elektronik 1974, S. 424

5.3. Immer präzisere Meßwerterfassung. Bericht zur „Sensor'83" (Basel 17.-19.5.83). Markt & Technik 18/83, S. 18, 21

5.4. Teodorescu, D.: Monolithische Umsetzer mit hoher Auflösung, Linearität und Reproduzierbarkeit. Messen Prüfen Automatisieren, 10, 11/1988

5.5. Heywang, W.: Sensorik. Berlin: Springer 1988

5.6. Reichl, H.: Halbleitersensoren. Ehningen: Expert Verlag 1989

5.7. Middelhoek, S. Audet, S.A.: Silicon Sensors. London: Academic Press, 1989

5.8. Kasedorf, J.: Kfz-Elektronik. Würzburg: Vogel 1987, S. 75–92 Wittkowski, U.: Sensoren für das Massenprodukt Auto. Fachberischte Messen, Steuern, Regeln, Bd. 10, Interkama Kongreß 1983. Berlin: Springer 1983, S. 12–22

5.9. Stenger, R.: Dynamische Massendurchflußmessung für Gase. messen & prüfen, 1991, S. 230–232

5.10. Graeme, J.: Operationsverstärker zur Fehlerkorrektur. Stuttgart: Burr-Brown Applikationen 41

5.11. Metzger, J.: IC zur Sensorsignal-Aufbereitung. Elektronik Informationen 5/1992, S. 68–70

5.12. Auswertung von nichtlinearen Sensorkennlinien. Aarau: Elektroniker 2/1987, S. 41, 43

5.13. Bryant, J.: IC-Funktionsgenerator linearisiert Sensorausgänge. Elektronik Informationen 5/1992, S. 74, 77

5.14. Heywang, H.: Sensoren in Natur und Technik. Siemens-Zeitschrift 4/1986, S. (13–)18

5.15. Mikrocomputersensorik. Bern: Technische Rundschau Nr. 36/1981, S. 19

5.16. Wilcken, H.: Silizium-Sensoren für Temperatur, Druck, Magnetfeld und Licht. elektronik journal 13/1982, S. 22–24

5.17. Conrads, W. Halbleiter-Drucksensoren mit integrierter Signalaufbereitung. Elektronik-Applikation Nr. 20/1984, S. 63–66

5.18. Martens, G. Kordts, J.: Sensoren mit optischem Ausgangssignal. messen & prüfen H. 10, 11/1990

5.19. Halbleiterfühler messen Temperatur: Bericht über den AD590 von Analog Devices. elektronik journal 13/1982, S. 18, 19

5.20. Günther, U. Nagel, K. Kalkhof, B.: Temperatursensor. Europa-Patent 0 160 836 vom 20.09.89 (Anmeldung 02.04.85, Priorität DE 3417211 vom 10.05.84) für R. Bosch GmbH, D 7000 Stuttgart

5.21. Dalsaß, K.-G.: Hosticka, B.: Integrierbare Temperatursensorschaltung. D. Patent 39 36 773 vom 23.04.92 (Anmeldung 04.11.89) für Fraunhofer-Gesellschaft zur Förderung der angewandten Forschung e.V., D 8000 München

5.22. Batteriezündung SZ, TSZ-i, TSZ-h, HKZ-i, Technische Beschreibung. Robert Bosch GmbH, Unternehmensbereich Kraftfahrzeugausrüstung Abt. KH/VDT 7000 Stuttgart 1, 12/1979, S. 6

5.23. GaAs IC Sensors Head for the Road. Bericht über Aktivitäten von Ford und Siemens für Temperaturen bis zu 200 °C. Electronics, March 31, 1986, p. 16, 17

5.24. Automotive Integrated Circuits. Hall Effect Integrated Circuits, Data Pack 1992/1993. Siemens AG, Integrated Circuit Division W 8000 München, Ausgabe 8/92, S. 11–18

5.25. HAL 100 .. HAL 104, Hall Effect Sensor ICs. ITT Semiconductors Group, Intermetall, D 7800 Freiburg, Okt. 1992

5.26. Geräteinformation; Berührungslose elektronische Schaltelemente. Honeywell GmbH, 6050 Offenbach. Ausgabe März 1972

5.27. Integrierte Hallschaltungen für die Automobilelektronik. Product Information Siemens AG, Bereich Halbleiter W 8000 München, Ausgabe 11.91, S. 17–21

5.28. Lemme, H. Blossfeld, L.: Hall-sensoren in CMOS-billig und genau. Elektronik, Nr. 17/1992

5.29. Theus, U. Motz, M. Niendorf, J.: Hallsensor mit Selbstkompensation. Europ. Patentanmeldung 0 525 235 vom 31.07.91 für Deutsche ITT Industries GmbH, W 7800 Freiburg

5.30. McGuire, T.R. Potter, R.I.: Anisotropy Magnetoresitance in Ferromagnetic 3d Alloys. IEEE Transactions of Magnetics, Vol. MAG-11, No. 4, July 1975

5.31. Winkel-, Positions- und Strommessung mit Magnetfeldsensoren. (Nach Unterlagen zu den Sensoren KMZ 10 der Valvo GmbH, Hamburg). Elektronik Informationen Nr. 2/1987, S. 56–60

5.32. Konno, H. Katinawa, H.: Integrated ferromagnetic MR sensors. J. Appl. Phys. 69 (8) 15 April 1991, p. 5933–35
5.33. Bosch Lagebericht 1991. 7000 Stuttgart, Robert Bosch GmbH
5.34. Kiewit, D.A.: Microtool fabrication by etch-pit replication. Rev. Sci. Instrum. 44 (1973), pp. 1741–1746
5.35. Angell, J.B. Terry, S.C. Barth, P.W.: Mikromechanik aus Silizium. Spektrum der Wissenschaft, Juni 1983, S. 38–50 (Übertragung aus: Scientific American, April 1983)
5.36. Teschler, L.: Auto industry pushes „Advances In Sensor Technology". Machine Design, May 20 1982, pp. 68, 69
5.37. Binder, J. Becker, K.: Ehrler, G.: Silizium-Drucksensoren für den Bereich 2 kPa bis 40 MPa. Siemens Components 23 (1985), S. 64–67 und 118–121
5.38. Heuberger, A.: Mikromechanik, Mikrofertigung mit Methoden der Halbleitertechnologie. Berlin: Springer 1989
5.39. Büttgenbach, S.: Mikromechanik, Einführung in Technologie und Anwendungen. Stuttgart: Teubner 1991
5.40. Menz, W.: Bley, P.: Mikrosystemtechnik für Ingenieure. Weinheim: VCH 1993
5.41. Marek, J. Bantien, F. Trah, H.-P.: Sensoren und Aktoren in Silizium-Mikromechanik. Halbleiter in Forschung und Technik. Ehningen: expert 1991
5.42. Mikromechanik, Notizen vom AMA-Seminar in Heidelberg. messen prüfen automatisieren Mai 1989, S. 202
5.43. Hacke, H.-J.: Montage integrierter Schaltungen. Berlin: Springer 1987, S. 30–32
5.44. Sugiyama, S.: Halbleiterwandler. D. Patent DE 34 19710 vom 3.12.87 (Anmeldg. 26,5,84, Unionspriorit. JP 26.5.83) für Kabushiki Kaisha Toyota Chuo Kenkyusho, Aichi, JP
5.45. Kress, H.-J., Bantien, F. Marek, J. Willmann, M.: Silicon Pressure Sensor with Integrated CMOS Signal-conditioning Circuit and Compensation of Temperature Coefficient. Sensors and Actuators A. 25–27 (1991), pp 21–26
5.46. Eichholz, J.; Kandler, M.; Manoli, Y.; Mokwa, W.: CMOS kompatibler Drucksensor in planarer Ätztechnik mit integrierter Ausleseelektronik. VDI Berichte Nr. 819, 1990, S. 119–126
5.47. Beschleunigungssensor mit integrierter Signalaufbereitung und Selbsttest. Hinweis auf die Type ADXL-50 von Analog Devices in Elektronik Informationen Nr. 10-1991, S. 12
5.48. Reichl, H.: Anwendung der Siliziumtechnologie zur Herstellung von Sensoren. Fachveranstaltung Nr. F-10-513-075-4 „Technische Sensoren" Haus der Technik, Außeninstitut der RWTH Aachen, 16.5.1984
5.49. Mikromechanik, Notizen vom AMA-Seminar in Heidelberg. Messen prüfen automatisieren Mai 1989, S. 204
5.50. Büttgenbach, S.: Mikromechanik, Einführung in Technologie und Anwendungen. Stuttgart: Teubner 1991, S. 186–195
5.51. Döring, C. Grauer, T. Marek, J. Mettner, M.S. Trah, H.-P. Willmann, M.: Micromachined Thermoelectrically Driven Cantilever Structures For Fluid Jet Deflection. Micro Electro Mechanical Systems '92, Travemünde, Febr. 4–7, 1992 (0-7803-0497-7/92), 1992 IEEE
5.52. Novak, P.: Miktroventil. D. Patent DE 36 21 332 vom 5.4.90/15.4.93 (Anmeldg. 26.6.86) für Fraunhofer-Gesellschaft e.V., 8000 München

# 6 Digitale Systeme

Bei der Informationsverarbeitung haben sich im Kraftfahrzeug digitale Schaltungen durchgesetzt, weil sie in MOS-Technologie in extrem hoher Packungsdichte kostengünstig zu integrieren sind. Darüber hinaus realisieren digitale Systeme reproduzierbare hohe Rechengenauigkeiten, wie sie z.B. bei komplexen adaptiven Regelungen benötigt werden. Die meisten Systeme verwenden als Kern ein oder mehrere Mikrocomputer, die aus Rechner, Speicher und Peripherie bestehen.

## 6.1 Mikrocomputer-Architektur

Die grundlegende Arbeitsweise von Mikrocomputern wird hier nicht mehr dargestellt. Vielmehr wird aufgrund der speziellen Anforderungen in Kfz-Systemen versucht, Hinweise auf geeignete Rechner-Architekturen zu geben.

### 6.1.1 Hierarchische Struktur

Das Echtzeitsystem Kraftfahrzeug stellt häufig harte Zeitanforderungen an den Rechner, was am Beispiel einer Motorsteuerung (Abb. 6.1) erläutert wird [6.1]. Bei der Umdrehung der Kurbelwelle werden vom Drehzahlgeber alle 1° Impulse abgegeben. Bei einer Drehzahl von 6000 $\text{min}^{-1}$ beträgt der zeitliche Impulsabstand nur 28 $\mu$s. Die Kurbelwellenstellung 0° wird durch ein sog. Bezugsmarkensignal gekennzeichnet und das Abtasten der Lambdasonden-Spannung jeweils durch einen Interrupt ausgelöst. Der Rechner muß nun die richtigen Werte für Einspritzzeit, Zündungssignal und Tastverhältnis des Abgasrückführventils ermitteln und zeitlich genau ausgeben. Eine Verschiebung der Ausgabesignale ist nur im Bereich weniger Mikrosekunden zulässig, weil sonst die Zeiten und deren phasenmäßige Lage relativ zur Kurbelwellenstellung zu stark verfälscht würden. Der Zündzeitpunkt würde dann zu spät liegen.

Die Zahl der quasi-gleichzeitigen Vorgänge wächst noch einmal um eine Größenordnung gegenüber dem gezeigten Beispiel an, wenn Einspritzung und Zündung für jeden Zylinder individuell phasenverschoben vorgenommen

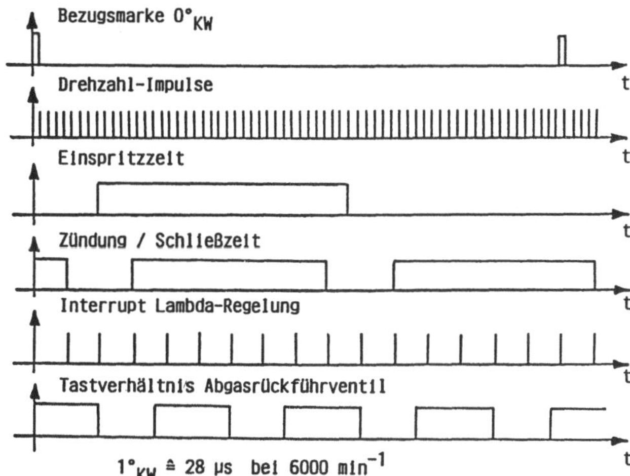


**Abb. 6.1.** Zeitlicher Ablauf der Impulsdiagramme während einer Kurbelwellenumdrehung

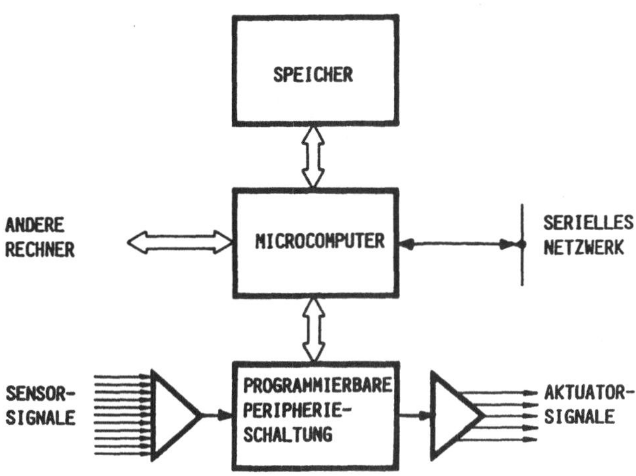


**Abb. 6.2.** Architektur von Mikrocomputern für Kraftfahrzeuge

werden. Die Architektur von Kfz-Mikrocomputern ist entsprechend Abb. 6.2 hierarchisch in zwei Ebenen gegliedert.

- Ein Mikrocomputer zum Abarbeiten der Steuer- und Regelalgorithmen in Abtastintervallen von Millisekunden,
- Eine unterlagerte Hardware-Instanz zur parallelen Bearbeitung der Echtzeitvorgänge mit Reaktionszeiten in Mikrosekunden.

Es muß das Ziel sein, beide Ebenen in ihrer Funktion so weit wie möglich zu trennen. Eine zu häufige Unterbrechung von laufenden Programmen auf der oberen Ebene lediglich zur Bedienung peripherer Signale wäre wenig effizient. Die aus Sicherheitsgründen so wichtige Transparenz des Programablaufs ginge verloren.

### 6.1.2 Spezielle Befehle

Bei Kfz-Anwendungen häufig vorkommende oder unverhältnismäßig viel Zeit kostende Operationen sollten durch eine entsprechende Hardware im Mikrocomputer unterstützt werden. Beispiele dafür sind Bit-Manipulationen, Schiebe- und Normierungsbefehle. Multiplikationen und Divisionen werden bei Interpolationen, Differenzengleichungen für dynamische Systemmodelle und für Matrizenrechungen gebraucht. Anhand der Interpolation soll die Zweckmäßigkeit spezieller Intervall- und Tabellensuchbefehle aufgezeigt werden. Diese sind in dem im Abschn. 1.5, Abb. 1.29 erwähnten 10-Bit-Kfz-Mikrorechner realisiert und werden neuerdings in der Familie MC68 300 angewendet [6.2].

Bei der Intervallsuche sind nach Abb 6.3 die Intervallgrenzen Xi hintereinander abgespeichert. Zur Initialisierung wird der Zeiger XN ↑ in das Indexregister IR geladen:

$$\text{IR:} = \text{XN}\uparrow\,;$$

Der eigentliche Intervallsuchbefehl realisiert dann die Schleife

$$\textit{while}\ \text{X}\ \textit{less}\ (\text{IR})\ \textit{do}\ \text{IR:} = \text{IR} - 1\,;$$

Am Ende dieser Operation enthält das Indexregister IR die Adresse der Stützstelle Xi, die gleich oder Trennung kleiner ist als X.

Demgegenüber sind bei der Tabellensuche Abszissen und Ordinaten abwechselnd hintereinander abgespeichert (Abb. 6.3). Nach der gleichen Initialisierung lautet der Tabellensuchbefehl

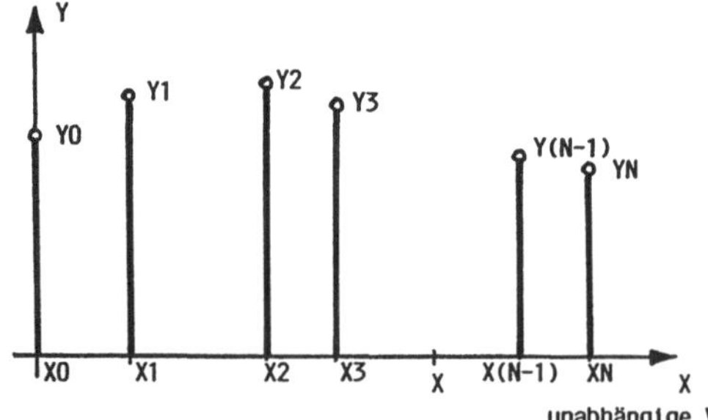


Datenstrukturen

Intervallsuche: X0, X1, X2, ... , X(N-1), XN

Tabellensuche : X0, Y0, X1, Y1, ... , X(N-1), Y(N-1), XN, YN

**Abb. 6.3.** Intervall- und Tabellensuche, Datenstrukturen

*while* X *less* (IR) *do* IR: = IR − 2;

IR: = IR + 1;

Bei der Hardwarerealisierung lassen sich die Zeiten für die häufigen Interpolationen deutlich verkürzen.

Eine weitere für Kfz-Regelsysteme wichtige Befehlsgruppe sind sog. atomare Befehle zur zeitlichen Synchronisation verschiedener Programmabläufe und zum gegenseitigen Ausschluß beim Zugriff auf gemeinsam benutzte Datenelemente. Atomare Befehle sind dadurch gekennzeichnet, daß sie nicht unterbrechbar sind und daß während ihres Ablaufs der exklusive Zugriff auf die Operanden erhalten bleibt. In [6.3] wird gezeigt, daß man bereits mit den einfachen Befehlen

test & set bit

reset bit

komplexere, unteilbare Kernoperationen aufbauen kann. Der Test- und Setze-Befehl liest das Bit, über das der gegenseitige Auschluß gesteuert wird. Falls es „O" ist, wird es in einem weiteren Schritt auf „1" gesetzt. Dieser Ablauf kann nicht unterbrochen werden.

In einem Beispiel soll der mögliche Zugriff zweier Prozesse auf die gleichen Daten gegenseitig ausgeschlossen werden. Die boolsche Variable B drückt aus, daß entweder

B = frei: Keiner der beiden Prozesse greift auf die Daten zu.
B = belegt: Einer der beiden Prozesse greift auf die Daten zu.

Die beiden Operationen BELEGEN (B) und FREIGEBEN (B) des Datenzugriffs werden in einem Objekttyp über der Variablen B definiert. Die verwendete *kernel procedure* ist unteilbar und baut auf dem Test- und Setze-Befehl auf.

```
begin object
    type sperre = {frei, belegt} = frei;
    kernel procedure BELEGEN (var B: sperre);
    begin
        while B = belegt do;
        B: = belegt
    end;
    kernel procedure FREIGEBEN (var B: sperre);
    begin
        B: = frei
    end;
end object
```

Zum gegenseitigen Ausschluß brauchen die Speicherzugriffe nur noch entsprechend

BELEGEN (B)

{Speicherzugriffe}

FREIGEBEN (B)

geklammert zu werden, um sie gegen ungewollten Zugriff von anderen Programmen zu schützen.

### 6.1.3 Unterbrechungsstruktur

Zur zeitlich richtigen Anbindung der Rechenabläufe an die gesteuerten Echtzeitvorgänge werden Unterbrechungen verwendet. Im Kraftfahrzeug ist die Zahl der eine Unterbrechung anfordernden Quellen oft sehr hoch, u.a. durch

- periphere Zählerschaltungen
- AD-Wandler mit mehreren Eingängen
- verschiedene freilaufende Zeitbasen mit Zeitvergleich
- über das lokale Netzwerk empfangene Botschaften.

Obwohl dies nicht in allen derzeit erhältlichen Mikrocomputern zu finden ist, benötigt man eine programmierbare Prioritätensteuerung für alle Unterbrechungsquellen. Anstelle von langen Abfragen (Polling) wird die jeweils am wichtigsten geltende Aktion vor Auftreten der Unterbrechungsanforderung bestimmt. Jeder Unterbrechungsquelle ordnet man einen Vektor für die Anfangsadresse des Unterbrechungsprogramms zu, das dann ohne Zeitverzug starten kann. Zur Formulierung konsistenter, unteilbarer Programmstücke müssen die Unterbrechungen maskierbar sein.

Ganz wesentlich für kurze Reaktionszeiten ist nicht nur die Gestaltung der Unterbrechungslogik selbst, sondern auch, daß alle Befehle bereits nach wenigen Prozessorzyklen beendet sind. Bei der Abschätzung der Reaktionszeit muß vom schlimmsten Fall ausgegangen werden: Nämlich, daß gerade der Befehl mit der längsten Ausführungszeit begonnen hat. Die derzeitige Tendenz zu RISC Rechnerarchitekturen (Reduced Instruction Set Computer) [6.4] kommt dieser Anforderung entgegen.

Als Beispiel für die Notwendigkeit einer komfortablen Unterbrechungsstruktur sind die Bezugsmarken- und Drehzahlsignale aus Abb. 6.1 gezeigt, allerdings mit einem von 1° auf 3° erhöhten Impulsabstand. Die Phasenlage der Bezugsmarkenrückflanke zwischen zwei Drehzahlimpulsen soll entsprechend Abb. 6.4 genauer als die Winkelauflösung des Drehzahlgebers bestimmt werden. Dazu wird ein mit den Drehzahlimpulsen laufender Zähler vorab so eingestellt, daß bereits 3° vor dem kritischen Intervall eine Unterbrechung ausgelöst wird. Das dazugehörige Programm kann dann rechtzeitig vor Intervall-Beginn gestartet werden. Die Zeitdifferenz t zwischen den beiden Rückflanken kann durch

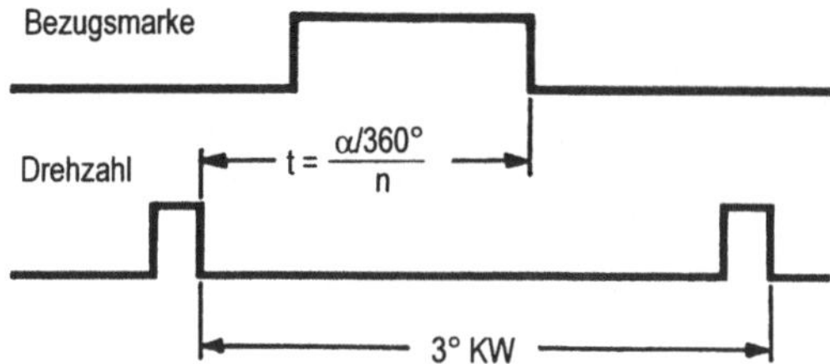


**Abb. 6.4.** Ermittlung der Phasenlage der Bezugsmarken-Rückflanke

zweimaliges Ablesen einer weiteren, zeitsynchron laufenden Uhr ermittelt werden. Der genaue Winkelversatz $\alpha$ ist dann

$$\alpha = 360° \, t \, n,$$

wobei n die Drehzahl in $s^{-1}$ der Kurbelwelle bedeutet.

Ohne die Unterbrechung mit kurzer Reaktionszeit hätte mit ausreichendem Zeitabstand vorher eine zyklisch wiederholte Abfrage über die Winkelstellung der Kurbelwelle erfolgen müssen, was wesentlich mehr Prozessorkapazität erfordert hätte.

Noch schneller als mit Unterbrechungen kann der Rechner auf ein anderes Programm umgeschaltet werden, wenn Techniken wie beim direkten Speicherzugriff (DMA, Direct Memory Access) angewendet werden. Dabei wird dem gerade laufenden Programm die Prozessorkapazität entzogen und einige Zyklen lang für einen Datentransfer verwendet. Mit separaten Variablenregistern und Programmen wäre auf diese Weise auch die Bearbeitung allgemeiner Funktionen denkbar. Anhalten und Umschalten des Rechners werden durch eine spezielle Hardware übernommen, wie etwa beim Controller SAB80C166 [6.5].

## 6.2 Speicher-Architektur

Mikrocomputer-Speicher werden heute nach ihrer Funktion

- Programmspeicher
- Variablenspeicher
- Assoziativspeicher

oder nach ihren Zugriffsarten

- maskenprogrammierter Festspeicher (ROM)
- elektrisch programmierbarer Festspeicher (EPROM)
- dynamischer Schreib-Lesespeicher (DRAM)
- statischer Schreib-Lesespeicher (SRAM)
- elektrisch programmier- und löschbarer Speicher (EEPROM) ohne Informationsverlust bei abgeschalteter Spannung

eingeteilt. Nachdem sich der Speicherumfang für Kfz-Steuersysteme ähnlich schnell entwickelt wie die technologischen Fortschritte, ist eine Realisierung des ganzen Systems auf einem einzigen Schaltkreis schwierig. Heute trifft dies auf sehr einfache Systeme (z.B. Glühkerzensteuerung bei Dieselmotoren) oder für sicherheitsrelevante Systeme (z.B. ABS) zu. Bei Motorsteuerungen arbeitet man mit separaten Bausteinen für den Programm- und teilweise sogar für den Variablenspeicher.

### 6.2.1 Programmspeicher

Bei der Parameteranpassung von Kfz-Steuersystemen wird stark mit heuristischen Methoden gearbeitet. Überraschende Versuchsergebnisse können noch kurz vor Anlauf einer Großserie oder sogar danach Änderungen erforderlich machen. Maskenprogrammierte Festspeicher (ROM) haben dafür zu lange Durchlaufzeiten während der Herstellung. Daneben müssen noch Zeiten für den Test und den Versand eingeplant werden. Es werden deshalb vermehrt elektrisch programierbare Festspeicher (EPROM) eingesetzt.

Die Kfz-Steuergeräte werden zunächst mit dem Regelprogramm getestet, danach wird jedoch als Speicher ein noch unprogrammierter EPROM eingesetzt. In dieser Form werden sie am Montageband in die Fahrzeuge eingebaut. Erst am Bandende werden die Speicher dann programmiert. Diese Vorgehensweise hat den Vorteil, daß man flexibel auf unterschiedliche Fahrzeugtypen mit voneinander abweichender Ausstattung reagieren kann. Eventuell erforderliche Programmänderungen können so ohne Verzug in die laufende Produktion eingeführt werden. Weiterhin gibt es keine Lagerbestände an Speichern, die nach einer Programmänderung vernichtet werden müssen.

Elektrisch programmierbare Speicher (EPROM) haben aufgrund ihrer Herstellungstechnologie eine längere Zugriffszeit als einfache Festspeicher (ROM). Nachdem die Rechnerkerne selbst immer schneller werden, entwickelt sich die Programmspeicher-Schnittstelle zu einem Flaschenhals, durch den nicht mehr ausreichend viele Befehle pro Zeiteinheit herbeigeschafft werden können, wie es für ein kontinuierliches Arbeiten des Prozessors erforderlich wäre.

Zur gesteigerten Versorgung des Prozessors mit Befehlen gibt es die in Abb. 6.5 dargestellten Methoden.

a. *Verbreiterung der Transportwege.* Durch Übergang von 8 über 16 auf 32 Bit Speicherwortlänge können mehrere Operandenadressen im gleichen Speicherzyklus oder Adressen ohne separaten Zugriff besorgt werden.
b. *Zwischenlagerung im Prozessor.* Bei Befehlen, zu deren Ausführung der Prozessor längere Zeit benötigt, können die vom Speicher eintreffenden Befehlsworte in einer Befehlspipeline zwischengespeichert werden. Die Speicherzugriffszeit braucht nicht auf die kürzeste, sondern lediglich auf die mittlere Befehlsausführungszeit hin ausgelegt werden.

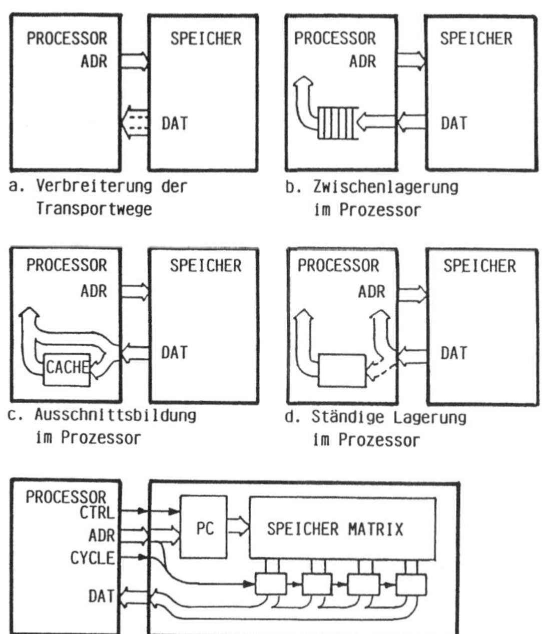


**Abb. 6.5.** Gesteigerte Versorgung des Prozessors mit Befehlen

c. *Ausschnittsbildung im Prozessor.* Eine aktuelle Teilmenge der im Speicher abgelegten Programme und Daten wird in einem Zwischenspeicher (cache) im Prozessor gehalten. Die Teilmenge bildet sich dynamisch aufgrund tatsächlicher Benutzungsverhältnisse aus. Das geht immer dann, wenn die Programme wiederholt in kleineren Bereichen zugreifen. Diese Eigenschaft nennt man Lokalität.

d. *Ständige Lagerung im Prozessor.* Kurze, sich häufig wiederholende Programmteile werden ständig im Prozessor gelagert. Im Unterschied zur Ausschnittsbildung bestimmt der Anwender im voraus die in Frage kommenden Programme. Sie werden z.B. bei der Initialisierung geladen. Der Prozessor bekommt jetzt zwei Datenströme angeboten, aus denen er auswählen muß. In Verbindung mit einer Zwischenlagerung entsprechend b. kann die Warteschlange für den externen Datenstrom aufgefüllt werden, während der Prozessor seine Instruktionen vom internen Speicher abruft.

e. *Verlagerung von Prozessorfunktionen in den Speicher.* Der Programmzeiger (PC) wird in den Speicherbaustein verlagert, wo er durch Steuersignale vom Prozessor aus inkrementiert wird. Eine Übertragung über den Adreßbus ist nur im Falle von Sprungbefehlen und von Daten erforderlich, die nicht sequentiell im Befehlsstrom gespeichert sind. Weiterhin kann der Speicher in das Pipelining des Prozessors miteinbezogen werden. Dazu wird mit einem einzigen Programmzeigerwort nicht nur ein Datum, sondern ein ganzer Datenblock parallel ausgelesen. Während an der Speichermatrix bereits der nächste Programmzeiger anliegt, werden die zuvor ausgelesenen Datenwörter schritthaltend mit dem Prozessortakt nacheinander in den Prozessor eingelesen.

Die in Abb. 6.5 gezeigten Strukturen steigern die Leistungsfähigkeit von Mikrocomputern mit externem Programmspeicher erheblich, allerdings auf Kosten einer deutlich größeren Zahl von Verbindungsleitungen an den Gehäusen.

### 6.2.2 Variablenspeicher

Der Variablenspeicher ist bei Mikrocomputern meist auf dem gleichen Baustein realisiert wie der Prozessor selbst. Die Wortlänge richtet sich nach der erforderlichen Genauigkeit. Ein überwiegender Teil der Variablen kann mit 8 Bit dargestellt werden. Ein Beispiel dafür sei die Kühlwassertemperatur, die mit einem Nickelfilm-Widerstand gemessen werden soll. Dieser Widerstand R

$$R = R_0(1 + aT)$$

hängt von der Temperatur $T$ ab, wobei

$$a = 0{,}5 \cdot 10^{-2}\,\mathrm{K}^{-1}$$

sein Temperaturkoeffizient ist. Wählt man den Widerstandswert $R_2$ bei $T_2 = 140\,°\mathrm{C}$ als Maximalwert, und ordnet ihm die Zahl $2^8 = 256$ zu, so erhält man für $R_1$ bei $T_1 = -40\,°\mathrm{C}$ die Zahl 181. Der Temperaturbereich $T_2 - T_1 = 180\,\mathrm{K}$ wird also in 75 diskrete Schritte aufgelöst, mit einer Höhe von jeweils 2,4 K. Der Quantisierungsfehler beträgt $\pm$ 1,2 K, was zur Motorsteuerung ausreichend genau ist.

Lediglich einige Meßsignale müssen genauer als mit 8 Bit dargestellt werden, z.B. die vom Motor angesaugte Luftmenge [6.6]. Bei einem Motor mit einem Hubraum von 3,5 l ist diese im Leerlauf 10 kg/h, bei Vollast und Höchstdrehzahl 750 kg/h. Bei einer Darstellung im Rechner mit 10 Bit beträgt die Quantisierung 0,73 kg/h, was im Leerlauf zu einem Fehler von bereits $\pm$ 3,6% führt.

Zur ausreichend genauen Repräsentation der Variablen reichen 16 Bit aus, in den meisten Fällen sogar nur 8 Bit. Dennoch gibt es beim Variablenspeicher ähnlich wie beim Festspeicher einen Trend zu größeren Wortlängen. Der Grund dafür ist, daß mit einem einzigen Speicherzyklus mehr Information übertragen werden kann. Selbst wenn aus physikalischen Gründen nur 8 Bit pro Wort erforderlich sind, so kann man bei 32 Bit mehrere Variablen gleichzeitig laden oder speichern. Durch Verbreiterung der rechnerinternen Busse auf ein Vielfaches von 32 Bit lassen sich die effektiven Speicherzyklen sogar noch weiter verkürzen. Wesentlich ist dabei allerdings, daß nach wie vor einzelne Bits oder Bytes adressierbar bleiben.

Die größeren Wortlängen haben darüber hinaus den Vorteil, daß man bei komplexen Rechnungen wie rekursiven Filtern oder Matrizenoperationen bei geschickter Normierung weitgehend ohne aufwendige Gleitkommarechnungen auskommen kann.

### 6.2.3 Speicherzugriff

Die Entwicklung der Mikrocomputer-Architekturen zu RISC-Strukturen [6.3] hin hat zur Folge, daß der Variablenspeicher an das Pipelining-Prinzip angepaßt sein muß. Die Ausführung eines Drei-Adreß-Befehls pro Maschinenzyklus erfordert mehrere gleichzeitige Speicherzugriffe auf

- Quelladresse Operand A der gerade ausgeführten Operation
- Quelladresse Operand B der gerade ausgeführten Operation
- Zieladresse Ergebnis C der vorangehenden Operation
- Quelladresse für Wegspeichern in Hintergrundspeicher
- Zieladresse für Laden aus Hintergrundspeicher
- Zeiger für indirekte Adressierung

Solche schnellen Speicher mit Mehrfachzugriff wie in dem bereits genannten SAB80C166 [6.7] können aufgrund des hohen Realisierungsaufwands nur relativ klein sein. Man wird sie deshalb nach Abb. 6.6 mit größeren konventionellen Speichern kombinieren, die einen einfachen oder höchstens zweifachen Zugriff gleichzeitig erlauben. Zum Beginn eines Prozesses werden die wichtigsten Adreßzeiger wie

- Grundadresse des zuvor bearbeiteten Prozesses
- Stackzeiger
- Rücksprungzeiger

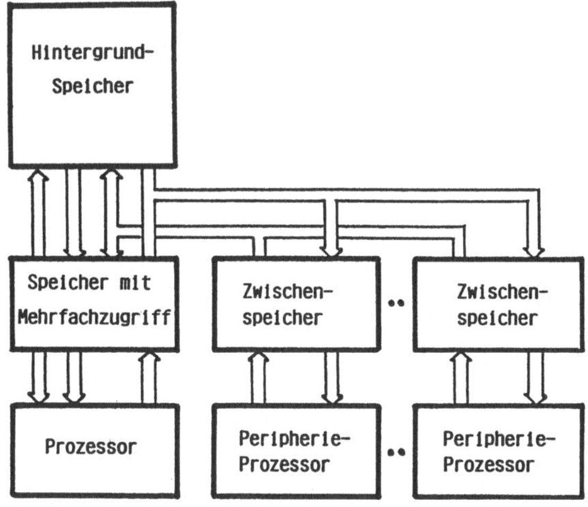


**Abb. 6.6.** Speicherstruktur für Echtzeit-Mikrocomputer

zusammen mit den Variablen in den schnellen Speicher geladen. Durch den Mehrfachzugriff können die Lade- und Speicher-Operationen teilweise parallel zu den eigentlichen Rechenoperationen erfolgen, so daß sich der Leistungsverlust des Prozessors in Grenzen hält.

Der begrenzte Umfang des schnellen Speichers mit Mehrfachzugriff wird über den Realisierungsaufwand hinaus durch den eingeschränkten Adreßraum bei Drei-Adreß-Befehlen erzwungen. Bei einer angenommenen Befehlslänge von 32 Bit und einer Operationscode-Länge von 12 Bit ließen sich z.B. drei Adressen zu jeweils 6 Bit unterbringen, womit sich 64 Worte adressieren lassen.

Die Peripherie-Prozessoren sowie Co-Prozessoren für Spezialbefehle lassen sich, wie schon in Abb. 6.6 gezeigt, parallel zum zentralen Prozessor anordnen. Der Datenaustausch kann wie bei Mehrrechnersystemen üblich mit Hilfe von Zwischenspeichern geschehen. Sollen mehrere, inhaltlich zusammenhängende Daten übertragen werden, so sind zur Erhaltung der Konsistenz die Speicherzugriffe als atomare Operation entsprechend Abschn. 6.1 zu klammern.

## 6.3 Peripherie-Schaltungen

Die Aufgabe der schnellen quasigleichzeitigen Steuerung aller Echtzeitabläufe wird einer dem Mikroprozessor unterlagerten, parallelen Hardware-Instanz übertragen. Diese umfaßt Zählschaltungen, AD-Wandler und anwendungsspezifische Peripherieschaltungen. Die genaue Schaltungskonfiguration kann teilweise mittels Operationsmodus-Register während der Initialisierungsphase programmiert werden. Die Peripherie bereitet Sensordaten zu digitalen Worten auf und speichert den Zeitbezug für plötzlich auftretende Prozeßereignisse. Der Prozessor schreibt die daraus berechneten Steuerwerte für die Aktoren als digitale Worte in die Peripherie zurück. Die autonome Arbeitsweise der Peripherie hat den Vorteil, daß immer noch die alten Steuerwerte ausgegeben werden, wenn die neuen wegen nicht ausreichender Rechenzeit oder aufgrund von Störungen nicht rechtzeitig übertragen wurden. Man unterscheidet Zählschaltungen zur Ein- und -Ausgabe.

### 6.3.1 Eingabezähler für Frequenzen und Perioden

Elektronische Regelsysteme im Kraftfahrzeug verwenden häufig Sensoren, die als Ausgangssignal eine Frequenz oder eine Periodendauer abgeben. Ein Beispiel dafür sind die verschiedenen Drehzahlen im Motor, Getriebe und an den Rädern. Die Zählfrequenzen reichen von ca. 100 Hz bis 1 MHz, die Perioden von ca. 20 $\mu$s bis 1 s. Wegen der großen Variationsbereiche werden bereits bei 8-Bit-Mikrocomputern 16 Bit-Zähler verwendet. Die prinzipielle Eingabe-Zähl-

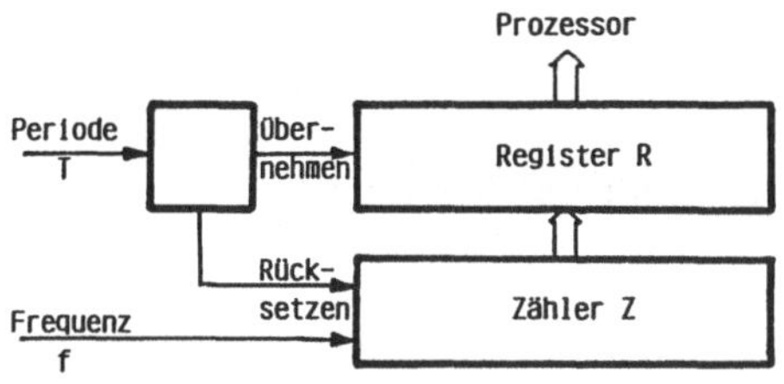


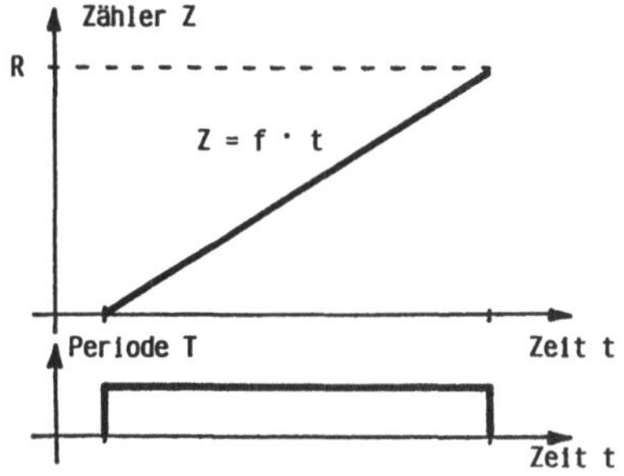


**Abb. 6.7.** Eingabezähler für Frequenzen und Perioden

schaltung zeigt Abb. 6.7. Während der Periode $T$ zählt der Zähler Z mit der Frequenz $f$

$$Z = ft$$

fortlaufend hoch, bis am Ende der Periode der aktuelle Zählerstand

$$R = Z(t = T) = fT$$

in das Register $R$ übernommen wird. Dabei wird entweder mit einer von außen kommenden Frequenz während einer in der Peripherieschaltung erzeugten Periode gezählt oder umgekehrt.

Als Beispiel sei die Aufbereitung der Motordrehzahl $n_{mot}$ betrachtet, die sich im Normalbetrieb zwischen

$$600\ \text{min}^{-1} \leqslant n_{mot} \leqslant 7200\ \text{min}^{-1}$$

bewegt. Beim Anlassen eines sehr kalten Motors können allerdings auch niedrigere momentane Drehzahlen bis herunter zu ca. 30 min$^{-1}$ auftreten. Bei einer geforderten Auflösung von

$$\Delta n_{mot} = 20\ \text{min}^{-1}$$

und einer Impulszahl des Sensors pro Umdrehung von

$$\text{I} = 120$$

muß man die Zählperiode fest auf

$$T = 1/(\text{I}\,\Delta n_{mot}) = 25\ \text{ms}$$

einstellen. Bei einer maximalen Drehzahl von 7200 min$^{-1}$ erzeugt der Sensor eine Impulsfrequenz von

$$f_{max} = \mathrm{I}(n_{mot})_{max} = 14{,}4\,\mathrm{kHz},$$

was zu einem maximalen Zählerstand am Ende der Periode von

$$\mathrm{R}_{max} = f_{max}T = 360$$

führt. Bei den hohen Drehzahlen werden immerhin drei Motorumdrehungen benötigt, bis ein neuer Drehzahlwert ausgezählt ist.

An einem weiteren Beispiel soll gezeigt werden, daß bei zu langen Perioden die Zählerfrequenz $f$ festgehalten und statt dessen die Periode T des Sensorsignals ausgezählt werden muß. Der Raddrehzahlsensor eines Bremsregelsystems liefere

$$\mathrm{I} = 96$$

Impulse pro Umdrehung. Der Abrollumfang des Rades betrage

$$U = 2\,\mathrm{m}.$$

Bei einer insbesondere im Bereich niedriger Geschwindigkeiten gewünschten Auflösung von

$$\Delta v = 0{,}25\,\mathrm{km/h} = 0{,}0694\,\mathrm{m/s}$$

müßte man die Zählperiode fest auf

$$T^* = U/I(\Delta v) = 300\,\mathrm{ms}$$

einstellen. Das bedeutet, daß nur alle 300 ms ein neuer Zahlenwert für die Raddrehzahl erzeugt würde. Dies wäre für eine schnelle Regelung des Bremsdrucks wesentlich zu langsam. Deshalb hält man die Zählfrequenz f fest und zählt die Periode T der Radsensorimpulse aus. Die minimale Periode

$$T_{min} = U/I_{max} = 293\,\mu\mathrm{s}$$

ergibt sich gerade bei der maximalen Geschwindigkeit

$$V_{max} = 256\,\mathrm{km/h} = 71{,}1\,\mathrm{m/s}.$$

Bei einer hohen festen Zählerfrequenz von

$$f = 1\,\mathrm{MHz}$$

ist die Auflösung immer noch gröber als gefordert. Sie wird mit fallender Drehzahl besser, da die am Ende der Periode in das Register R übernommene Zahl

$$\mathrm{R} = Tf = Uf/(vI)$$

nun umgekehrt proportional zur Radgeschwindigkeit $v$ ist.
Im Mikrocomputer muß dann der Kehrwert $\mathrm{Z_v}$

$$\mathrm{Z_v/Z_{vmax}} = \mathrm{R_{max}/R}$$

der Zahl R gebildet werden. Die Radbeschleunigung kann unmittelbar aus der Differenz

$$\Delta R = R_2 - R_1$$

entsprechend

$$\Delta Z_v/Z_{vmax} = -(\Delta R/R_{max})/[(R_2/R_{max})(R_2/R_{max} - \Delta R/R_{max})]$$

berechnet werden. Allerdings ist die Auflösung erst bei niedrigen Geschwindigkeiten und entsprechend längeren Zählperioden ausreichend groß, um Beschleunigungen innerhalb einer einzigen Periode fein genug auflösen zu können. So dauert bei $v = 27$ km/h die Periode $T = 2{,}78$ ms. Die erreichte Auflösung von $\Delta v = 9{,}7 \cdot 10^{-3}$ km/h entspricht in dieser Zeit gerade einer Beschleunigung von

$$\begin{aligned}\Delta v/T &= (9{,}7 \cdot 10^{-3}\ \text{km/h})/(2{,}78\ \text{ms}) \\ &= 3{,}49 \cdot 10^{-3}\ \text{km/(h ms)} = 0{,}1\ \text{g}.\end{aligned}$$

Um bei höheren Geschwindigkeiten die gleiche feine Auflösung zu haben, muß die Differenz $\Delta v$ über mehrere Meßintervalle hinweg gebildet werden. Dies kann auch schaltungstechnisch durch eine entsprechende Voruntersetzung des Sensorsignals erreicht werden. Aus Kostengründen haben Drehzahlaufnehmer eine etwa halb so große Impulszahl pro Umdrehung wie oben angenommen. Die ursprüngliche Auflösung kann aber wieder erreicht werden, wenn man die Frequenzen bzw. die Perioden nicht wie üblich nur zwischen Signalflanken gleicher, sondern beider Richtungen betrachtet. Dies entspricht gerade einer Frequenzverdoppelung bzw. einer Periodenhalbierung. Ganz allgemein ist es hilfreich, die Ansprechflanken für den Benutzer programmierbar zu gestalten. Perioden können sich dann von

positiver zu positiver Flanke
negativer zu negativer Flanke
positiver zu negativer Flanke
negativer zu positiver Flanke
Flanke zu Flanke

erstrecken.

Bei Übernahme eines Zählerstandes Z in das Register R wird eine Unterbrechungsanforderung an den übergeordneten Mikroprozessor abgegeben, die maskierbar ist. Dadurch kann die Reihenfolge der Programmbearbeitung auf das Eintreffen neuer Sensordaten synchronisiert werden.

### 6.3.2 Vor-Rückwärtszähler

Durch die variable Zählrichtung können Vor-Rückwärtszähler zur vorzeichenbehafteten Integration von Drehzahlimpulsen sowie zur Signalfilterung bereits in der Peripherie dienen. Die Zähler arbeiten dabei kontinuierlich. In [6.8, 9] ist ihr Einsatz in Filtern beschrieben. Die vom Meßwertaufnehmer kommende Frequenz f entspreche einer Impulsfolge

$$\Delta x = f\Delta t$$

über der Zeit. Der Digitalintegrator nach Abb. 6.8 besteht aus einem Vor-Rückwärtszähler mit dem Inhalt Y, einem Addierer und einem Summenregister, in dem R gespeichert wird. Mit dem Zeitfortschaltungstakt Δt wird die Summe

$$R_i = R_{i-1} + Y_{i-1}\Delta t - \Delta Z_i$$

gebildet. Die Impulsfolge $\Delta z$ der eventuellen Überläufe muß dabei von R abgezogen werden. Sie ist proportional zum Stand Y des Vor-Rückwärtszählers:

$$\Delta Z_i = Y_{i-1}\Delta t + R_{i-1} - R_i .$$

Die Differenz

$$\Delta Y_i = 2^K(\Delta x_i - \Delta Z_i)$$

wird aufsummiert zu

$$\begin{aligned} Y_i &= Y_{i-1} + (2^K/Y_{max})\cdot \Delta Y_{i-1} \\ &= Y_0 + (2^K/Y_{max})\cdot \sum_{K=0}^{i-1} (\Delta x_K - \Delta Z_K) \end{aligned}$$

Die Arbeitsweise entspricht dem eines rückgekoppelten Integrators, wobei die Eingangsfrequenz $f$ in eine Zahl Y gewandelt und dabei in einem Filter erster Ordnung mit der Zeitkonstante

$$T_i = 2^{-K} Y_{max}\Delta t$$

gefiltert wird. Für K = 0 besteht die Differenzbildung lediglich aus zwei einfachen logischen Verknüpfungen

$$\mathrm{Abs}(\Delta x - \Delta z) = (\Delta x \not\equiv \Delta z),$$

$$\mathrm{Sign}(\Delta x - \Delta z) = (\Delta x \cdot \Delta z).$$

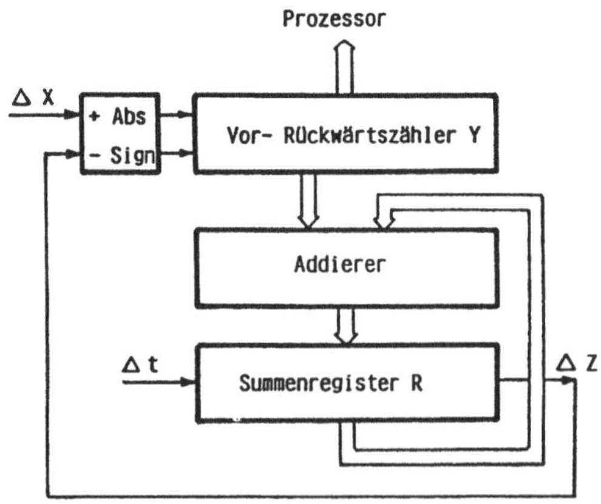


**Abb. 6.8.** Filterung mit Digitalintegrator

Die mit K = 0 erreichbaren Zeitkonstanten werden relativ groß. Im obigen Beispiel des Bremsregelsystems

$$Y_{max} = V_{max}/\Delta V = 1024$$

und

$$\Delta t = 1/f_{max} = 293\ \mu s,$$

woraus sich

$$T_i = 300\ ms$$

ergibt.

In Abbildung 6.9 ist das Arbeitsprinzip eines anderen Differenzbildners dargestellt, mit dem sich kürzere Zeitkonstanten erreichen lassen. Dabei ist das Frequenzniveau der Rückführimpulse $\Delta z$ um den Faktor $2^K$ höher als das der Eingangsimpulsfolge $\Delta x$. Die Periode von $\Delta x$ wird mit Hilfe von $\Delta z$ ausgezählt. Am Anfang der Periode wird dazu der Zähler M auf $2^K$ gesetzt und von dort bis zu deren Ende abwärts gezählt. Der Zählerstand M am Ende der Periode von $\Delta x$ wird als Korrektur $\Delta y$ zum Stand des Vor-Rückwärtszählers Y vorzeichenrichtig addiert. Dabei kann man drei Fälle unterscheiden:

1. $M > 0$
   Die Rückführimpulsfolge $\Delta z$ und Y ist zu klein,
   Y wird deshalb um $\Delta y = M$ vergrößert.
2. $M = 0$
   Stationärer Zustand, in dem keine Korrektur erforderlich ist.
3. $M < 0$
   Die Rückführimpulsfolge $\Delta z$ und Y ist zu groß,
   Y wird deshalb um $|\Delta y|$ veringert.

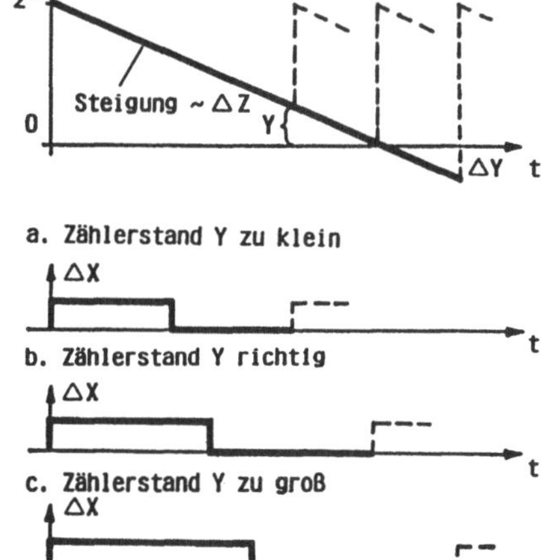


**Abb. 6.9.** Frequenzvergleich $\Delta x$ mit $\Delta z$ für kurze Integrationszeitkonstanten

Die Korrektur $\Delta y$ ist nun nicht mehr ein einzelner vorzeichenbehafteter Zählimpuls, sondern ein ganzes Wort, das zu Y addiert werden muß. Wählt man z.B. K = 5, so verringert sich die Zeitkonstante gegenüber dem obigen Beispiel auf

$$T_i = 2^{-K} Y_{max} \Delta t = 2^{-5} \cdot 1024 \cdot 293\,\mu s = 9{,}4\ \text{ms}.$$

Nach dem geschilderten Verfahren wurden in den ersten ABS-Systemen die Frequenzen der Raddrehzahlen gefiltert und in digitale Worte umgewandelt. Gegenüber der Auszählung der Periodendauer ergibt sich der Vorteil, daß das Wort bereits proportional zur Raddrehzahl ist, so daß eine Kehrwertbildung im Mikroprozessor entfallen kann. Der zurückgekoppelte Integrator ist nur stabil, solange

$$f = \Delta x / \Delta t \geqslant 1/T_i = 1/(2^{-K} Y_{max} \Delta t)$$

gilt. Der Stand des Vor-Rückwärtszählers Y muß deshalb auf

$$Y \geqslant 2^{-K} Y_{max}$$

begrenzt werden. Beim obigen Bremsregelsystem können demnach nur Radgeschwindigkeiten erfaßt werden, die größer als 8 km/h sind. Dabei ist die Periode des Sensorsignals $\Delta x / \Delta t$ gerade 9,4 ms, also genau so groß wie die Integratorzeitkonstante $T_i$.

### 6.3.3 Ausgabezähler für Impulse und Tastverhältnisse

Die Ausgabesignale in Kfz-Regelsystemen bestehen überwiegend aus Impulsen genauer Länge und Phasenlage sowie aus Rechteckschwingungen mit einstellbarem Tastverhältnis. Beispiele dafür sind die Einspritzimpulse, während derer die Einspritzventile Kraftstoff mit annähernd konstanter Durchflußrate abgeben, und die Zündimpulse, während derer der Strom durch die Zündspule rampenförmig ansteigt und deren Ende die Zündung auslöst. Tastverhältnissignale werden zur Ansteuerung elektromagnetischer Aktoren benötigt. Der Ausgang des Steuergeräts zur Ansteuerung des Stellers wird dabei mit einem kostengünstigen Schalttransistor verstärkt, während der mittlere Strom durch das Produkt aus Stellerinduktivität mal Tastverhältnis gegeben ist. Die Impulszeiten variieren von 1 bis ca. 100 ms. Die Frequenzen der Tastverhältnisse müssen an die Zeitkonstanten der jeweiligen Aktoren angepaßt werden und liegen zwischen 20 Hz und ca. 40 kHz.

Wie beim Eingabezähler braucht der Prozessor nicht unmittelbar auf periphere Ereignisse zu reagieren, sondern kann das digitale Wort bereits vorher in das Register R schreiben. Die Impulszeit beginnt z.B. mit dem Rücksetzen des Zählers Z. Dann ist die Zeit $T$ des Ausgabeimpulses gerade

$$T = R/f.$$

Der ganze Vorgang ist im Abb. 6.10 dargestellt. Als Beispiel soll die Benzineinspritzzeit ausgegeben werden. Bei einer zeitlichen Auflösung von 10 $\mu$s ist

$$f = 100\,\text{kHz}.$$

Ein Registerinhalt von

$$\mathrm{R} = 200$$

entspricht einer Einspritzzeit von

$$T = \mathrm{R}/f = 2\,\text{ms}.$$

Als Frequenz kann auch eine zur Drehung der Kurbelwelle synchrone Impulsfolge verwendet werden. In Abschn. 6.3.1 war eine Impulszahl von

$$\mathrm{I} = 120$$

pro Kurbelwellenumdrehung angenommen worden. Damit erreicht man eine Winkelauflösung von

$$\Delta\alpha = 360°/\mathrm{I} = 3°.$$

Wird der Zündwinkel durch Arbeiten mit einer solchen Impulsfolge erzeugt, so benötigt man keine Umrechnung von Winkel in Zeit und zurück. Dies ist nur dann erforderlich, wenn wie im Beispiel in Abschn. 6.1.3 die Winkelauflösung als nicht ausreichend fein betrachtet wird und durch eine unterlagerte Zeitauflösung ergänzt werden soll.

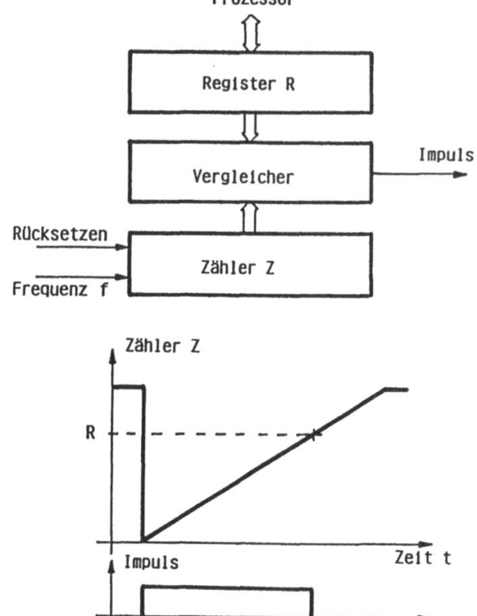


**Abb. 6.10.** Ausgabezähler für Impulse

Der Vergleicher soll nicht nur die reine Gleichheit

$$Z = R$$

sondern die Ungleichheit

$$Z \leqslant R$$

dekodieren. Dies ist wichtig bei der Ausgabe eines neuen Wertes vom Prozessor in das Register R. Zum Zeitpunkt $t_0$ ist der Zähler

$$Z(t_0) = R(t_0) - \Delta R < R(t_0)$$

noch nahe unterhalb des alten Ausgabewerts $R(t_0)$, d.h. die Gleichheit $Z = R$ ist gerade noch nicht erreicht. Zum nächsten Zeitpunkt $t_1$ gibt der Prozessor den neuen Wert

$$R(t_1) = R(t_0) - 2\Delta R < Z(t_0) < Z(t_1)$$

aus, der bereits unter den laufenden Zählerständen $Z(t_0)$ und $Z(t_1)$ liegt. Wird lediglich auf Gleichheit geprüft, so wird diese Bedingung übersprungen und gar nicht dekodiert werden können. Die Impulszeit wird dann nicht beendet. Die überprüfung auf Ungleich heit $Z \leq R$ erlaubt demgegenüber eine eindeutige Dekodierung des Ausgangssignals auch bei Änderung des Prozessor-Ausgabewerts Z.

Ein weiteres Problem ist die konsistente Verarbeitung von Doppelworten, wie sie beim Betrieb von 8-Bit-Mikroprozessoren zusammen mit peripheren 16-Bit-Zählern erforderlich ist. Der Prozessor kann in einem Zyklus entweder nur die untere (LSB) oder die obere (MSB) Hälfte des Registerwortes R schreiben oder lesen. Die Kombination einer neuen oberen Worthälfte mit der alten unteren Worthälfte kann zu Fehlfunktionen der Zählerschaltung führen. Dies läßt sich durch Einführen eines Doppelpuffers nach Abb. 6.11 vermeiden, wenn

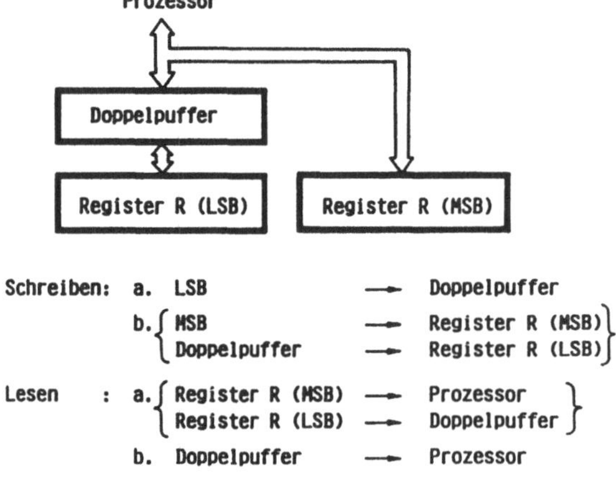


**Abb. 6.11.** Konsistente Doppelwortverarbeitung

eine vorher vereinbarte Reihenfolge der Zugriffe eingehalten wird. Beim Schreiben aus dem Prozessor wird zunächst die untere Worthälfte (LSB) in den Doppelpuffer übertragen. Im nächsten Zyklus wird die obere Worthälfte (MSB) direkt und die untere aus dem Doppelpuffer gleichzeitig in das Register R geschrieben.

Eine entsprechend Abb. 6.12 erweiterte Schaltung des Ausgabezählers gestattet die Erzeugung von Tastverhältnis-Signalen. Zum Beginn der Periode wird der Zähler Z zurückgesetzt und das Register R1 mit dem Vergleicher verbunden. Das Ausgangssignal ist gesetzt. Zum Zeitpunkt

$$t \geqslant T1$$

wird mit dem Vergleichssignal

$$\mathrm{Z} \geqslant \mathrm{R1}$$

das Ausgangssignal zurückgesetzt und das Register R2 mit dem Vergleicher verbunden. Zum Zeitpunkt

$$t \geqslant T2$$

ist

$$\mathrm{Z} \geqslant \mathrm{R2}$$

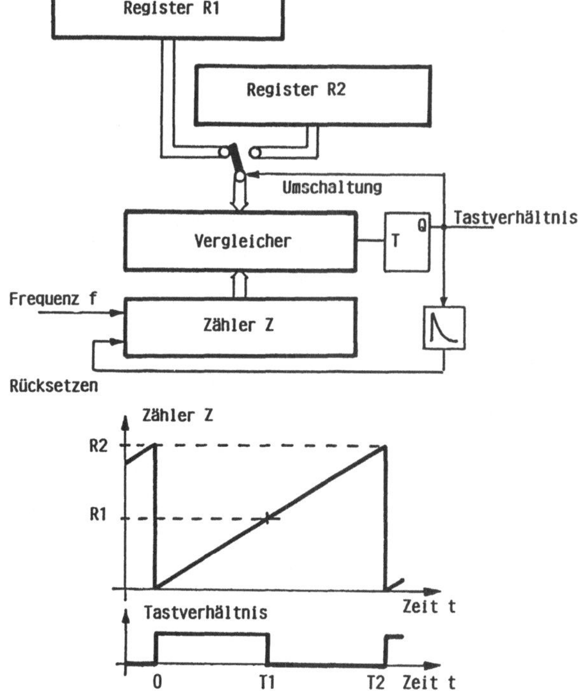


**Abb. 6.12.** Ausgabezähler für Tastverhältnisse

erreicht und die Periode durch Rücksetzen des Zählers Z beendet. Das Verhältnis der Registerworte

$$\mathrm{R2/R1} = T2/T1$$

ist gleich dem Tastverhältnis.

### 6.3.4 Ereignisgesteuerter Peripherieprozessor

Die in den vorangehenden Abschn. 6.3.1–3.3 vorgestellten Zählerschaltungen entsprechen nicht immer genau den Vorstellungen der Systemanwender. Für neue Problemstellungen sind häufig modifizierte Schaltungen erforderlich. Außerdem gewinnen übergeordnete Zählerfunktionen an Bedeutung, bei denen Abhängigkeiten auch zwischen den einzelnen Peripheriekanälen eingeführt werden sollten. Auf diese Weise werden abhängig von den Anwendungen ständig neue Anforderungen gestellt, die beim Entwurf vorhandener Mikrocomputer noch nicht berücksichtigt werden konnten. Außerdem wird mit wachsendem Systemumfang eine erheblich größere Anzahl von Peripherieschaltungen gefordert.

Als Ausweg werden in realen Systemen häufig zeitkritsche Detailfunktionen wieder in die obere Hierarchieebene des Mikroprozessors zurückverlagert. Ein Beispiel dafür ist die in Abschn. 6.1.3 gezeigte Verfeinerung der Winkelauflösung durch zeitliches Auszählen der kritischen Periode des Drehimpulssignals. Zur genauen Steuerung müssen dabei andere rechenintensive Programme fortlaufend mit hoher Priorität unterbrochen werden. Auf diese Weise wird die in Abschn. 6.1.1 vorgestellte hierarchische Struktur durchbrochen. Der für komplexe Regelalgorithmen ausgelegte Mikroprozessor wird mit den falschen Aufgaben belegt.

Mit den schnellen Echtzeitaufgaben in der Peripherie muß deshalb ein eigener leistungsfähiger, in seiner Funktionen programmierbarer Peripherieprozessor beauftragt werden, der die speziellen, wenig flexiblen Zählschaltungen ersetzt und dessen Architektur im folgenden beschrieben wird. Die Verarbeitungsgeschwindigkeit logischer Schaltungen kann durch Integration in modernen Technologien erheblich gesteigert werden. Demgegenüber besteht keine Notwendigkeit, die zeitliche Auflösung der gesteuerten Zeitvorgänge in gleicher Weise zu verfeinern, da diese durch das dynamische Verhalten der Kfz-Systeme sowie der Sensoren und Aktoren physikalisch vorgegeben sind. Aufgrunddder potentiell hohen Geschwindigkeit können innerhalb der geforderten Auflösungszeit mehrere Peripheriekanäle zeitlich nacheinander bearbeitet werden. Da alle Vorgänge während des gleichen Intervalls behandelt werden, erscheint ein solches Vorgehen nach außen weiterhin als gleichzeitig. Eine derartige Architektur wurde als Time-Processor-Unit (TPU) in der Familie MC68300 [6.10] realisiert.

Wird eine Zeitauflösung von 1 $\mu$s gefordert, und legt man einen Prozessorzyklus von 25 ns zugrunde, so passen 40 Rechenzyklen in ein einziges

Bearbeitungsintervall. Im Beispiel der Periodendauerauszählung in Abschn. 6.3.1 ist beim Zustandswechsel des Periodendauereingangs jeweils der Registervergleichswert R auf den nächsten Vergleich vorzubereiten (Abb. 6.7).

if period = 1 then R1: = Z;

if period = 0 then R2: = (Z − R1) mod(2n − 1);

Mit dem Übergang von O auf 1 beginnt die Periode. Die gültige Uhrzeit des Zeitzählers Z wird in das Register R als R1 übernommen. Am Ende der Periode (Übergang 1 auf 0) wird die Zeitdifferenz berechnet und als R2 in R gespeichert.

Diese Rechenvorgänge müssen nur dann stattfinden, wenn sie durch Ereignisse ausgelöst werden, im vorliegenden Fall durch Zustandsübergänge des Eingangssignals. Weiterhin müssen nicht alle Ereignisse unmittelbar im gleichen Zeitintervall der Auslösung bearbeitet werden. Wenn es von der zeitlichen Auflösung her vertretbar ist, kann eventuell eine Wartezeit von mehreren kurzen Intervallen toleriert werden, ehe das zum Ereignis dazugehörige Programm tatsächlich ausgeführt wird. Es ist daher möglich, eine sehr große Anzahl von Peripheriekanälen durch einen einzigen Prozessor zu bedienen. Sollten einmal mehr Ereignisse in einem einzigen kurzen Zeitintervall auftreten, als der Prozessor sofort bearbeiten kann, so werden die Programme hoher Priorität, d.h. mit der feinsten Zeitauflösung vorgezogen und die übrigen auf Folgeintervalle verschoben.

Die Bedingung der Quasi-Gleichzeitigkeit wird nicht verletzt, solange die Latenzzeit $t_{\text{lat}}(\text{i})$ zwischen Ereignis und Programmausführung kleiner oder gleich ist als die für den entsprechenden Kanal i geforderte Zeitauflösung $\Delta t(\text{i})$

$$\underset{\text{i}}{\forall}\{t_{\text{lat}}(\text{i}) \leqslant \Delta t(\text{i})\}.$$

Dies wird in Abb. 6.13 veranschaulicht. Ein Peripherieprozessor soll insgesamt 80 Kanäle bedienen. Die dazugehörigen Programme benötigen zur Ausführung im Mittel jeweils zwei Zyklen. Dann können in jeder Mikrosekunde 20 Mikroprogramme bearbeitet werden. Im ungünstigsten Fall treten alle 80 Ereignisse zum gleichen Zeitpunkt auf und fordern die Belegung des Prozessors an. Die Latenzzeitbedingung kann dennoch eingehalten werden, wenn zuerst die Programme hoher Priorität bearbeitet werden. Nach 1 $\mu$s sind die Programme

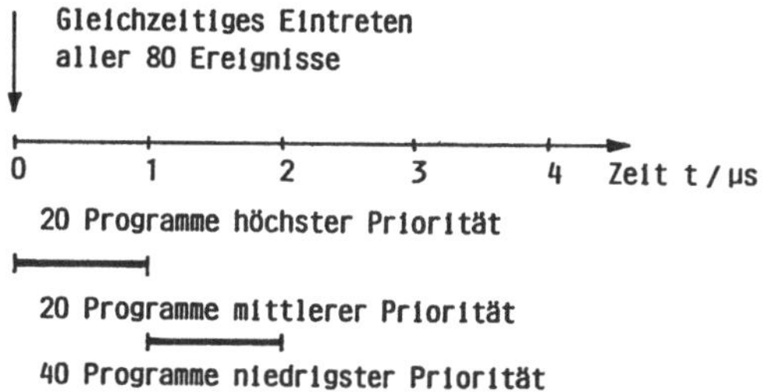


**Abb. 6.13.** Prioritätsabhängige Belegung des Peripherieprozessors

höchster, nach 2 $\mu s$ die mittlerer und nach 4 $\mu s$ die niedrigster Priorität durchlaufen.

Ein Verfahren zur prioritätsabhängigen Zuordnung der Ereignisse zu den Mikroprogrammen ist in Abb. 6.14 gezeigt. Jedem Ereignis wird zuerst ein Prioritätszeiger zugeordnet, mit dessen Hilfe die Rangfolge der Programmbereitstellung entsprechend der vom Anwender festgelegten Priorität vertauscht wird. Die bereitgestellten Programme laufen in dieser Reihenfolge nacheinander ab. Mit dem Beginn eines neuen Zeitauflösungsintervalls wird die Liste wieder von oben abgearbeitet, da inzwischen neue Ereignisse eingetragen sein könnten. Der Eintrag wird beim Ablauf des Programms gelöscht. Die Zuordnung von der Bereitstellung zum Programm erfolgt über Adreßvektoren.
Die Ereignisse selbst können aus verschiedenen Quellen kommen:

- Zustandsübergänge an den Eingängen des Rechners, z.B. der Zählimpuls eines frequenzanalogen Sensors.
- Ausgaben aus Programmen im übergeordneten Mikrocomputer oder im Peripherieprozessor.
- Ereignisgenerator.

Der Ereignisgenerator nach Abb. 6.15 soll zu vorherbestimmten Zeiten oder Winkelstellungen der Motorkurbelwelle Ereignisse auslösen. Die entsprechenden Zeiten und Winkel wurden im übergeordneten Prozessor oder im Peripherieprozessor berechnet und rechtzeitig vorher in den Speicher der Vergleichswerte eingetragen. Nach dem Weiterzählen eines der beiden Zähler werden alle im Speicher abgelegten Werte mit dem aktuellen Zählerstand verglichen. Das Bearbeitungsintervall reicht dazu aus, weil wiederum von der im Vergleich zu den Zählfrequenzen hohen Verarbeitungsgeschwindigkeit logischer Schaltungen Gebrauch gemacht wird. Bei Gleichheit wird das Ereignis unter der entsprechenden Adresse in die Ereignisliste von Abb. 6.14 eingetragen. Mit Hilfe des Ereignisgenerators lassen sich Aktionen genau im gewünschten Zeitpunkt auslösen, obwohl die Initiative dazu aus weniger zeitkritischen Programmabläufen wie z.B. aus der oberen Hierarchieebene des Mikroprozessors kommt.

Mit Hilfe des ereignisgesteuerten Peripherieprozessors kann eine Vielzahl einfacher Aufgaben in extrem kurzer Zeit erledigt werden, ohne den übergeord-

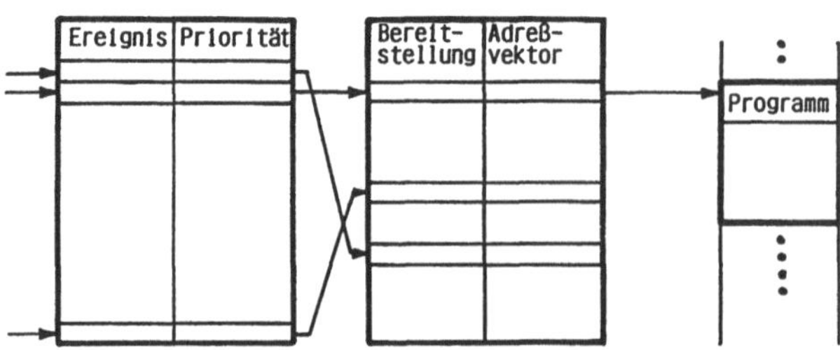


**Abb. 6.14.** Prioritätsabhängige Zuordnung von Ereignissen zu Mikroprogrammen

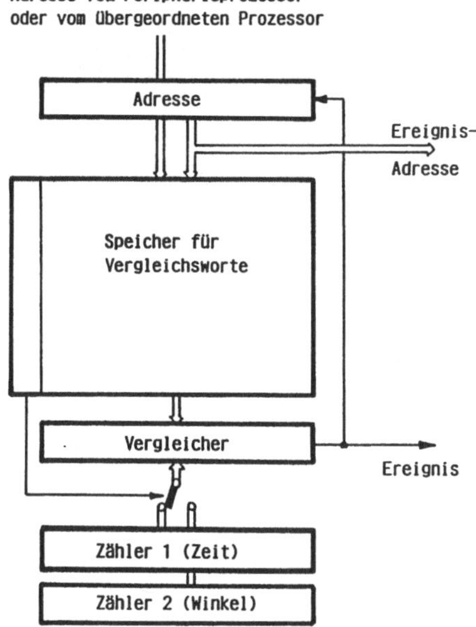


**Abb. 6.15.** Ereignisgenerator

neten Mikroprozessor zu belasten. Die möglichen Anwendungen gehen weit über die bislang betrachteten Zählerfunktionen hinaus.

- Eingabe von Frequenzen und Perioden, Ausgabe von Perioden Tastverhältnissen.
- Verkettung von Auslösebedingungen und daraus resultierende Erzeugung von Folgeereignissen.
- Vom übergeordneten Mikroprozessor unabhängige Funktions- und Variablenüberprüfung auf Plausibilität zur Erhöhung der Betriebssicherheit.
- Bearbeitung von Unterbrechungsanforderungen entsprechend Zulässigkeit und durch die Priorität gegebener Rangfolge. Einfache Aufgaben wie direkter Speicherzugriff erfordern überhaupt keine Unterbrechung der Hauptprogramme, sondern werden unmittelbar im Peripherieprozessor erledigt.
- Realisierung von Betriebssystem-Kernfunktionen aus den übergeordneten Mikroprozessoren, wie Bereitstellen von Prozessen in Abhängigkeit von Synchronisationssignalen und Ereignissen, Zuordnung des Prozessors zu einem Prozeß entsprechend dessen Priorität und Realisierung von Synchronisation und Kommunikation zwischen den Prozessen.

### 6.3.5 Eigenüberwachung

Der Betrieb des Kfz-Mikrocomputers muß durch eine periodische Prüfung derart abgesichert werden, daß sich das Programm aufgrund von elektrischen Störungen oder übersehener Programmierfehler nicht in einer unsinnigen Endlosschleife verfängt. Die gebräuchlichste Methode dafür ist das periodische Zurücksetzen eines speziellen ständig laufenden Zählers („Watchdog") durch ein geeignetes Prüfprogramm. Beim Überlauf dieses Zählers wird der gesamte Rechner zurückgesetzt und neu initialisiert.

Dieses Verfahren hat sich allerdings nicht als ausreichend sicher erwiesen, weil das Rücksetzen des Zählers auch aus der unsinnigen Endlosschleife heraus erfolgen kann. Zusätzliche Sicherheit gewinnt man durch die Bedingung, daß der Zähler nur in einem engen Zeitfenster zurückgesetzt werden darf, das zweckmäßigerweise direkt vor dem Überlauf liegt. Es ist dann äußerst unwahrscheinlich, daß das schmale Zeitfenster aus einem fehlerhaften Programmablauf heraus genau getroffen wird. Ein vorzeitiger Rücksetzversuch würde nämlich ebenfalls als Fehler ausgelegt werden und zur Initialisierung des Rechners führen.

Auf der Anwenderebene werden häufig weitere Überwachungsprogramme installiert, wie

- Überprüfung zulässiger Adreß- und Variablenbereiche.
- Plausibilitätstest von Variablen, z.B. durch Vergleich mehrerer Größen.
- Überwachung der Änderungsgeschwindigkeit von Sensordaten, z.B. zur Erkennung von Drahtbruch oder Kurzschlüssen.
- Redundante Speicherung von Schlüsseldaten.
- Periodische Überprüfung der grundlegenden Prozessor- und Speicherfunktionen durch zusätzliche Programme.

Die Eigenüberwachung hat einen erheblichen Anteil an den Anwenderprogrammen.

## Literatur zu Kapitel 6


6.1. Kiencke, U.: Zentralrechner im Kraftfahrzeug, in: Syrbe, M; Will, B. (Hrsg.): Automatisierungstechnik im Wandel durch Mikroprozessoren. Berlin: Springer 1977, 169–178

6.2. CPU 32, Central Processor Unit; Reference Manual M 68300 Family. Motorola Inc. 1990, pp 1–3

6.3. Wettstein, H.: Architektur von Betriebssystemen. 3. Aufl., München: Hanser 1987, 37–51

6.4. Horster, P. Maustetten, D. Pelzer, H.: Die RISC-CISC-Debatte. Angewandte Informatik 7(1987) 273-280

6.5. Microcontroller SAB 80166 User's Manual. Siemens AG Bereich Halbleiter, München 1990, pp 1–3

6.6. Kiencke, U. Cao, C.T.: Regelverfahren in der elektronischen Motorsteuerung. Automobil-Industrie 11 (1987)

6.7. Microcontroller SAB 80166 User's Manual. Siemens AG Bereich Halbleiter, München 1990, pp 4–8

6.8. Sizer, T.R.H.: The Digital Differential Analyzer. London: Chapman and Hall 1968, 11–27

6.9. Kiencke, U.: Inkrementrechenschaltungen zur Interpolation bei einem Sichtgerät. Dissertation TU Braunschweig 1972

6.10. Time Processor Unit; Reference Manual MC 68300 Family. Motorola Inc. 1990

# 7 Digitale Steuergeräte

Digitale Steuergeräte für Kraftfahrzeuge bestehen im wesentlichen aus den Funktionsgruppen

1. Aufbereitung der Eingangssisgnale
2. Informationsverarbeitung, z.B. durch Mikrocomputer
3. Aufbereitung der Ausgangssignale
4. Spannungsversorgung und Schutzschaltungen

Als Beispiel ist in Abb. 7.1 ein modernes Zündschaltgerät wiedergegeben, dessen Programm zur Berechnung der drehzahl-, last- und temperaturabhängige Größen „Zündzeitpunkt und Schließwinkel" in digitalen Speichern abgelegt ist. In der Erläuterung bedeuten die ersten Ziffern die Zuordnung der bezeichneten Geräteteile zu den genannten Funktionsgruppen.

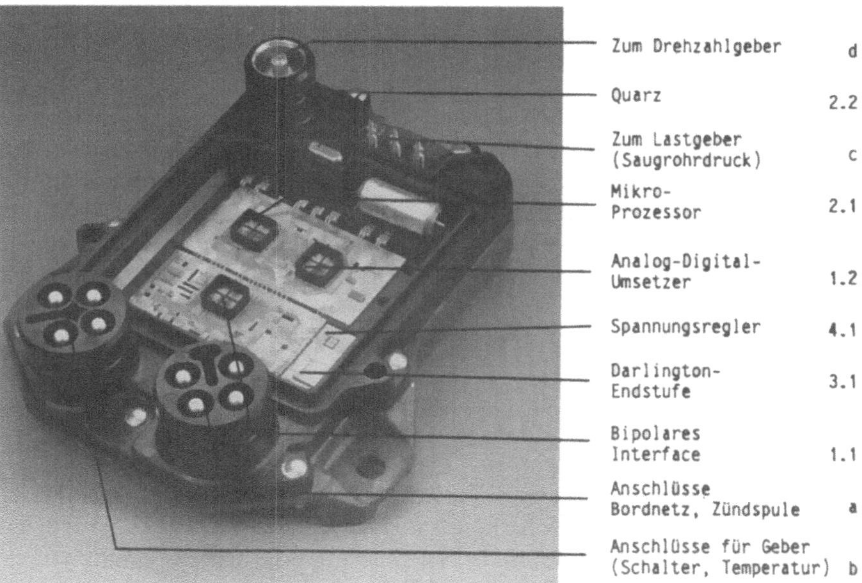


**Abb. 7.1.** Digitales Zündschaltgerät mit in einem PROM abgelegten Kennfeldern für die drehzahl- und lastabhängigen Größen: Zündzeitpunkt und Schließwinkel (Bosch); Die Ziffern geben die Zuordnung zu den Funktionsgruppen 1–4

## 7.1 Umgebungsbedingungen

Die in Kap. 2 behandelten kraftfahrzeugspezifischen Anforderungen sind generell auch hier anzuwenden.

So müssen Steuergeräte wegen der hohen Oszillatorfrequenzen und der steilen Schaltflanken zunehmend entstört werden, was zu elektrisch dichten Metallgehäusen und Durchführungskondensatoren in den Zuleitungen führen kann. Diese Maßnahmen sind teuer. Man ist bestrebt, durch eine günstige Auslegung der Verdrahtung der Leiterplatten und einfache RC-Filter die geforderten Minimalwerte zu erreichen.

Der weite Temperaturbereich ist bereits beim Entwurf der Schaltung zu berücksichtigen. Es gilt geeignete Gehäuse bezüglich Wärmewiderstand und Temperaturwechselbeständigkeit [7.1] festzulegen. Zur Reduktion der Sperrschichttemperatur gibt es weitere Möglickeiten:

- Einsatz verlustleistungsarmer Technologien wie komplementärer Schaltungsstrukturen (CMOS), deren Verlustleistung allerdings proportional mit der Verarbeitungsgeschwindigkeit ansteigt, so daß dieser Vorteil dann wieder aufgezehrt wird.
- Verwendung von Leiterplattensubstraten mit höherer Wärmeleitfähigkeit wie etwa Aluminium-Oxid, bzw. Nitrid in Hybridschaltungen, deren thermische Eigenschaften in [7.1] zusammengestellt sind.
- Verwendung geeigneter Kühlkörper evtl. mit erhöhter Wärmekapazität zur Aufnahme von Verlustleistungsstößen.
- Konsequente Ableitung hoher Verlustleistungen aus dem Steuergerät in die Fahrzeugkarosserie.
- Falls erforderlich die Leistungsendstufen aus dem Steuergerät heraus etwa an die Stellglieder zu verlagern. Beispiele hierfür sind: Zündungsendstufe an die Zündspule oder Endstufe zur Motorleistungregelung an den Drosselklappensteller. Unterlagerte Regelkreise lassen sich so unterbringen wie beispielsweise die Strom- und Überspannungsbegrenzung eines Zündsystems oder die Leistungsstufe zur Positionierung der Regelstange einer Dieseleinspritzpumpe.

## 7.2 Beschaltung der Eingänge

Die einfachste Lösung, empfindliche MOS-Schaltungen vor Störspannungsspitzen zu schützen, ist ein hochohmiger Längswiderstand von ca. 100 kΩ in der Eingangsleitung: Die Substratdioden begrenzen so die Überspannung auf ca. 0,5 V. Eingangsströme und damit in das Substrat fließende Ströme sind hinreichend klein, um bei komplementären MOS-Technologien Latch-up zu vermeiden. Bei Störsignalen mit sehr steilen Flanken ist es zweckmäßig, auch den Spannungsanstieg mittels eines RC-Glieds zu begrenzen.

Der eingangsseitige Widerstand kann auf einige kΩ verringert werden, wenn eine geeignete Schutzschaltung (Abb. 7.2) integriert wird. Überschreitet die Eingangsspannung die Betriebsspannung, so wird der untere Transistor $T_1$ leitend. $T_2$ wird leitend, sobald die Eingangsspannung unter Null absinkt. Der Stromspiegel sorgt für einen scharfen Übergang in die Begrenzung. Die Schaltung kann in ähnlicher Form zum Schutz von Ausgangstreibern verwendet werden. Für niederohmige Schaltungen sind jedoch zusätzliche Begrenzerdioden erforderlich.

Ein anderer wichtiger Schaltungstyp sind Schmitt-Trigger. Sie verhindern unerwünschte Schwingungen im linearen Bereich der folgenden Logikschaltungen bei Flanken mit geringer Steilheit. Dazu wird die Vergleichsspannung am Komparator in Abhängigkeit vom Ausgangssignal umgeschaltet, wodurch eine Hysterese entsteht. Der Arbeitspunkt des Komparatoreingangs wird zwischen die beiden Schaltschwellen gelegt, so daß auch Wechselspannungen als Eingangssignale geeignet sind. Abbildung 7.3a zeigt eine mögliche Schaltung, Abb. 7.3b den Zeitverlauf einer üblichen Wechselspannung am Eingang mit der dazugehörenden Ausgangsspannung.

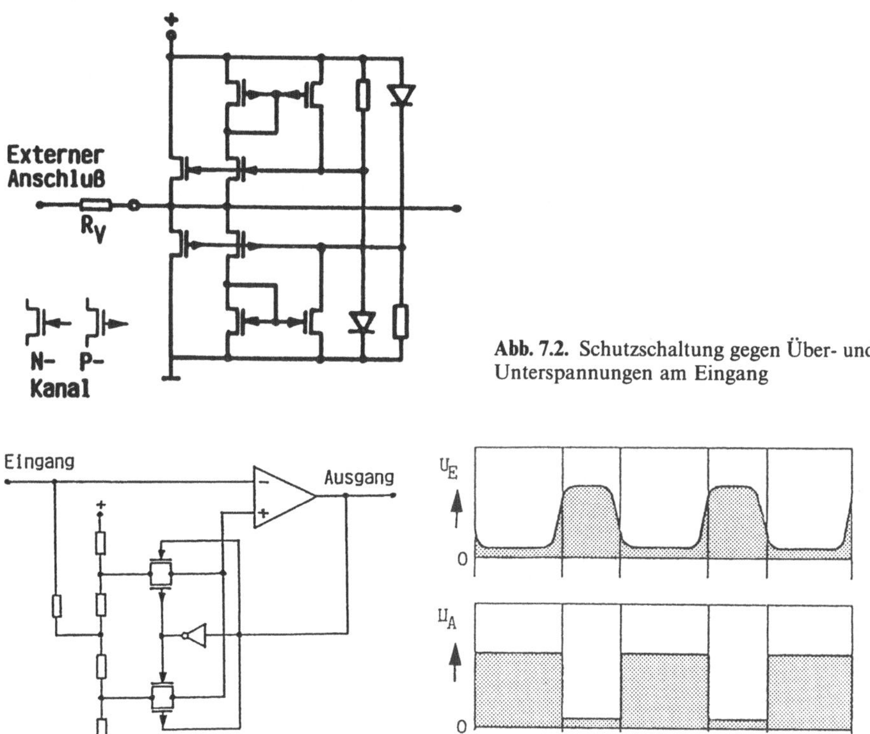


**Abb. 7.2.** Schutzschaltung gegen Über- und Unterspannungen am Eingang

**Abb. 7.3a, b.** Schmitt-Trigger. a Ausführungsbeispel; b Zeitverlauf von Eingangs- und Ausgangsspannung

## 7.3 Ratiometrische Messung

Zur Verarbeitung analoger Spannungen werden die üblichen Analog-Digital-Wandler verwendet, die integrierend oder nach dem Verfahren der sukzessiven Approximation arbeiten. Ein vorgeschalteter Multiplexer erlaubt die Erfassung einer Vielzahl von Spannungssignalen.

Ein Problem der AD-Wandlung im Kraftfahrzeug ist die Bereitstellung hinreichend genauer Referenzspannungen, die, sofern sie aus dem Steuergerät herausgeführt werden, kurzschlußfest sein müssen.

Stehen keine hinreichend genauen Referenzen zur Verfügung, so hilft das Verfahren der ratiometrischen Messung (Abb. 7.4) weiter. Potentiometer oder temperaturabhängige Meßwiderstände $R_m$ werden beispielsweise direkt mit der Spanung $U_b$ des Bordnetzes versorgt, wobei die Kurzschlußfestigkeit durch Vorschaltwiderstände $R_v$ gewährleistet ist.
Wird der Meßwiderstand als

$$R_m = \alpha R_{max}$$

angenommen, so ist die Eingangsspannung des AD-Wandlers

$$U_{ein} = U_b \cdot \alpha R_{max}/(\alpha R_{max} + R_v).$$

Da die Referenz des AD-Wandlers über $R_1$, $R_2$ ebenfalls von der Spanung des Bordnetzes abhängt, ist die digitale Zahl

$$Z = [\alpha R_{max}/(\alpha R_{max} + R_v)] \cdot [(R_1 + R_2)/R_2] \cdot Z_{max}$$

unabhängig von $U_b$. Solange der AD-Wandler im spezifizierten Bereich arbeitet, führen Schwankungen von $U_b$ nicht zu Fehlern bei der AD-Wandlung. Wird

$$R_1 = R_2 = R_v = R_{max}$$

gesetzt, so ergibt sich die in Abb. 7.5 wiedergegebene Abhängigkeit

$$Z = [2\alpha/(1 + \alpha)] Z_{max}.$$

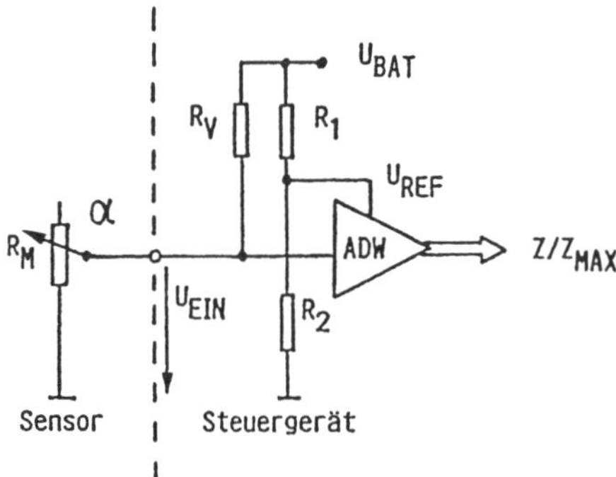


**Abb. 7.4.** Ratiometrische Messung

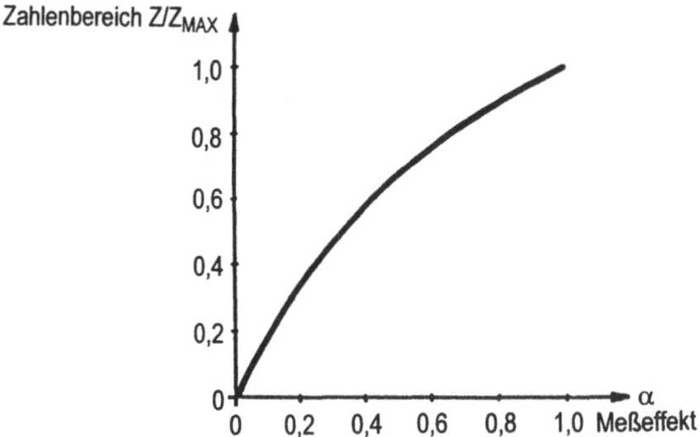


**Abb. 7.5.** Kennlinie bei ratiometrischer Messung

Die leichte Nichtlinearität kann häufig verwendet werden, um eine entgegengesetzt nichtlineare Meßwertkennlinie zu kompensieren.

## 7.4 Logarithmische Meßwertkennlinien

Liegen Analogsignale vor, die in einem weiten Variationsbereich mit hoher Genauigkeit weiter zu verarbeiten sind, so genügen übliche AD-Wandler nicht, wie das folgende Beispiel zeigt:

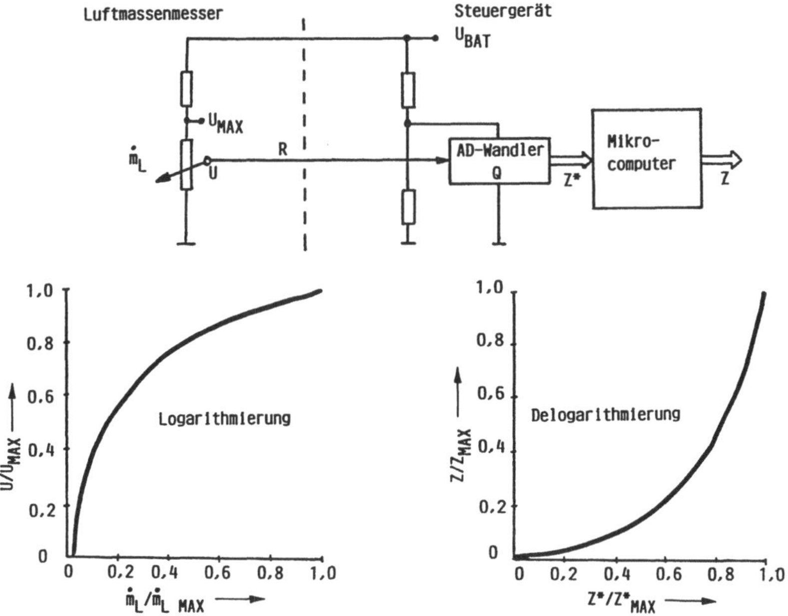


**Abb. 7.6.** Logarithmische Meßwertkennlinie

Der in erster Näherung der Motorleistung proportionale Massendurchsatz $\dot{m}_L$ der Ansaugluft variiert bei modernen Motoren etwa im Verhältnis

$$\dot{m}_{Lmax}/\dot{m}_{Lmin} \approx 100 .$$

Bei kleinster Luftmasse darf der relative Fehler maximal 1% betragen. Der AD-Wandler hat bei einer linearen Kennlinie des Sensors eine Auflösung Q von lg(100·100)/lg2, also 13–14 Bits. Bei großen Luftmassen ist diese Auflösung unnötig genau.

Es kann vorteilhaft sein, den relativen Fehler im gesamten Arbeitsbereich konstant zu halten, was sich durch Logarithmieren der linearen Kennlinie erreichen läßt. Hierdurch reduziert sich die erforderliche Auflösung des AD-Wandlers auf Q = lg(ln100·100)/lg2, also praktikablere 9 Bit.

Zur Weiterverarbeitung im Mikrocomputer muß die Kennlinie nach der AD-Wandlung allerdings numerisch delogarithmiert werden. Erst danach sind Rechenschritte wie Mittelwertbildungen oder Integrationen zulässig, ohne daß Fehler aufgrund der logarithmischen Verzerrung auftreten. Der gesamte Vorgang ist in Abb. 7.6 dargestellt.

## 7.5 Sicherheitskritische Systeme

Durch die Einführung der Elektronik sollen Sicherheit und Funktionalität der Kraftfahrzeuge wesentlich verbessert werden. Voraussetzung dafür ist aber, daß die Elektronik selbst hinreichend zuverlässig ist. Sollte einmal eine Komponente versagen, so muß zumindest sichergestellt sein, daß das Gesamtsystem in einen ungefährlichen Zustand übergeht.

Die Art und das Ausmaß der notwendigen Sicherheitsvorkehrungen hängen von der jeweiligen Anwendung ab. In Abbildung 7.7 ist aufgezeigt, unterschiedliche Systeme im Kraftfahrzeug nach ihrem Gefährdungspotential bei Ausfällen zu ordnen. Bei Anzeige- und Komfortfunktionen werden Fehler durch den

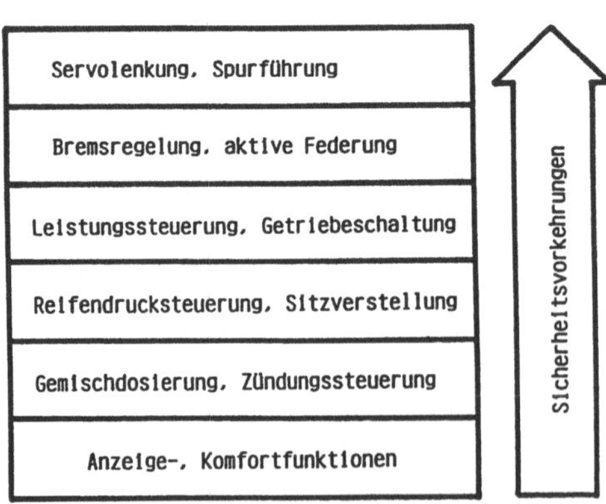


**Abb. 7.7.** Gefährdungspotential elektronischer Systeme im Kraftfahrzeug

Fahrer noch relativ leicht ausgeglichen werden können. Bei Motorsteuerungssystemen führt ein Ausfall lediglich zum Liegenbleiben des Fahrzeugs, das zwar ärgerlich aber meist nicht sicherheitskritisch ist. Bei diesen Systemen wird deshalb im Vordergrund stehen, durch Eigendiagnose Fehler frühzeitig zu erkennen und die Verfügbarkeit des Fahrzeugs bis zum nächsten Werkstattbesuch abzusichern.

Bei den darüber angeordnteten Systemen nimmt das Gefährdungspotential laufend zu. So darf während einer Bremsregelung der Bremsdruck nicht fehlerleaft absinken, die Steuerung für die Motorleistung nicht ohne Zutun des Fahrers Gas geben. In solchen Systemen wird meist eine einfache Redundanz bei Sensoren, Aktoren und der Informationsverarbeitung vorgesehen, z.B. zwei parallel zueinander arbeitende gleiche Mikrocomputer. Bei Totalausfällen schaltet sich das System in einen Zustand mit eingeschränkter Funktion, z.B. ungeregeltes Bremsen. (Fail Safe).

Besonders kritisch sind Systeme wie die elektronisch gesteuerte Servolenkung oder Spurführung, in denen es entweder keinen Zustand mit eingeschränkter Funktion gibt, oder bei denen die Zeitspanne zwischen dem Auftreten des Fehlers und gefährlichen Folgeschäden sehr kurz ist. Die geregelte Funktion muß deshalb bei Komponentenausfällen voll erhalten bleiben (Failure Tolerance). Der Aufwand dafür ist entsprechend *höher*, z.B. Anwendung mehrerer, diversitärer Rechnerarchitekturen oder sogar Dreifachredundanz mit Mehrheitsentscheider. Die theoretischen Grundlagen zur Auslegung solcher Systeme finden sich in der einschlägigen Literatur [7.2–6].

Als Beispiel für eine einfache Redundanz wird die Zündungsnotfunktion nach Abb. 7.8 erläutert. Der eigentliche Zündungsrechner ermittelt aus dem Sensorsignal Drehzahl und weiteren Eingangsgrößen das Tastverhältnis zur Ansteuerung der Endstufe. Eine sehr einfache separate logische Schaltung überwacht, ob auf jedes Sensorsignal ein entsprechendes Ausgangssignal am Zündungsrechner folgt. Bei einem Ausfall wird umgeschaltet und die Endstufe unmittelbar mit dem Sensorsignal angesteuert. Die Zündung erfolgt mit einem festen Zündwinkel ohne Berücksichtigung von Zylinderfüllung, Motortemperatur etc. Das Fahrzeug bleibt dafür aber mit eingeschränkter Funktion verfügbar. Das redundante Teilsystem hat eine geringe Komplexität. Seine Ausfallrate $\lambda_2$ ist deshalb niedrig, d.h. verborgene Fehler sind unwahrscheinlich. Die

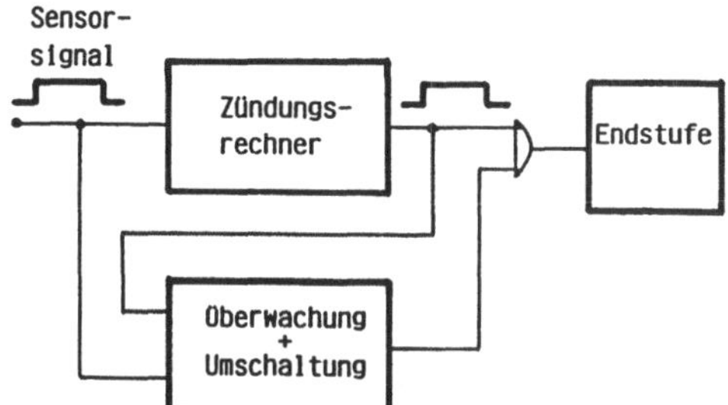


**Abb. 7.8.** Redundante Notfunktion für Zündung

Verfügbarkeit des Gesamtsystems kann jedoch noch weiter verbessert werden durch einen periodischen Test des redundanten Teilsystems, z.B. bei jedem Start des Motors.

## 7.6 Applikationssysteme

Durch das Aufkommen leistungsfähiger Mikrocomputer lassen sich komplexe Steuerfunktionen und Regelalgorithem für kennfeldgesteuerte Benzineinspritzungen und Zündungen, adapative Lambda- und Klopfregelungen oder Bremsen- und Fahrwerksregelungen wirtschaftlich darstellen. Der hohe Entwicklungsaufwand für die Systeme, deren Anpassung an unterschiedliche Motor- und Fahrzeugtypen, sowie die Erprobung im Fahrzeug erfordern leistungsfähige Applikationssysteme [7.7,8].

Die komplexen wechselseitigen Abhängigkeiten zwischen Kennfeldern und Regelparametern lassen sich wegen der Nichtlinearitäten und zeitlichen Varianzen nicht vollständing analytisch beschreiben. Um die Gesamtsysteme zu optimieren und so die Vorzüge der Elektronik voll auszuschöpfen, werden die Steuergeräte durch die Applikation an die einzelnen Fahrzeugtypen angepaßt. Dabei wird eine größere Anzahl von Adaptionsschritten im normalen Fahrbetrieb durchlaufen und die Funktionsgüte abgeschätzt. Instationäre Zustände wie das Motorverhalten in der Anwärmphase oder während Beschleunigungsvorgängen sind auf andere Weise kaum zu ermitteln.

Die subjektiven Eindrücke der Testfahrer sind dabei besonders aussagekräftig. Kriterien wie Ansprechverhalten des Motors beim Beschleunigen, Handhabbarkeit des Fahrzeugs im Kurvengrenzbereich oder der Komforteindruck von Federungseinstellungen lassen sich praktisch nur subjektiv bewerten. Der Mensch wird somit Bestandteil des Optimierungsregelkreises, er greift über das Applikationssystem in das Verhalten der Steuerung ein.

Zum Auslesen und Ändern von Programmen und Parametern ist der Mikrocomputer des Steuergeräts mit dem Bedienungsrechner (System Controller) zu koppeln. Wegen der im Fahrzeug vorhandenen Störungen und der teilweise unzugänglichen Einbauorte der Steuergeräte werden die Daten dabei stets seriell übertragen. Abbildung 7.9 zeigt drei mögliche Varianten:

a. Im Steuergerät wird ein individuelles serielles Interface eingebaut, dies erfordert nur einen geringen Schaltungsaufwand. Der Datenaustausch und der Aufbau des Kommunikationsprotokolls erfolgen mittels eines zusätzlichen im Rechner des Steuergeräts installierten Programms. Diese Lösung ist möglich, wenn der Rechner sowohl das Haupt- als auch das Applikationsprogramm zeitgerecht abarbeiten kann.
b. Der Programmspeicher wird durch einen Speicher-Emulator ersetzt und gegebenenfalls durch einen Speicher mit Mehrfachzugriff ergänzt. Der Schaltungsaufwand für diese Lösung ist beträchtlich; dafür wird der Echtzeitablauf

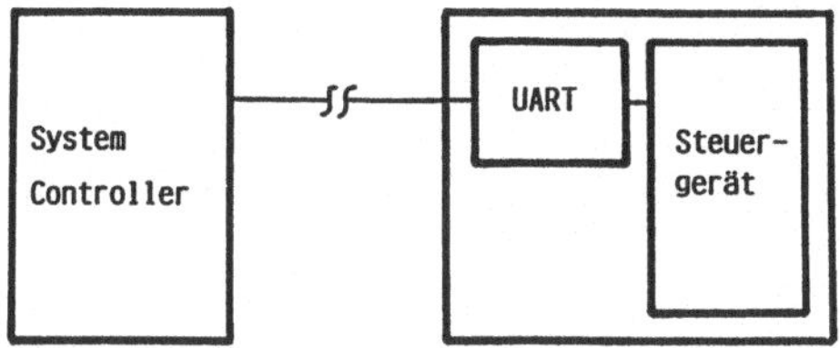


a Eingeschränkter Datenaustausch über UART-Schnittstelle

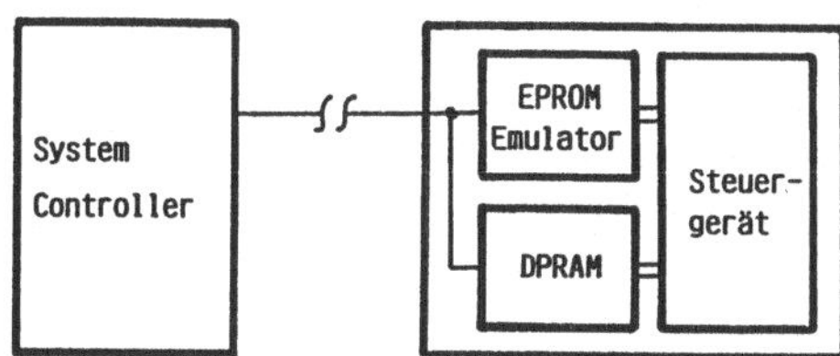


b Schneller Datenaustausch über parallele Speicherschnittstelle

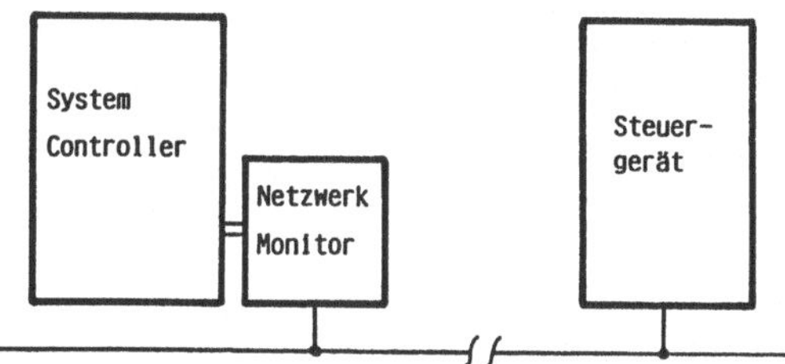


c Datenaustausch über lokales Netzwerk

**Abb. 7.9.** Applikationssysteme mit unterschiedlicher Kopplung von Steuergerät und System-Controller

der Anwenderprogramme nur wenig beeinträchtigt. Die bei der Übermittlung erzielbaren Datenraten sind hoch.

c. Ist ohnehin schon ein lokales Netzwerk zur Verbindung von Steuergeräten untereinander vorhanden, so kann dies auch für die Kommunikation mit dem System Controller genutzt werden.

Die fahrzeugspezifischen Daten sind im Steuergerät in einer symbolischen Programmsprache abgelegt. Ihre unmittelbare Interpretation durch den Testfahrer ist deshalb schwierig. Er kann nämlich nur mit physikalischen Größen effizient arbeiten, d. h. mit einer Dartstellung von Drehzahlen in Umdrehungen pro Minute oder von Temperaturen in Grad Celsius. Für die Eingabe müssen diese Daten auf die gleiche Weise wie im Steuergeräteprogramm umgesetzt werden. Entsprechend muß vor einer Ausgabe und Anzeige invers zurückgerechnet werden. Erfolgt diese Umrechnung wie bei einigen Applikationssystemen interpretativ, so läßt sie sich ohne Compilierung schnell erstellen und ändern. Die Software-Struktur eines Applikationssystems zeigt Abb. 7.10.

Eine weitere interessante Anwendung von Applikationssystemen ist die Neuentwicklung und Erprobung von Teilfunktionen. Bei den üblichen Mikro-

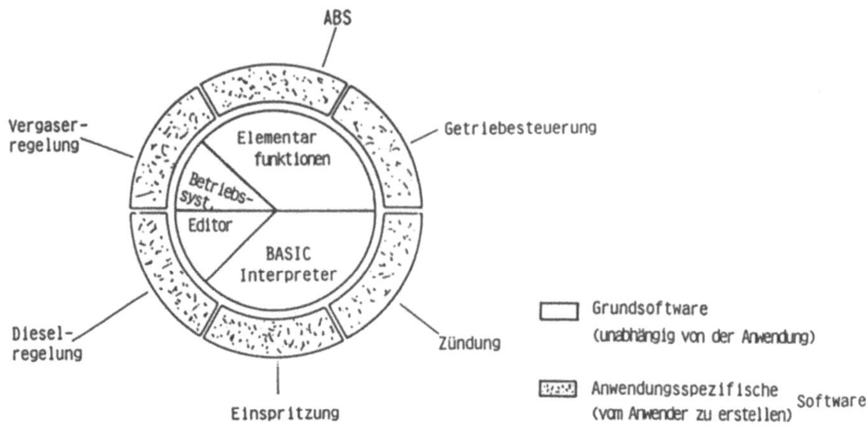


**Abb. 7.10.** Software-Struktur eines Applikationssystems

computersteuerungen werden grundsätzlich zwei hierarchische Bearbeitungsebenen unterschieden (siehe auch Abschn. 6.1.1):

- Schnelle Ein- und Ausgabe; Reaktion auf externe Anforderungen im Mikrosekundenbereich.
- Berechnung von Steuergrößen aus verschiedenen Meßwerten innerhalb einer vorgegebenen Abtastzeit im Millisekundenbereich.

Der schnelle Datenaustausch zwischen System-Controller und Steuergerät erlaubt es, auf diesen Funktionen aufzubauen und lediglich die gewünschte neue Steuer- oder Regelfunktion dazu zu entwickeln. Anstelle des System-Controllers kann bei Bedarf ein leistungsfähigerer Rechner eingesetzt werden. Die Meßwerte werden im Steuergerät erfaßt und über den Speicher mit Mehrfachzugriff (Dual Port RAM) in den Rechner übertragen. Dort können neue Algorithmen unter Inanspruchnahme komfortabler Hilfsmittel wie Betriebssystem, höhere Programmiersprache, Simulations- und Testumgebung entwickelt werden. Die resultierenden Steuerwerte werden auf dem gleichen Weg in das Steuergerät zurück übertragen und über die vorhandenen Endstufen ausgegeben.

## 7.7 Dynamik der Meßwertverarbeitung

Die Prozesse im Kraftfahrzeug ändern sich relativ schnell. Die Steuerung muß deshalb so ausgelegt werden, daß die durch dynamische Übergänge erzeugten Fehler klein genug bleiben. Die Abtastzeit bei der Meßwerterfassung und der Berechnung von Regelalgorithmen soll immer etwa eine Größenordnung kleiner sein als die dominanten Zeitkonstanten des Systems. Die Verarbeitungszeit im Mikrocomputer und die Aktualität der Meßwerte sind hierbei von großer Bedeutung.

### 7.7.1 Dynamischer Fehler der Zündwinkelberechnung

Anhand des in Abb. 7.11 dargestellten Beispiels wird aufgezeigt, daß in der Zünkwinkelberechnung während eines Beschleunigungsvorgangs ein Fehler entsteht.

Das Drehzahlsignal wird in einem Segmentgeber erzeugt, der während eines festen Winkels $(\alpha_s - \alpha_0)$ des Kurbelwellenumlaufs eine Ausgangsspannung abgibt. Da Hubkolbenmotoren nicht sauber rund laufen, darf dieser Winkel nicht zu klein gewählt werden. Mit diesem Signal lassen sich die Rechenabläufe phasenrichtig der Kurbelwellenumdrehung zuordnen. Die Zeitdauer $(t_s - t_0)$ für das Durchlaufen des Segments $(\alpha_s - \alpha_0)$ wird gemessen und mittels der Beziehung (Abschn. 6.1.3)

$$n_0 = (\alpha_s - \alpha_0)/[360°(t_s - t_0)]$$

die Motordrehzahl $n_0$ berechnet. Im Anschluß daran wird der Zündwinkel $\alpha_Z - \alpha_1$ berechnet und über die Umkehrung der oben genannten Beziehung in die Zeitspanne $t_Z - t_1$ umgesetzt. Mittels eines weiteren Zählers wird nach Ablauf dieser Zeitspanne die Zündung bei $t_Z$ ausgelöst. Der Sollwert des Winkels

$$\alpha_{Z,\text{soll}} - \alpha_1 = f(n_0)$$

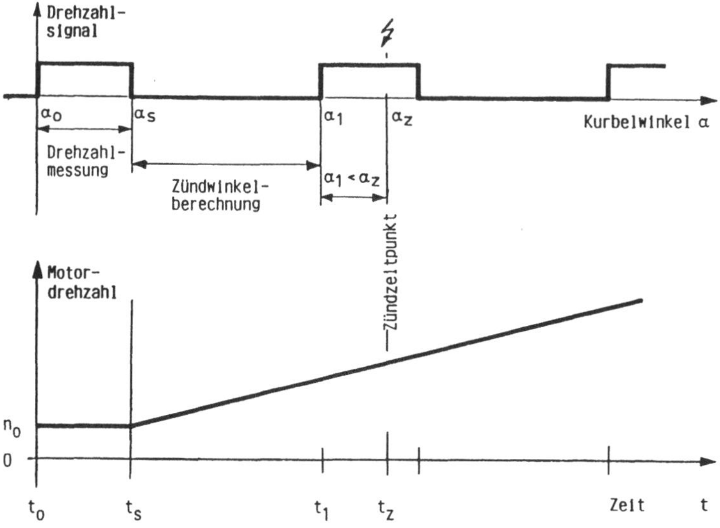


**Abb. 7.11.** Dynamischer Fehler der Zündwinkelberechnung

wird dem in einem ROM abgespeicherten Zündkennfeld entnommen. Wird die Motordrehzahl mit der Beschleunigung $b_0$ erhöht, so steigt sie im Zeitintervall $t - t_s$ auf den Wert

$$\mathrm{n} = \mathrm{n}_0 + b_0(t - t_s)$$

rampenfömig an. Im Leerlauf kann

$$b_0 \to 150\,\mathrm{s}^{-1} \equiv 9000\,\mathrm{min}^{-1}\,\mathrm{s}^{-1}\,,$$

bei einem Kavalierstart immer noch bis zu einem Drittel dieses Wertes gehen. Der Winkel varändert sich quadratisch über der Zeit:

$$(\alpha - \alpha_s)/360^\circ = \mathrm{n}_0(t - t_s) + 0{,}5 b_0 (t - t_s)^2\,.$$

Da die Drehzahl in der Zeitspanne $t_s - t_0$ ermittelt wurde, kommt die Auslösung des Zündfunkens zu spät. Die Differenz

$$\Delta\alpha_\mathrm{A} = \alpha_{\mathrm{Z,ist}} - \alpha_{\mathrm{Z,soll}}$$

wird Auslösefehler genannt. Darüber hinaus entsteht ein Kennlinienfehler

$$\begin{aligned}\Delta\alpha_\mathrm{K} &= f(\mathrm{n}(t_\mathrm{Z})) - f(\mathrm{n}_0)\\ &\approx (\partial f(\mathrm{n})/\partial \mathrm{n})\cdot(\mathrm{n}(t_\mathrm{Z}) - \mathrm{n}_0)\,,\end{aligned}$$

durch die Drehzahländerung zwischen dem Meß- und dem Zündzeitpunkt. Der Auslösefehler läßt sich mittels eines höher auflösenden Impulsgebers reduzieren, wobei allerdings -wie bereits erwähnt- zu berücksichtigen ist, daß Hubkolbenmotoren nicht einwandfrei rund laufen. Aufgrund des Terms $0{,}5 b_0 (t - t_s)^2$ in der Beziehung für den Winkel nimmt der Auslösefehler mit wachsender Drehzahl annähernd quadratisch ab, so daß er mit zunehmender Drehzahl rasch belanglos wird.

### 7.7.2 Winkelgestützte Meßwertverarbeitung

Aufgrund des Kurbeltriebs laufen viele Vorgänge nicht zeit- sondern winkelsynchron ab. Das Rechnen mit Winkeln ist deshalb meist vorteilhafter als das mit Zeiten.

Auch die Luftmassenfüllung $\Delta m_\mathrm{L}(\mathrm{K})$ eines Zylinders im Intervall K ist nach Abb. 7.12 ein winkelsynchroner Vorgang. Das Öffnen und Schließen der Einlaßventile moduliert den Luftstrom im Ansaugrohr. Die Luftmasse im Zylinder wird aus der Luftmasse pro Zeit $\dot{m}_\mathrm{L}$ durch Integration über dem Winkel

$$\Delta m_\mathrm{L}(\mathrm{K}) = \int_{\alpha=0}^{720^\circ/\mathrm{n_{Zyl}}} (\dot{m}_\mathrm{L}/\mathrm{n})\,\mathrm{d}\alpha$$

oder über der Zeit

$$\Delta m_\mathrm{L}(\mathrm{K}) = \int_{t=0}^{2\mathrm{T_N}/\mathrm{n_{Zyl}}} \dot{m}_\mathrm{L}\,\mathrm{d}t$$

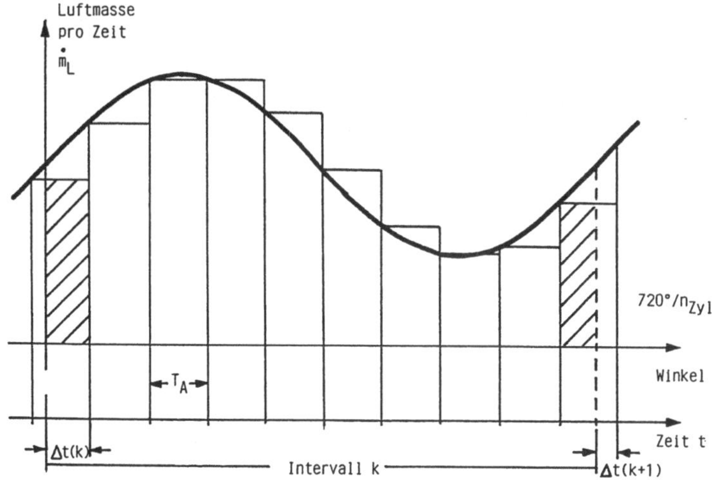


**Abb. 7.12.** Berechnung der Luftmassenfüllung im Zylinder

berechnet. Diese Integration wird auf dem Mikrorechner näherungsweise als Summation entsprechend der Rechteckregel ausgeführt. Beim Übergang von einem Winkel- auf ein Zeit- Bezugssystem tritt das Problem auf, daß die Abtastzeitpunkte über der Zeit nicht allgemein in das Winkelraster 720°/$n_{Zyl}$ passen. Am Beginn und Ende des Summationsintervalls muß eine Korrekturrechnung durchgeführt werden.

$$\Delta m_L(K) \approx T_A \cdot \sum_{i=0}^{n-1} \dot{m}_{L,i}(K) + \dot{m}_{L,n-1}(K-1) \cdot \Delta t(K) - \dot{m}_{L,n-1}(K) \cdot \Delta t(K+1).$$

In [7.9] wurde gezeigt, daß sich die Parameter einer Motorsteuerung auf der Basis von Winkeln weniger stark verändern als bei Zeitbezug. Deshalb sieht der in Abschn. 6.3.4 erwähnte Ereignisgenerator in Abb. 6.13 sowohl zeit- als auch winkelsynchrone Zähler vor.

# Literatur zu Kapitel 7

7.1. Hacke, J.-J.: Montage Integrierter Schaltungen. Berlin: Springer 1987
7.2. Dombrowski, E.: Einführung in die Zuverlässigkeit elektronischer Geräte und Systeme. AEG-Telefunken 1970
7.3. Messerschmidt-Bölkow-Blohm: Technische Zuverlässigkeit. Berlin: Springer 1977
7.4. Dal Cin, M.: Fehlertolerante Systeme, Band 6. Stuttgart: Teubner 1979
7.5. Markhoff-Zustandsänderungsmodelle mit endlich vielen Zuständen. VDI-Richtlinie 4008, Blatt 3, VDI-Handbuch „Technische Zuverlässigkeit". Düsseldorf: VDI August 1986
7.6. Automotive Electronics Reliability Handbook. (Prepared by the Electronics Reliability Subcommittee). Warrendale, PA: Society of Automotive Engineers, Febr. 1987, pp. 317/328

7.7. Dais, S., Kiencke, U.: Applikationsunterstützung digitaler Steuergeräte im Kraftfahrzeug. Automobiltechn. Zeitschr. 90 (1988) 37–40
7.8. Robinson, R. L.: A Universal Development System for Powertrain Control Engineers. SAE-Paper 831022
7.9. Chin, Y.-K, Coats, F. E.: Engine Dynamics: Time based versus Crank-Angle based. General Motors Res. Labs., Publication GMR-5244, Jan. 9, 1986

# 8 Lokale Netzwerke

Wie wir gesehen haben, wird das Kraftfahrzeug der Zukunft zahlreiche elektronische Regel- und Steuersysteme enthalten, die mehr oder weniger miteinander gekoppelt sind. Außerdem werden die Signale gleicher Sensoren an mehreren Stellen verarbeitet. Dies erfordert einen Informationstransfer zwischen den einzelnen Systemen, der sich mittels eines seriellen lokalen Netzwerks erheblich intensivieren läßt. Hierdurch läßt sich die Anzahl der erforderlichen Verbindungsleitungen begrenzen und die Sicherheit des Gesamtsystems im Fehlerfall besser gewährleisten. Auf dieser Basis können örtlich verteilte Mehrgrößenregelungen realisiert werden, die das Verhalten des Fahrzeugs über den mit Einzelsteuerungen erreichten Stand hinaus verbessern. Beispiele dafür sind die Koppelung von Motor-, Getriebe- und Füllungssteuerung mit dem Ziel eines minimalen Kraftstoffverbrauchs oder die von Motor-, Lenkungs-, Differential- und Bremssteuerung, um den Antriebschlupf zu begrenzen und eine gute Richtungsstabilität zu erreichen.

Inhaltlich eng zusammenhängende Steuer- und Regelfunktionen sollen weiterhin an einem Ort realisiert werden, um einen unnötig hohen Informationstransfer über das lokale Netzwerk zu vermeiden. Systemredundanzen sollen unbedingt lokal und nicht über das Netzwerk realisiert werden, da das Netzwerk selbst einmal ausfallen kann. Die Steuerungen sind so auszulegen, daß bei einem Ausfall des lokalen Netzwerks ein Notbetrieb des Kraftfahrzeugs möglich ist. Dies vereinfacht einen Sicherheitsnachweis erheblich, da sich dieser im wesentlichen nur noch auf örtliche Betriebsmittel abzustützen braucht.

## 8.1 Anforderungen an lokale Netzwerke im Kraftfahrzeug

Die Anforderungen im Kraftfahrzeug unterscheiden sich wesentlich von denen der klassischen Nachrichtenübermittlung oder der Rechnerkoppelung [8.1]. Ein lokales Netzwerk für einfache Stromverbraucher, wie etwa Leuchten ein- und auszuschalten, ergibt keinen sichtbaren Vorteil für den Fahrer. Die Vernetzung schafft verteilte Steuersysteme, in denen von jedem teilnehmenden Knoten aus selbsttätig Aktionen angestoßen werden können, die wiederum in anderen Knoten ausgeführt werden. Die darin liegenden Möglichkeiten lassen sich nicht nur für die Motor- und Fahrwerksregelung nutzen, sondern erbringen mehr

Komfort für den Fahrer. Mittels einer Diagnose wird er schnell über auftretende Störungen informiert. Der Vorteil einer Vernetzung beruht nicht so sehr auf vereinfachten Kabelbäumen, sondern auf dem Zusammenwirken von Teilfunktionen, die dem Fahrzeug ein intelligenteres Verhalten geben.

Lokale Netzwerke erlauben es, die Steuer- und Regelfunktionen nach anderen Kriterien als bisher örtlich zusammenzufassen. Damit ändert sich die Struktur der Fahrzeugelektronik grundlegend. Wird die Auswerteschaltung für Meßwerte zusammen mit der Schnittstelle des Netzwerks bereits im Sensor und nicht erst in einem der Steuergeräte integriert, so können die Sensorsignale über das Netzwerk im gesamten Fahrzeug empfangen und weiterverarbeitet werden. Beispielsweise wird die Ansaugluftmasse des Motors nicht allein in der Kraftstoffzumessung, sondern auch in der Zündung, der Getriebeschaltung und der Füllungssteuerung benötigt. Das Ausgangssignal des Luftmassensensors steht durch das lokale Netzwerk überall zur Verfügung, unabhängig von der Aufteilung der Funktionen auf verschiedene Steuergeräte, deren örtlichen Unterbringung, oder vom Umfang der kundenbezogenen Ausstattung.

Um die Verlustleistung in den Steuergeräten zu reduzieren, empfiehlt es sich, Leistungsendstufen nicht im Steuergerät, sondern am Stellglied unterzubringen. Die Steuerinformation wird über das lokale Netzwerk übertragen. Ein Beispiel dafür ist eine elektronisch gesteuerte Dieseleinspritzpumpe, die den Sollwert für die Einspritzmenge über das Netzwerk erhält. Die tatsächlich eingespritzte Kraftstoffmenge wird in einem örtlichen, unterlagerten Regelkreis bestimmt. Neben der Verlustleistung der Endstufe wird hier Intelligenz aus dem Steuergerät vor Ort verlagert, was den Mikroprozessor des Steuergeräts spürbar entlastet.

### 8.1.1 Länge einer Botschaft

In den Netzwerken werden überwiegend kurze Botschaften übertragen. Physikalische Größen, wie Sensorsignale oder die Zwischenwerte einer Rechnung, können mit ein oder zwei Bytes ausreichend genau dargestellt werden. Zur besseren Ausnutzung der Kapazität des Netzwerks und zur konsistenten Blockübertragung bietet sich eine etwas größere Botschaftslänge an, z.B. bis zu 8 Bytes. Damit können mehrere zusammenhängende Größen auf einmal übertragen oder Statusinformationen wie Sequenznummern hinzugefügt werden.

Die Latenzzeiten für die Übertragung, d.h. die Verzögerung zwischen einer Anforderung und dem tatsächlichen Beginn der Übertragung müssen kurz sein, um mit einer minimalen Transferrate auszukommen. Durch kurze Botschaftslängen wird eine feine Belegungsgranularität erreicht und das Netzwerk kurzfristig immer wieder zur erneuten Belegung angeboten, ohne laufende Übertragungen unterbrechen zu müssen. Bei der Initialisierung oder Speicherprogrammierung eines Fahrzeugs in der Automobilfabrik müssen eventuell größere Datenmengen übertragen werden, wenn auch nicht mit harten

Echtzeitforderungen. Dies ist mit der Forderung nach kurzen Botschaftslängen dadurch in Einklang zu bringen, daß die Daten zeitlich nacheinander über viele Botschaften verteilt übertragen werden. Am Ende jeder einzelnen Übertragung kann eine solche Sequenz immer wieder durch Botschaften hoher Dringlichkeit unterbrochen werden.

### 8.1.2 Netzwerkbelegung

Die Anforderungen, eine Botschaft zu übertragen, werden abhängig von den zu steuernden Systemen an verschiedenen Orten statistisch erzeugt. Die kürzesten Latenzzeiten erhält man, wenn sich das Verfahren der Netzwerkbelegung (Arbitrierung) flexibel darauf einstellt. Aufgrund des schwankenden Botschaftsaufkommens können mehrere Übertragungen gleichzeitig angefordert werden, von denen aber nur eine sofort bedient werden kann, während die restlichen zurückgestellt werden müssen. Eine Möglichkeit, diesen Konflikt zu lösen, ist allen Botschaften Prioritäten zuzuordnen, durch die der Anwender die Reihenfolge definiert beeinflußen kann. Das Arbitrierungsverfahren muß sicher vor Selbstblockierungen sein.

### 8.1.3 Anpassungsfähigkeit der Netzwerkkonfiguration

Fahrzeuge werden den Kundenwünschen entsprechend unterschiedlich ausgestattet. Das lokale Netzwerk muß daher leicht expandierbar oder verkleinerbar sein. Um die Zahl der Entwicklungsschritte und Gerätevarianten zu begrenzen, sollten damit so wenig Software-Änderungen wie möglich verbunden sein. Natürlich sind immer dann Änderungen unumgänglich, wenn aufgrund zusätzlicher Forderungen weitere Daten über das Netzwerk gesendet werden müssen. Werden lediglich weitere Teilnehmerstationen hinzugefügt, ohne daß der Umfang der im bisherigen System erzeugten Botschaften verändert wird, so braucht die Software nicht angepaßt zu werden. Ferner ist darauf zu achten, daß nicht über die durch die Aufgaben vorgegebenen Abhängigkeiten weitere mit dem lokalen Netzwerk eingeführt werden.

### 8.1.4 Datenkonsistenz

Werden Daten bei der Übertragung oder Verarbeitung räumlich oder zeitlich aufgeteilt, so muß dabei der innere Zusammenhang zwischen den Teildaten gewahrt bleiben. Im Netzwerk-Protokoll müssen dafür entsprechende Vorkehrungen getroffen werden. Es seien einige Beispiele angegeben [8.2]:

- Werden Daten byteweise aus dem Empfangspufferspeicher gelesen, so könnte es geschehen, daß zwischen zwei Lesezyklen eine neue Botschaft in den Puffer geschrieben wird, die gerade über das Netzwerk übertragen wurde. Bei der

Weiterverarbeitung würden Bytes aus einer vorherigen mit denen aus einer aktuellen Übertragung zusammengefaßt, was zu Fehlern führen könnte. Deshalb müssen die Botschaften als Ganzes in den Puffer geschrieben und von dort gelesen werden.

- Im Zuge der Weiterverarbeitung im Mikrorechner soll die Differenz zwischen zeitlich aufeinander folgenden Werten der gleichen Größe gebildet werden. Dabei muß unterschieden werden, ob ein Wert während aufeinanderfolgender Übertragungen unverändert konstant geblieben ist (Differenz Null), oder ob noch gar keine weitere Übertragung stattfand, also eine Differenz noch gar nicht gebildet werden konnte. Eventuelle Inkonsistenzen können vermieden werden, wenn z. B. beim Empfang einer Botschaft eine Flagge gesetzt wird, die beim Lesezugriff durch den weiterverarbeitenden Prozessor wieder zurückgesetzt wird. Eine weitere Möglichkeit ist, Sequenznummern einzuführen, die bei der Übertragung dem Datum zugeordnet sind.
- Die zeitliche Synchronisation verteilter Prozesse macht den gleichzeitigen Empfang von Botschaften in den adressierten Teilnehmern notwendig (Multicast). Die Gleichzeitigkeit darf auch dann nicht verloren gehen, wenn durch örtliche Fehler auf dem Netzwerk ein korrekter Empfang auch nur bei einigen Teilnehmern unmöglich ist.

### 8.1.5 Fehlerbehandlung

Die Betriebssicherheit des Fahrzeugs darf durch die Verlagerung der Kommunikation von vielen Einzeldrähten auf ein lokales Netzwerk nicht verringert werden. Der Vorteil des Netzwerks besteht darin, daß Mittel zur Fehlerbehandlung nur einmal und nicht für jede Leitung erneut aufgewandt werden müssen. Geht man davon aus, eine von tausend Übertragungen wäre gestört, so erhält man eine Fehlerrate von

$$r_e = 10^{-3}/\text{Botschaft}.$$

Bei einer Transferrate von

$$r_t = 150\ \text{Kbit/s},$$

einer mittleren Netzwerkauslastung von

$$\bar{l}_t = 50\%$$

und einer mittleren Botschaftslänge von

$$\bar{l}_m = 80\ \text{bits/Botschaft}$$

werden die Botschaften mit der Rate

$$r_m = r_t \cdot l_t / l_m = 940\ \text{Botschaften/s}$$

übertragen. Während der Gesamtbetriebszeit eines Fahrzeugs von

$$t_0 = 3000\ \text{h}$$

treten dann

$$n_e = r_e \cdot r_m \cdot t_0 = 10^7$$

fehlerhafte Übertragungen auf. Will man demgegenüber nur

$$n_{nd} \leq 1$$

unentdeckte Fehler während der Betriebszeit zulassen, so darf die Fehlerwahrscheinlichkeit p nicht größer sein als

$$p_{nd} = n_{nd}/n_e \leqslant 10^{-7}.$$

Eine derart hohe Fehlersicherheit erfordert Redundanz im Botschaftsaufbau. Die sich daraus ergebende Verlängerung der Botschaften und die bei gleicher Transferrate entsprechende Verringerung der maximal möglichen Botschaftsrate muß dafür in Kauf genommen werden.

### 8.1.6 Ausfallbegrenzung

Bei einem permanenten Ausfall der Leitung, einer Treiber- oder Empfängerschaltung oder eines Teilnehmers darf nicht das gesamte am lokalen Netzwerk hängende System funktionsunfähig werden. Es muß deshalb eine geeignete Strategie gefunden werden, die es erlaubt, sporadische reversible Fehler und permanente irreversible Ausfälle zu unterscheiden. Darauf aufbauend müssen defekte Teilnehmer vom Netzwerk abgekoppelt werden, sodaß die übrigen Teilnehmer weiterhin kommunizieren können. Die betroffenen Steuer- und Regelfunktionen sind so auszulegen, daß sie im Fehlerfall einen eingeschränkten Betrieb ermöglichen.

Die physikalische Ebene des Netzwerks, d.h. die Leitung mit den Übertragungssignalen, muß durch Redundanz und Schaltungstechnik so ausgelegt werden, daß die Übertragung nach einzelnen Ausfällen weiterlaufen kann. Als Beispiel sei die symmetrische Doppelleitung genannt: Wird eine dieser Leitungen mit Masse oder Betriebsspannung kurzgeschlossen, so kann das verbleibende Differenzsignal noch ausgewertet werden.

## 8.2 Topologie

Die Topologie lokaler Netzwerke umfaßt die räumliche Anordnung, die physikalische und logische Struktur, sowie die Hierarchie der Übertragungsleitungen. Im Kraftfahrzeug kann die maximale Leitungslänge beschränkt werden, üblicherweise auf 40 m. Für die Verbindungsstruktur bieten sich drei gebräuchliche Formen

- Stern
- Ring
- Bus

an, die im folgenden auf ihre Eignung hin untersucht werden sollen.

### 8.2.1 Stern

Bei einem Stern (Abb. 8.1) sind die verstreut liegenden Teilnehmer mit einem zentralen Knoten verbunden, durch den die gesamte Kommunikation gesteuert wird. Werden zwei entgegengesetzt geschaltete Simplexleitungen anstelle einer einzigen Halbduplexleitung verwendet, lassen sich unidirektionale Lichtleiter einsetzen.

Die Arbitrierung erfolgt nach einem sog. Master-Slave-Verfahren, bei dem die zentrale Master-Station die zeitliche Reihenfolge der Übertragungen steuert. Die peripheren Teilnehmer lassen sich mit Schaltungen geringer Komplexität darstellen. Von Vorteil ist, daß bei Beschädigung einer Einzelleitung das restliche Netzwerk noch betriebsfähig bleibt. Kritisch dagegen ist ein Ausfall der Zentrale, der das gesamte Netzwerk lahmlegt. Um die Wahrscheinlichkeit dafür gering zu halten, ist die Zentrale (vgl. Abschn. 7.5) redundant auszuführen, wodurch deren Komplexität stark erhöht wird.

Inwieweit sich Sternstrukturen für das Kraftfahrzeug eignen, hängt von der Aufgabe ab. Sollen von einer einzigen Stelle aus, z.B. vom Fahrer, einfache Vorgänge gesteuert werden, so ist dafür jeweils nur eine einzige Botschaft zwischen Zentrale und Knoten erforderlich. Ein solcher Datenverkehr wäre auf den Stern hin zugeschnitten, sofern eine derart einfache Anwendung die Mehrkosten für eine elektronische Datenübertragung überhaupt rechfertigt (Abschn. 8.1). Sollen aber von jedem beliebigen Knoten aus Aktionen in einem oder mehreren verteilten anderen Knoten ausgelöst werden, so entwickelt sich die Zentrale schnell zu einem „Flaschenhals" im System, wie die Abb. 8.2 erkennen läßt. In jedem der angeschlossenen Teilnehmer müssen $b_t$ zu übertragende Botschaften abgefragt werden, d.h. im Mittel $n{\cdot}b_t$ Botschaften. Bei

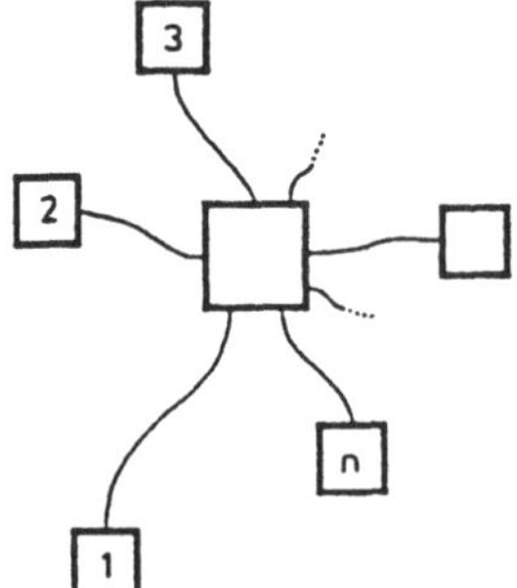


**Abb. 8.1.** Stern-Netzwerk

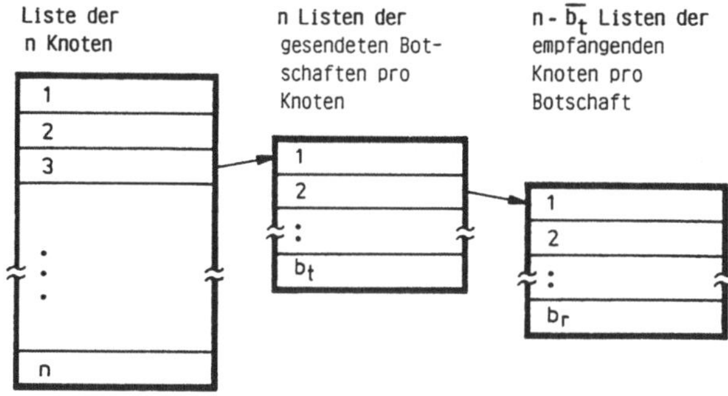


Zahl der Knoten : n

Zahl der gesendeten Botschaften : n $\bar{b}_t$

Zahl der empfangenen Botschaften : n $\bar{b}_t$ $\bar{b}_r$

**Abb. 8.2.** Botschafts-verwaltung in einem Stern-Netzwerk

Mehrfachempfang (Multicast) müssen jeder der $n{\cdot}b_t$ Botschaften $b_r$ Empfangsteilnehmer zugeordnet werden, d.h. im Mittel $n{\cdot}\bar{b}_t{\cdot}\bar{b}_r$ Empfängern. Die Komplexität der Übertragungsvorgänge steigt von

$$n{\cdot}b_t \rightarrow K(b)$$

auf

$$n{\cdot}b_t\,(1 + b_r) \rightarrow K(b^2).$$

Die Verkehrsstruktur muß in der Zentrale z.B. in Form von Listen programmiert werden, was nach Abb. 8.2 zu einer erheblichen Datenverwaltung führt. Jede Änderung in der Übertragung erfordert eine entsprechende Änderung der Zuordnungslisten in der Zentrale. Dies widerspricht der in Abschn. 8.1.3 gestellten Forderung nach Flexibilität in Bezug auf zu befriedigende Kundenwünsche. Die Verhältnisse werden durch die unterschiedliche Übertragungshäufigkeit der Botschaften komplizierter. Die Abfrage der gesendeten Botschaften der Reihe nach würde den unterschiedlichen Übertragungsraten nicht gerecht werden, da sie sehr häufig erfolgen müßte. Die Anwendung von sternförmigen Netzwerken bleibt deshalb auf eng begrenzte Bereiche mit sehr einfachen Übertragungsaufgaben beschränkt.

### 8.2.2 Ring

Bei einem Ring (Abb. 8.3) führt die Übertragungsleitung durch alle Teilnehmer hindurch, mit jeweils einer aktiven Empfangs- und Sendeschaltung. Die Übertragung erfolgt nur in einer Richtung, was die Verwendung von Lichtwellenleitern erleichtert. Sowohl elektrische als auch Lichtwellenleiter

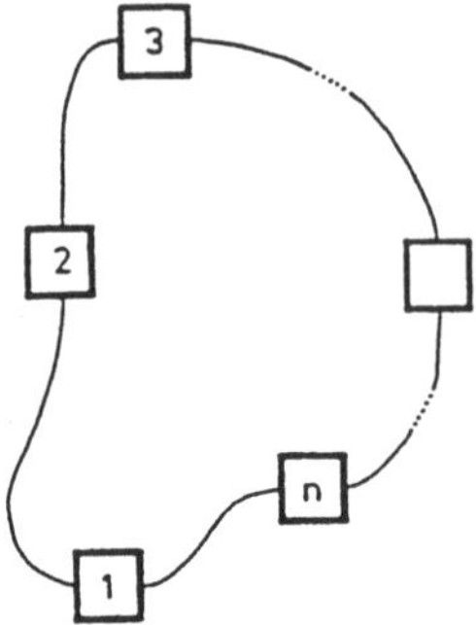


**Abb. 8.3.** Ring-Netzwerk

lassen sich einfach mit dem Wellenwiderstand abschließen, so daß extrem hohe Übertragungsraten möglich werden. Die wesentlichen Nachteile der Ringstruktur sind die hohe Komplexität der Fehlerbehandlung bei beliebigen Übertragungsfehlern und die vielen aktiven Empfangs- und Sendeschaltungen im Übertragungsweg. Fällt nur eine einzige dieser Schaltungen aus, so ist damit bereits das gesamte Netzwerk lahmgelegt. Die Wahrscheinlichkeit von Totalausfällen läßt sich durch Redundanz reduzieren.

Da im Kraftfahrzeug bislang noch keine Übertragungsraten oberhalb von 1 Mbit/s gefordert werden, bleiben Ring-Netzwerke vorläufig auf schnelle Rechnerkopplungen beschränkt.

### 8.2.3 Bus

Im Bus-Netzwerk (Abb. 8.4) werden alle Teilnehmer ohne Zwischenstationen über passive Medien miteinander verbunden. Sie sind über passive T-Verzweigungen an die Leitung angeschlossen. Die Übertragung über das Netzwerk erfolgt bidirektional im Halbduplex-Betrieb. Deswegen und aufgrund der hohen Dämpfung an den T-Stücken lassen sich Lichtwellenleiter nur mit erhöhtem Aufwand einsetzen (vgl. Abschn. 8.7).

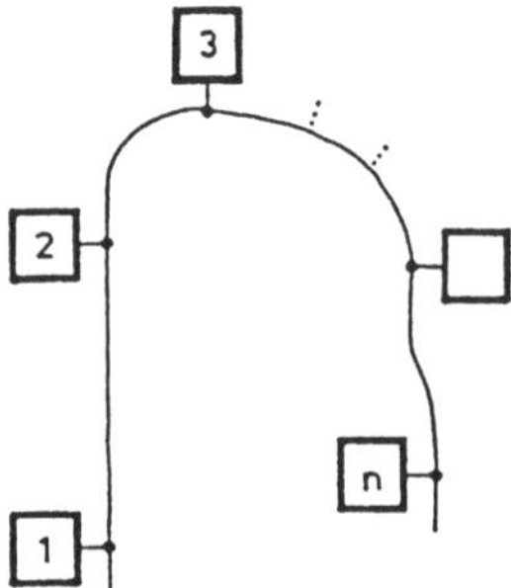


**Abb. 8.4.** Bus-Netzwerk

Die T-Verzweigungen müssen einerseits die vom Knoten kommende Sendeleistung möglichst gleichmäßig und mit geringer Dämpfung auf die beiden vom Verzweigungspunkt ausgehenden Äste verteilen, andererseits soll die auf der Busleitung übertragene Signalleistung in ihnen nur wenig gedämpft, also lediglich ein kleiner Teil der Gesamtleistung in den Knoten hinein abgezweigt werden. Die Signalpegel sind auf der gesamten Busleitung annähernd gleich, unabhängig von der Zahl der angeschlossenen Knoten. Werden elektrische Leitungen als Übertragungsmedium verwendet, läßt sich die gewünschte Charakteristik der T-Verzweigung dadurch erreichen, daß die Knoten beim Senden einen niedrigen und beim Empfangen einen hohen Innenwiderstand aufweisen.

Die Übertragungsraten auf der Busleitung sind wegen des gestörten Wellenwiderstands an den T-Verzweigungen durch die auftretenden Reflexionen begrenzt. Die Abklingzeit der Reflexionen läßt sich durch

- kurze Stichleitungen zu den Knoten, und
- aktive Dämpfung an den T-Verzweigungen

reduzieren. Die damit erreichbaren Übertragungsraten von etwa 1 Mbit/s erscheinen bislang als ausreichend.

Die logische Struktur von Bussystemen erlaubt beliebige Teilnehmer-Konfigurationen (vgl. Abschn. 8.1.3). Zur Netzwerk-Verwaltung bietet sich eine verteilte Intelligenz an (Multi-Master), die bei unterschiedlichen Zusammensetzungen des Systems gleichermaßen brauchbar ist.

Der Übertragungsweg auf der Busleitung ist passiv. Das Netzwerk braucht somit nicht redundant ausgelegt zu werden. Allerdings muß dafür gesorgt werden, daß nicht ein einziger fehlerhafter Knoten die Busleitung insgesamt lahmlegt. Hierzu sind die Knoten gegen die Busleitung hinreichend zu entkoppeln.

### 8.2.4 Netzwerkstruktur

In Abb. 8.5 ist eine mögliche Topologie für ein Netzwerk gezeigt [8.3]. Es gibt zwei Kommunikationsleitungen, eine für die Steuerung von Antriebsstrang, Bremsen, Federung und Lenkung, die andere für Komfort-, Überwachungs- und Anzeigefunktionen. Die Teilnehmerstation beim Fahrer kann an beiden Bussen angeschlossen sein und die Weiterleitung von Botschaften übernehmen (gateway). Die logischen Anforderungen an die beiden Netzwerke sind gleich. Allerdings werden unterschiedliche Latenzzeiten einerseits im Bereich von Millisekunden, andererseits im Bereich von Zehntelsekunden gefordert. Werden die Übertragungsraten entsprechend angepaßt, so bleibt das Produkt aus geforderter Latenzzeit und gewählter Transferrate gleich. Die differierenden Übertragungsraten erlauben es, die physikalischen Ebenen der Netzwerke unterschiedlich auszulegen (Abschn. 8.7) und so niedrigere Kosten zu erreichen.

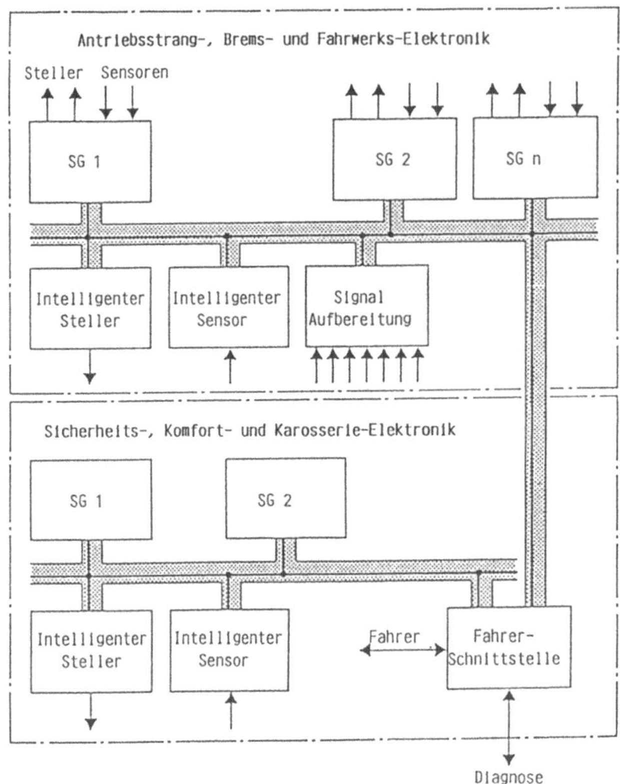


**Abb. 8.5.** Mögliche Struktur eines lokalen Netzwerks für Kraftfahrzeuge

## 8.3 Verteilte Prozesse

Echtzeitsteuerungen werden in Form von parallelen Prozessen programmiert. In sequentiellen Programmen geschieht die Anpassung an den zu steuernden Prozeß durch Abfragen oder durch Unterbrechungen. Abhängig davon kann der Prozessor mit aktuellen Aufgaben hoher Dringlichkeit belegt werden. Die Umschaltpunkte sind in den normalen Programmablauf integriert.

Demgegenüber werden Prozesse unabhängig voneinander zur Lösung begrenzter Aufgaben formuliert. Der Ansatz geht davon aus, daß für jeden Prozeß ein eigener Prozessor zur Verfügung stehen soll. In der Praxis wird ein einziger Prozessor doch mehrere Prozesse bearbeiten. Deshalb ist eine getrennt formulierbare Strategie zur Betriebsmittelvergabe vorzusehen. Der Vorteil dieses Vorgehens gegenüber der sequentiellen Programmierung liegt in der logischen Trennung der Zuordnung der Aufgaben zum Prozessor von der prozeßbezogenen Lösung der Probleme.

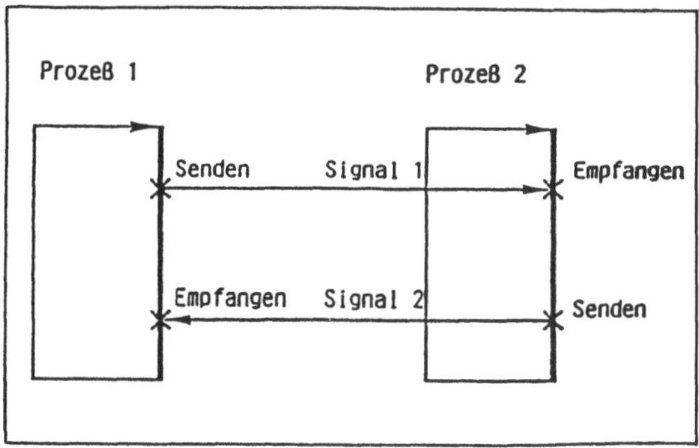


**Abb. 8.6.** Synchronisation des zeitlichen Ablaufs zweier Prozesse

Die zeitliche Synchronisation der Prozesse, sowie der Datenaustausch untereinander verbindet alle Prozesse zu einem Gesamtprogramm. In Abb. 8.6 ist das Problem der Synchronisation des zeitlichen Ablaufs zweier Prozesse dargestellt [8.2]. Dabei soll Prozeß 2 erst dann in einen Abschnitt eintreten, nachdem er ein Synchronisationssignal von Prozeß 1 empfangen hat. Umgekehrt soll Prozeß 1 an anderer Stelle warten, bis Prozeß 2 den Abschnitt durchlaufen hat. Die beiden dazu erforderlichen Operationen SENDEN und EMPFANGEN können (vgl. Abschn. 6.1.2) in einem Objekttyp über einer boolschen Variablen S definiert werden.

```
begin object
        type signal = {zurückgesetzt, gesetzt} = zurückgesetzt;
        kernel procedure SENDEN-S (var S: signal);
        begin
                                        S: = gesetzt
        end;
kernel procedure EMPFANGEN-S (var S: signal);
        begin
                                while S = zurückgesetzt do;
                                        S: zurückgesetzt
        end;
        end object;
```

Die Kommunikation zwischen den Prozessen läuft in gleicher Weise ab. Es werden lediglich zusätzlich Daten übergeben. Zur Darstellung solcher Interaktionen gibt es zwei Möglichkeiten:

- Kooperation (Abb. 8.7):
  Die auszutauschenden Daten werden in einen gemeinsamen Kommunikationspuffer geschrieben, auf den von allen Prozessen aus zugegriffen werden

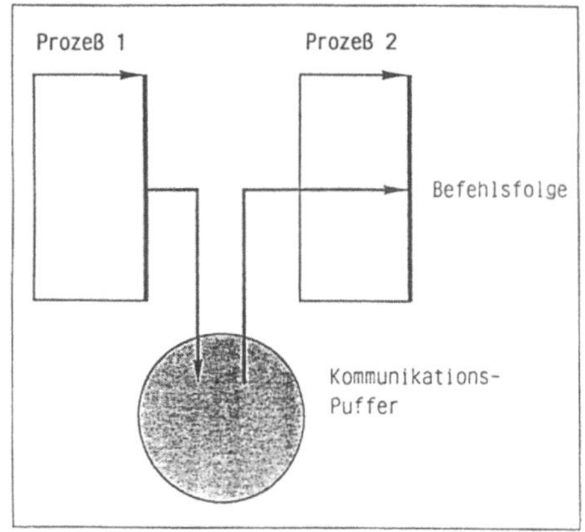


**Abb. 8.7.** Interaktion zwischen Prozessen nach dem Kooperationsmodell

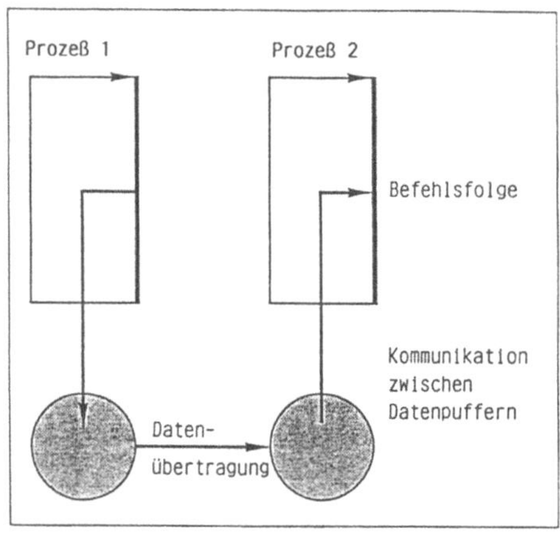


**Abb. 8.8.** Interaktion zwischen Prozessen nach dem Kommunikationsmodell

kann. In verschiedenen Programmiersprachen bieten sich dafür globale Variable an. Eine elegante Möglichkeit besteht darin, nicht die Daten selbst, sondern nur den Zeiger auf den Speicherbereich weiterzureichen.

- Kommunikation (Abb. 8.8):
  Die Daten werden vom Speicherbereich des Prozesses 1 in den Speicherbereich des Prozesses 2 umgeladen. Dafür ist ein separater Mechanismus zur Botschaftsübertragung bereitzustellen.

In seriellen Netzwerken gibt es mehrere, örtlich verteilte Prozessoren. In solchen Systemen ist eine Interaktion nur mittels Kommunikation möglich, wobei das Netzwerk den eigentlichen Übertragungmechanismus bereitstellt. Da das Kooperationsmodell auf der Anwenderebene einfacher zu handhaben ist, kann man eine benutzerseitige Kooperation auf eine netzwerkseitige Kommunikation abbilden. Dazu wird in jedem Prozessor ein zusätzlicher

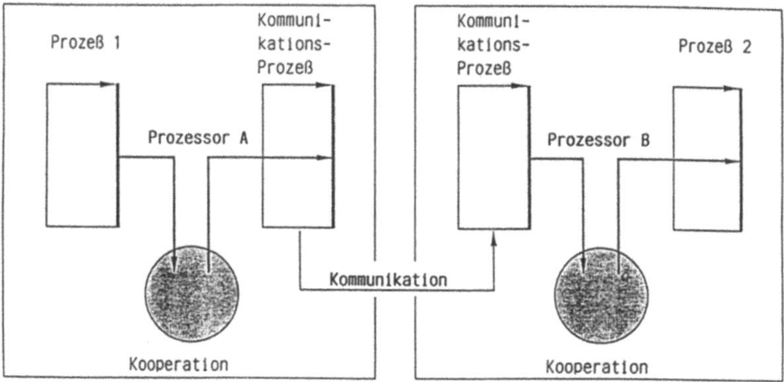


**Abb. 8.9.** Kommunikation zwischen räumlich verteilten Prozessen

Dienstleistungsprozeß eingeführt, der den Datenaustausch zwischen den Rechnern übernimmt und der über Kommunikationspuffer mit den anderen Prozessen innerhalb des Prozessors (Abb. 8.9) kommuniziert.
Dieses Vorgehen bietet mehrere Vorteile:

- Die Formulierung der Probleme in Form paralleler Prozesse kann durchgängig in verteilten Mehrprozessorsystemen angewendet werden, die über ein serielles Netzwerk Daten miteinander austauschen.
- Die in Abschn. 8.1.4 geforderte Konsistenz der Daten sowohl über dem Ort als auch über der Zeit ist im gesamtem Netzwerk gewährleistet.
- Dienstleistungsprozesse zur Kommunikation stellen einen Lösungsansatz auf logischer Ebene dar. Abhängig von Art und Umfang der Kommunikation ist eine Realisierung der gleichen logischen Funktion in Hard- oder Software möglich.

Eine solche Vorgehensweise wurde in [8.11] vorgeschlagen. Für jeden Kommunikations- oder Synchronisationsvorgang wird dabei ein separates Kommunikationsobjekt eingerichtet, das eine Botschaftskennzeichung, sowie die Daten und Kontrollbits umfaßt. Durch Manipulation der Kontrollbits werden Aktionen vom Prozessor oder vom Kommunikationsprozeß aus initiiert, die auf die Daten des Kommunikationsobjektes einwirken. Aus der Sicht des Anwenders stellen die Kommunikationsobjekte in sich abgeschlossene virtuelle Übertragungskanäle dar. Die Interaktionen zwischen Prozessen in örtlich verteilten Prozessoren können damit genauso gestaltet werden, als würden sie in nur einem einzigen Prozessor ablaufen.

## 8.4 Botschaftsaufbau

Die im seriellen Netzwerk zu übertragenden Daten werden in einen Botschaftsrahmen eingebettet (Abb. 8.10).

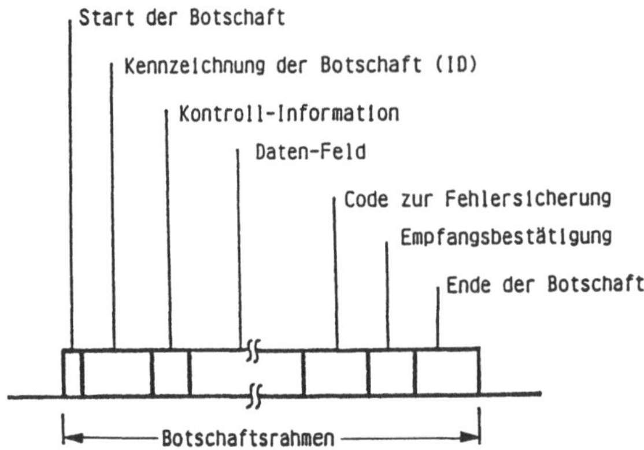


**Abb. 8.10.** Botschaftsaufbau

- Mit dem „Start der Botschaft" wird der Anfang des Botschaftsrahmens gekennzeichnet und die Abtastraster der unterschiedlichen Teilnehmer aufeinander synchronisiert. Aufgrund ihrer örtlichen Verteilung sind die Taktraster innerhalb der Knoten um die Ausbreitungslaufzeit der Signale phasenmäßig gegeneinander versetzt. Auf der Anwenderebene werden diese Laufzeiten nicht sichtbar.
  Um einen niedrigen Ruhestrom zu erzielen, werden die Schaltungen der Schnittstellen erst mit „Start der Botschaft" für den Empfang aktiviert, während sie in den Übertragungspausen ausgeschaltet bleiben.
- Die „Botschaftskennzeichnung" erlaubt die Unterscheidung der Botschaften voneinander. Als Kennzeichnung können Quell- und Zieladressen, auf den Dateninhalt bezogene Namen, Prioritäten für den Netzwerkzugriff oder Kombinationen davon dienen.
- Das „Kontrollfeld" kann alle Informationen zur Steuerung der Übertragung und zur Kennzeichnung des Botschaftsrahmens enthalten, wie z.B. die Umschaltung zwischen Adressierungsarten, die Auswahl unter verschiedenen Möglichkeiten der Empfangsbestätigung oder die Übermittlung von speziellen Befehlen zur Übertragung. Der Botschaftsrahmen kann durch die Angabe, abgesichert werden, wieviele Daten übertragen werden.
- Das „Datenfeld" enthält die zu übertragenden Daten. Um alle vorkommenden Code-Kombinationen ohne Einschränkung verwenden zu können, muß ein Unterscheidungsmerkmal zwischen Daten und Steuerzeichen eingeführt werden. Eine bekannte Maßnahme dafür ist das sog. Bit Stuffing, bei dem automatisch nach einer bestimmten Folge gleicher Bits ein Bit entgegengesetzter Polarität in den Datenstrom eingeschoben wird [8.4]. Eine darüber hinausgehende, längere Folge gleicher Bits kann als Steuerzeichen verwendet und eindeutig von den Daten unterschieden werden. Eine weitere Technik ist, die Bits auf der Übertragungsleitung mit physikalischen Signalen darzustellen, die mehr als die beiden binären Zustände 0 and 1 enthalten. Dadurch muß die Übertragungsbandbreite stark erhöht werden, um die gleiche Daten

transferrate zu erzielen, verbunden mit einer Zunahme der vom Netzwerk ausgehenden Störungen.
- Der „Code zur Fehlersicherung“ enthält zusätzlich redundante Bits, die eine Erkennung von Übertragungsfehlern gestatten. Die gebräuchlichste Form ist der Cyclic Redundancy Check (CRC), der mit Hilfe von rückgekoppelten Schieberegistern erzeugt wird. Eine einfachere, aber wesentlich weniger wirkungsvolle Lösung wäre die Absicherung der Datenbytes durch Paritätssummen. Da die Steuer- und Regelsysteme im Kraftfahrzeug sicherheitskritisch sind, wird eine CRC-Fehlersicherung als unerläßlich angesehen.
- Die „Empfangsbestätigung“ stellt eine Rückmeldung an den Sender einer Botschaft dar, daß diese korrekt empfangen wurde.
- Mit dem „Ende der Botschaft“ wird die Botschaft beendet. Zwischen den Botschaften kann ein minimaler Abstand erforderlich sein.

Die Botschaft wird seriell, Bit für Bit, auf einer einzigen logischen Verbindung übertragen. Gegenüber einer parallelen Schnittstelle hat dies den Vorteil, daß der Aufwand für Stecker, Leitungen und Entstörung geringer ist.

Die Übertragungsrate für Botschaften $r_m$ berechnet sich aus der Transferrate $r_t$ und der Botschaftslänge $l_m$ zu

$$r_m = r_t/l_m.$$

Je länger die Botschaftskennzeichnung, der CRC-Code und das Datenfeld, desto niedriger wird bei vorgegebener Transferrate die realisierbare Botschaftsrate $r_m$. Bei der Definition der einzelnen Felder muß ein geeigneter Kompromiß zwischen den Möglichkeiten der Botschaftskennzeichnung, der Datenfeldlänge und dem Ausmaß der Fehlerabsicherung einerseits und der Botschaftsrate andererseits gefunden werden.

## 8.5 Arbitrierung

Zur seriellen Übertragung von Botschaften steht eine einzige logische Verbindung zwischen den Teilnehmern zur Verfügung. Beim Versuch einer gleichzeitigen Mehrfachbelegung dieses einen Betriebsmittels muß einer von mehreren zugriffsberechtigten Teilnehmern nach einer im voraus festgelegten Vereinbarung ausgewählt werden. Diesen Vorgang nennt man Arbitrierung. Dazu wird die Botschaftskennzeichnung herangezogen.
Es gibt verschiedene Auswahlstrategien:

- stochastische Verfahren
- eine feste Reihenfolge
- Auswahl nach Prioritäten, die vom Anwender bestimmt werden.

In [8.4] werden solche Zugriffsstrategien für lokale Netzwerke untersucht. Erfolgt die Netzwerkbelegung über einen Träger, so spricht man von „Carrier Sense Protocols“. Beginnen gleichzeitig mehrere Teilnehmer mit dem Senden einer Botschaft auf den bis dahin freien Bus, so gibt es Kollisionen, die auf verschiedene Weise aufgelöst werden können. Bei CSMA/CD-Verfahren (Carrier Sense Multiple Access/Collision Detect) wird die Kollision nach einiger Zeit entdeckt und die Übertragung abgebrochen. Nach einer durch Zufallszahlen oder durch Stationsprioritäten bestimmten Wartezeit unternimmt ein Teilnehmer den nächsten Versuch, seine Botschaft auf das freie Netzwerk zu senden. Mit wachsendem Verkehrsaufkommen gibt es immer mehr Kollisionen, wodurch die effektive Verkehrskapazität des Netzwerks reduziert wird. Übersteigt das Verkehrsaufkommen die effektive Verkehrskapazität, so blockiert sich das Netzwerk selbst, indem es nur noch zu Kollisionen und nicht mehr zu vollständigen Übertragungen kommt. Es werden deshalb zerstörungsfreie Arbitrierungsverfahren bevorzugt.

Ein gebräuchlicher Algorithmus ist das sogenannte „Bit-by-Bit-Contention". Dabei werden die Bits auf der Leitung als dominant, d.h. energiebehaftet, und als rezessiv, d.h. energielos übertragen. Die Netzwerkausdehnung $l_n$ und die Transferrate $r_t$ sind durch die Bedingung

$$r_t \ll c/l_n$$

begrenzt. Für $l_n = 40$ m erhält man mit der Lichtgeschwindigkeit $c = 3 \cdot 10^8$ m/s den Wert

$$r_t \ll c/l_n = 7{,}5 \text{ MHz}.$$

Bei gleichzeitigem Senden mehrerer Botschaften verdrängen die dominanten die rezessiven Bits von der Leitung. Stellt ein Teilnehmer fest, daß beim Übertragungsversuch ein rezessives Bit verdrängt wurde, so bricht er die Übertragung sofort ab. Den gesamten Arbitrierungsvorgang übersteht nur jeweils eine einzige Botschaft unbeschadet, deren Übertragung dann fortgesetzt wird. Durch geeignete Verwendung der dominanten und rezessiven Bits in der Botschaftskennzeichnung lassen sich den Botschaften Prioritäten zuordnen.

Eine weitere Strategie zur Vermeidung von Kollisionen ist das sog. „Token Passing", bei dem jeweils nur eine einzige Station sendeberechtigt ist. Die Sendeberechtigung – „der Token" – wird zyklisch durch alle Stationen weitergereicht. Bei diesem Verfahren gibt es keine Begrenzung der maximalen Transferrate. Die Wartezeiten zwischen Belegungsversuch und dem Beginn der Übertragung sind gleichverteilt und deshalb für dringliche Botschaften deutlich höher als beim „Bit-by-Bit-Contention". Der Mechanismus zur Fehlerbehandlung ist beim „Token Passing" sehr komplex.

## 8.6 Adressierung

Die Adressierung stellt sicher, daß eine Botschaft mit eindeutiger Kennzeichnung an die gewünschten Stationen gelangt. In Abhängigkeit von der Zahl der Empfänger unterscheidet man

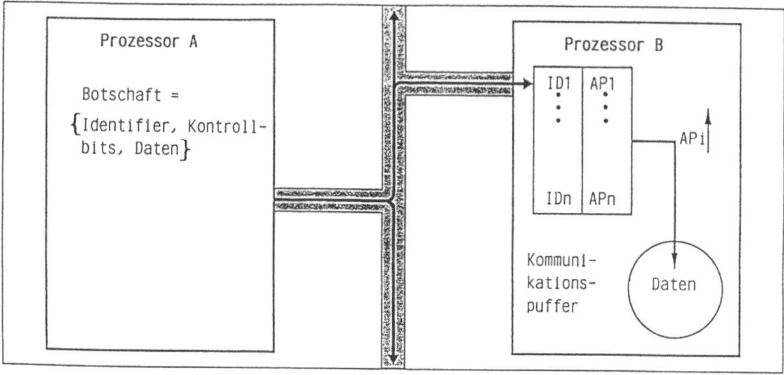


**Abb. 8.11.** Akzeptanzfilterung

- „Point to Point", Übertragungen von einem Quell- zu einem Zielteilnehmer,
- „Multicast", Übertragungen zu mehreren Zielteilnehmer,
- „Broadcast", Sendungen an alle Teilnehmer.

Als Botschaftskennzeichnung sind Quell- und Zieladressen oder inhaltsbezogene Namen wie Motortemperatur oder Lenkradeinschlagwinkel denkbar. In [8.1] ist ein Identifier ID vorgeschlagen, der sowohl als Adresse als auch als Botschaftsname interpretiert werden kann. Die Botschaften werden an alle Teilnehmer übertragen. Erst beim Empfang wird in einer Akzeptanzfilterung entschieden, ob die Information tatsächlich benötigt wird. Durch ein solches Konzept wird die in Abschn. 8.1.3 gestellte Forderung nach einer leichten Änderbarkeit der Netzwerkkonfiguration erfüllt. Alle bereits im Netzwerk übertragenen Botschaften können -auch bei einer Systemerweiterung- unter dem gleichen Identifier ohne Änderung der Software empfangen werden.

Die Realisierung einer Akzeptanzfilterung zeigt Abb. 8.11. Nach dem Empfang einer Botschaft, z.B. im Prozessor B, wird der Identifier mit den Botschaften einer Liste verglichen, die empfangen werden sollen. Jedem Identifier ID in der Liste ist der entsprechende Adreßzeiger AD auf den Kommunikationspuffer zugeordnet, in dem die zu übertragenden Daten abgespeichert werden.

## 8.7 Übertragungsebene

Die Übertragungsebene definiert die Informationsbits auf der Leitung und das Leitungsmedium für die Übertragung. Die Darstellung der Signale mit unterschiedlicher Codierung ist in [8.5] untersucht. Dort wird die Darstellung der Bits in zwei binären Spannungs- oder Strompegeln (NRZ, Non-Return-to-Zero) mit selbsttaktenden Ausführungen (MAN, Manchester und PWM, Pulse Width Modulation) verglichen. Die maximale Informationsbandbreite läßt sich

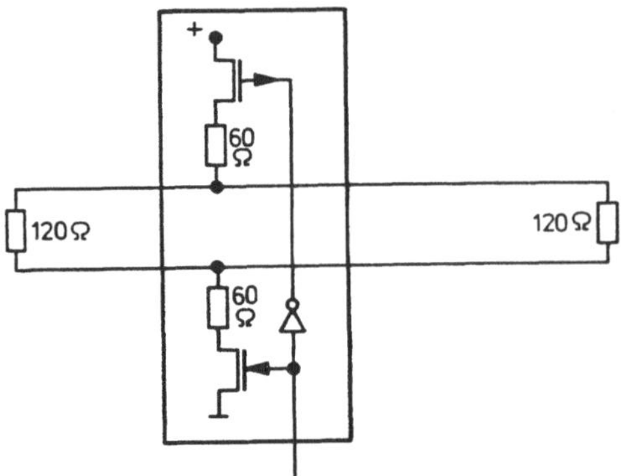


**Abb. 8.12.** Symmetrische Zweidrahtleitung

bei minimaler Störintensität mit der Codierung NRZ erreichen. Eine Resynchronisation der Taktoszillatoren der Teilnehmer muß dabei auf logischer Ebene erreicht werden, z.B. durch die Technik des Bit Stuffing. Selbsttaktende Codierungen dagegen, wie der Manchester-Code, erlauben die Resynchronisation mit jedem übertragenen Bit. Allerdings benötigen sie eine größere Informationsbandbreite, wodurch die vom Netzwerk abgestrahlten Störungen beträchtlich zunehmen. Eine solche Auslegung bleibt deshalb auf niedrige Transferraten beschränkt.

Bei einer elektrischen Übertragung wird vorzugsweise mit verdrillten symmetrischen Zweidrahtleitungen (Abb. 8.12) gearbeitet. Da nur das Differenzsignal zwischen den Leitungen ausgewertet wird, sind

- die Störein- und Abstrahlungen gering, und
- Kurzschlüsse einer der beiden Leiter eventuell tolerierbar.

Werden alle an das Netzwerk angeschlossenen Teilnehmer abgeschaltet, so darf kein Ruhestrom fließen.

Einfache elektrische Leitungen können bis zu Übertragungsraten von 1 Mbit/s verwendet werden. Die Intensität der abgestrahlten Störungen in ein vorgegebenes festes Empfangsfenster (UKW-Rundfunk) steigt quadratisch mit der Übertragungsrate an. Beim Übergang von 10 Kbit/s auf 1 Mbit/s wachsen die Störungen um den Faktor $10^4$ an. Um bei höheren Transferraten noch einen UKW-Empfang zu ermöglichen, wird mit geschirmten Leitungen gearbeitet (Abb. 8.13). Schließt man den Schirm des Steckers an den teilnehmerseitigen Enden an die Fahrzeugmasse an, so werden die in die Signalleitungen hineininduzierten Störungen dort kurzgeschlossen und damit nahezu unterdrückt. Hierdurch kann meist auf Tiefpässe in den Eingängen der Teilnehmerstationen verzichtet werden. Durch Anschließen des Schirms an die Fahrzeug- anstatt an die Steuergerätemasse lassen sich unerwünschte Ausgleichsströme zwischen den Teilnehmern vermeiden.

Bei einem permanenten Kurzschluß eines der beiden Treibertransistoren soll das Netzwerk noch Informationen zwischen den übrigen Teilnehmern

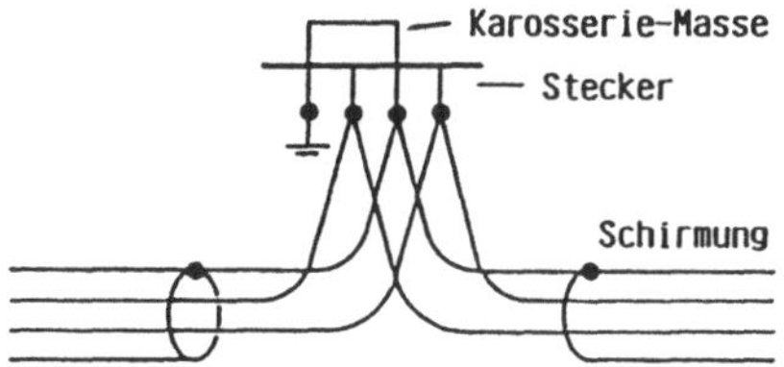


**Abb. 8.13.** Geschirmte Zweidrahtleitung

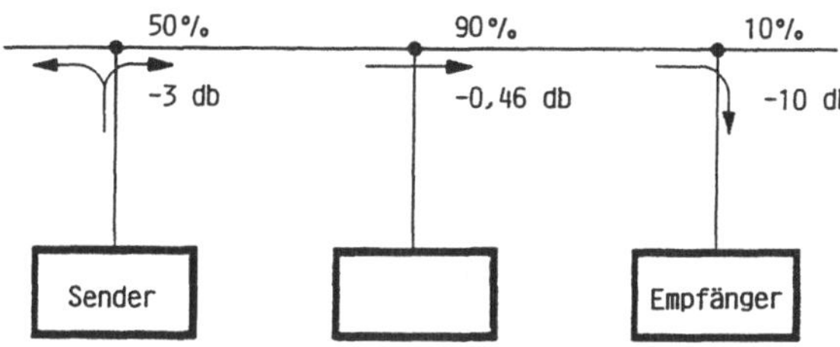


**Abb. 8.14.** Angestrebte Dämpfungsverhältnisse bei optischem Bus

übertragen können. Dies wird dadurch erreicht, daß die Signale über Widerstände in die Leitung eingespeist werden (Abb. 8.12). Die Widerstände vermindern überdies den Reflexionsfaktor an den Einspeisestellen. Eine besonders gute Symmetrie ergibt sich durch die Verwendung von Übertragern zur Einspeisung.

Optische Übertragungsmedien haben die Vorteile

- einer sehr geringen wechselseitigen Störbeeinflussung, und
- einer galvanischen Entkopplung der Teilnehmer.

Die praktische Realisierung eines optischen Datenbusses ist schwierig. Die Sendeenergie an den passiven T-Verzweigungen muß so aufgeteilt werden, daß nur wenig Energie von der Leitung in die angeschlossenen Teilnehmer abgezweigt, aber möglichst viel Energie von einer Teilnehmerstichleitung in die Busleitung eingekoppelt wird.

In Abbildung 8.14 wird die gesamte Sendeleistung ohne Dämpfung auf die Busleitung eingekoppelt. Da aber vom T-Knoten in beide Richtungen der Busleitung eingespeist werden muß, ergibt sich dort eine Dämpfung von $-3$ dB. Die auf der Busleitung durch einen T-Knoten gehende Leistung wird nur zu 10% in die Stichleitung ausgekoppelt und zu 90% weitergegeben.

Mit diesen Annahmen ist in Abb. 8.15 eine Energiebilanz für einen optischen Bus aufgestellt. Ausgehend vom Empfänger wird die Empfangslichtleistung 20 $\mu$W aufgetragen, die bei einer spektralen Empfindlichkeit von 0,2 $\mu$A/$\mu$W dem Dunkelstrom 0,4 $\mu$A eines Fototransistors bei 85 °C entspricht. Diese Leistung muß um die

- Auskopplungsdämpfung von 10 dB
- Verzweigungsdämpfung von $10 \times 0{,}46$ dB

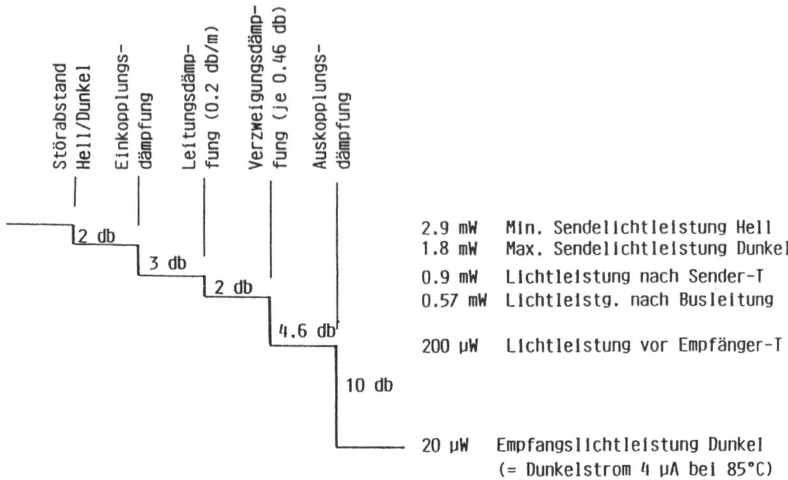


**Abb. 8.15.** Energiebilanz bei optischem Bus

- Leitungsdämpfung von 0,2 dB/m × 10 m
- Einkopplungsdämpfung von 3 dB

aufgestockt werden, um zur entsprechenden Dunkelleistung beim Sender zu gelangen. Bei einem geringen Störabstand zwischen Hell und Dunkel von 2 dB erhält man so die minimale Sendelichtleistung für Hell von 3 mW. Die Leistungsverhältnisse bei einem optischen Bus werden weniger durch die Leitungsdämpfung sondern durch die Dämpfung an den T-Verzweigungen bestimmt. Optische Busse werden für die Signalübertragung erst praktikabel, wenn

- Sendedioden mit genügend hoher Leistung,
- Fototransistoren mit hoher Empfindlichkeit und niedrigem Dunkelstrom,
- T-Verzweigungen mit den dargestellten, idealen Eigenschaften

zur Verfügung stehen. Außerdem müssen geeignete Steckersysteme entwickelt werden, die präzise genug zentriert sind, um möglichst wenig Lichtleistung an der abgehenden Faser vorbeizustrahlen.

## 8.8 Fehlersicherung

Die in Abschn. 8.1.5 geforderte Fehlerwahrscheinlichkeit kleiner $10^{-7}$ ist eine grobe Annahme. Die Voraussetzungen dafür sind kaum abzusichern. Es erscheint vorteilhaft, sich nicht nur auf einen einzigen Mechanismus zur Fehlerentdeckung abzustützen, sondern Redundanz auch in diese Verfahren selbst einzuführen. Damit überlappen sich die verschiedenen Methoden, was über die rein rechnerische Betrachtung hinaus einen Gewinn an Sicherheit bringt-(Diversität).

### 8.8.1 Rückkopplung der Sendeinformation

Zur Überwachung, ob die Leitung belegt oder frei ist, und zum Empfang muß die Information auf der Leitung gelesen werden. Es werden deshalb beim Senden die tatsächlichen Signale zurückgekoppelt und mit den logischen Sollsignalen verglichen (Monitoring). Auf diese Weise können alle globalen und alle lokalen Fehler beim Sender sicher erkannt werden, außer bei einer Arbitrierung oder während einer Bestätigung (Acknowledgement).

### 8.8.2 Mehrfachabtastung

Die einzelnen Bits auf der Übertragungsleitung können mehrfach abgetastet werden. Dies ist bei niedrigen Übertragungsraten vorteilhaft, bei denen noch genügend Anteile der Bitzeit für Laufzeiten auf der Leitung zur Verfügung stehen, und bei denen etwaige Störungen kurz sind gegenüber der Bitzeit. Nur wenn alle Abtastwerte gleich sind, wird auf fehlerfreien Empfang ausgewertet.

### 8.8.3 Zyklisch redundanter Code (CRC)

Die redundanten Bits zur Fehlererkennung werden aus den anderen Bits der Botschaft erzeugt. Die Berechnungen erfolgen in einem algebraischen System, das Binärfeld GF (2) über der Gruppe $\{0, 1\}$ der Binärvariablen genannt wird. In [8.6] wurde nachgewiesen, daß diese Berechnungen einfach mittels Schieberegistern auszuführen sind. Die Bits der Botschaft werden als Koeffizienten des Polynoms (k – 1)-ten Grads

$$M(x) = b_{k-1}x^{k-1} + b_{k-2}x^{k-2} + \cdots + b_1 x + b_0$$

angesehen. Die Botschaft wird um r Stellen nach $x^r\mathrm{M}(x)$ verschoben und dann modulo-2- dividiert durch das Generator-Polynom r-ten Grads

$$G(x) = g_r x^r + g_{r-1}x^{r-1} + \cdots + g_1 x + g_0,$$

mit dem Ergebnis

$$x^r\mathrm{M}(x)/G(x) = P(x) + R(x)/G(x).$$

Darin ist $P(x)$ der teilbare Anteil, und $R(X)$ der Rest, der im nächsten Schritt von $x^r M(x)$ subtrahiert wird:

$$x^r M(x) - R(x) = P(x) \cdot G(x) = T(x).$$

$T(x)$ stellt die tatsächlich auf der Leitung übertragene Bitfolge dar. Auf die gleiche Weise wird die Botschaft in den Empfängern auf Fehler hin überprüft. Durch einen Fehler bei der Übertragung könnte die ursprüngliche Bitfolge $T(x)$ in die fehlerhafte Bitfolge $T(x) + E(x)$ verfälscht werden.

$$T(x) \xrightarrow[\text{Störungen}]{} T(x) + E(x)$$

Die Division durch das Generatorpolynom $G(x)$

$$(T(x) + E(x))/G(x) = P(x) + E(x)/G(x)$$

ergibt nur bei fehlerfreier Übertragung ein Ergebnis ohne Rest $E(x)/G(x)$. Es verbleibt eine Restwahrscheinlichkeit, einen Fehler nicht zu entdecken, wenn $E(x)$ zufällig gerade ohne Rest durch $G(x)$ teilbar sein sollte.

Aus diesem Grunde wird das Generatorpolynom $G(x)$ sorgfältig ausgewählt. Meist enthält es $(x + 1)$ als Primfaktor, was einer Paritätsprüfung entspricht. In [8.1] wird ein sogenanntes BCH-Polynom

$$G^*(x) = x^{14} + x^9 + x^8 + x^6 + x^5 + x^4 + x^2 + x + 1,$$

mit $(x + 1)$ multipliziert und ergibt das Generatorpolynom

$$G(x) = x^{15} + x^{14} + x^{10} + x^8 + x^7 + x^4 + x^3 + 1,$$

das in Bitfolgen bis 113 Bits maximal fünf beliebig verteilte Einzelbitfehler sicher entdecken kann.

### 8.8.4 Codierungsprüfung

Wird die Bit-Stuffing-Technik verwendet, so wird nach einer festen Anzahl gleicher Botschaftsbits die Übertragung angehalten und ein Bit entgegengesetzter Polarität eingefügt. Durch diese Technik kann man beliebige Codewörter auf der Benutzerebene von festen Codes unterscheiden, die bei der Übertragung verwendet werden. Die Verletzung der Bit-Stuffing-Regeln ist eine weitere Möglichkeit, Fehler zu erkennen.

Mit einer speziellen Signaldarstellung auf der Übertragungsleitung, wie etwa der in Abschn. 8.7 mit MAN und PWM bezeichneten, kann die Regel des Signalaufbaus ständig auf eventuelle Verletzungen hin überprüft werden.

### 8.8.5 Überprüfung des Botschaftsrahmens

Nachdem alle Bits in einem Botschaftsrahmen eine feste Bedeutung haben (Abschn. 8.4), können Verletzungen der Regeln zur Prüfung auf Fehler dienen. Wird in Übertragungsprotokollen auch die Datenlänge codiert mitübertragen, so ermöglicht dies eine Prüfung bei variabler Datenlänge.

### 8.8.6 Fehlerbotschaft

Eine weitere Methode zur Fehlererkennung und -korrektur ist das Zurücksenden einer Empfangsbestätigung (Acknowledgement) an den Sender. Dabei unterscheidet man zwei Varianten:

- Positive Empfangsbestätigung für korrekten Empfang
- Negative Empfangsbestätigung im Fehlerfall, was einer Fehlerbotschaft entspricht.

Werden Botschaften an mehrere Teilnehmer gesendet, wie beim Multicast, bzw. Broadcast in Abschn. 8.6, so muß entweder die individuelle Empfängeradresse mit zurückübertragen werden, oder das in [8.1] beschriebene vereinfachende Verfahren angewendet werden, bei dem die Darstellung der Bits auf der Leitung als dominant und rezessiv ausgenutzt wird. Die Empfänger senden gleichzeitig positive Empfangsbestätigungen ACK (i), während beim Sender das Signal

$$\mathrm{ACK} = \underset{i}{\forall}\, \mathrm{ACK}(i)$$

ankommt, was bedeutet, daß mindestens ein Teilnehmer die Botschaft korrekt empfangen hat.

## 8.9 Ausfallbegrenzung

Bei Ausfällen auf der Leitung und in einem der Teilnehmer darf die Kommunikation nicht vollständig zusammenbrechen (Abschn. 8.1.6). Eine wesentliche Voraussetzung ist die Verwendung von symmetrischen Zweidrahtleitungen. Wie bereits gezeigt wurde, kann bei Ausfall oder Kurzschluß einer Leitung immer noch Information über die andere Leitung übertragen werden (Abb. 8.12), da die Signale nicht unmittelbar, sondern über Widerstände eingespeist werden. Bei Kurzschluß eines Treibertransistors verschieben sich zwar die Potentiale auf den Leitungen, die Differenzspannung bleibt weiterhin hinreichend aussagekräftig. Bei der Schaltung nach Abb. 8.12 gibt es Probleme, wenn die untere Leitung zu einer positiven Spannung hin und die obere Leitung nach Masse hin kurzgeschlossen wird. Diese Fälle können mit Hilfe einer potentialfreien transformatorischen Ankopplung abgedeckt werden.

In Abschn. 8.1.6 wird gefordert, daß sich defekte Teilnehmer vom Netzwerk zurückziehen sollen. Dazu ist erforderlich, diese überhaupt als defekt zu identifizieren. Bei der Identifikation defekter Teilnehmer ist die ausschließliche Verwendung lokaler Teilnehmeradressen als Botschaftsnamen hilfreich, das allerdings im Widerspruch zur Forderung nach einer leichten Anpassungsfähigkeit der Netzwerkkonfiguration steht. In [8.7] wird deshalb ein Verfahren vorgeschlagen, das die Erkennung permanent fehlerhafter Knoten ohne die Verwendung von Adressen in der Empfangsbestätigung erlaubt.

Bei der Vernetzung sicherheitskritischer Systeme untereinander muß der Entwurfsingenieur darauf achten, daß bei Netzwerksausfällen ein Notbetrieb erhalten bleibt. Die dazu erforderliche Systemredundanz ist vorzugsweise lokal zu installieren, wodurch ein Sicherheitsnachweis wesentlich erleichtert wird. Sind jedoch für einen Notbetrieb Daten aus anderen Teilnehmern auch dann erforderlich, wenn das Netzwerk unterbrochen ist, so ist eine redundante, separate Übertragung auf konventionelle Weise zu überlegen, da die Einführung mehrerer redundanter Netzwerke wie im Flugzeugbau im Kraftfahrzeug zu aufwendig sein dürfte. Eine günstige Systemstruktur ergibt sich stets dann, wenn alle Grundfunktionen lokal aufgebaut sind, und lediglich Verfeinerungen der Funktionen mittels des Datentransfers über das Netzwerk vorgenommen werden.

## Literatur zu Kapitel 8


8.1. Kiencke, U., Dais, S., Litschel, M.: Automotive Serial Controller Area Network. SAE-Paper 860391 ·

8.2. Kiencke, U.: Serial Communication Network among distributed Microcontrollers. Western Conference on Computer and Communication, Anaheim, California, Nov. 1986, Professional Program Session Record 30, Paper 2

8.3. Kiencke, U., Dais, S.: Application Specific Microcontroller for Multiplex Wiring. SAE-Paper 870515

8.4. Tanenbaum, A.S.: Computer Networks. Prentice Hall 1981

8.5. Kiencke, U., Cao, C.T., Litschel, M.: The Impact of Bit Representation on Noise Emissions. Automotive Networks, 6. International IEE Conf. on Automotive Electronics, 12.–15. Oct. 1987, 200–203

8.6. Peterson, W.W., Brown, D.T.: Cyclic Codes for Error Detection. Proc. IRE, Vol. 49, 228–235

8.7. Kiencke, U., Dais, S., Litschel, M., Unruh, J.: Error Handling Strategies for Automotive Networks. SAE-Paper 880587

# Sachverzeichnis

# Springer-Verlag und Umwelt

Als internationaler wissenschaftlicher Verlag sind wir uns unserer besonderen Verpflichtung der Umwelt gegenüber bewußt und beziehen umweltorientierte Grundsätze in Unternehmensentscheidungen mit ein.

Von unseren Geschäftspartnern (Druckereien, Papierfabriken, Verpackungsherstellern usw.) verlangen wir, daß sie sowohl beim Herstellungsprozeß selbst als auch beim Einsatz der zur Verwendung kommenden Materialien ökologische Gesichtspunkte berücksichtigen.

Das für dieses Buch verwendete Papier ist aus chlorfrei bzw. chlorarm hergestelltem Zellstoff gefertigt und im pH-Wert neutral.